JAイノベーションへの挑戦

非営利組織のイノベーション

柳 在相 [著]

東京 白桃書房 神田

はしがき

　今，JAのイノベーションが切実に求められている。

　これが本書の執筆を決心した動機である。

　JAは昭和22年12月に根拠法である農業協同組合法（以下，「農協法」）の施行とともに設立され，50年以上の歳月が経過している。その間，JAを取りまく経営環境も著しい変化をとげている。世界経済のボーダレス化が急速に進むにつれ，農産物においても外国からの輸入が拡大し，営農事業の収益性がさらに悪化するようになった。また，大型スーパーや新たな形態のディスカウントストアなど新たな競争の出現により，系統組織の有効性および競争力が一気に失われてしまった。他方，少子高齢化や都市化の進行により，正組合員が減少している反面，准組合員が増えてしまい，組合員のニーズが多様化・複雑化するようになった。また，JAが合併を繰り返し，その規模が大きくなるにつれ，ガバナンスや意思決定プロセスがますます曖昧で複雑になり，JAの組織力はさらに低下してしまった。

　JAグループは，このような環境変化に対して，JA改革と連動する形で何度も農協法などを改正し，様々な施策を積極的に展開してきた。それに伴って，農業政策の方針も大きく変わりつつある。かつての農業基本法においては，常に農業生産者を重視してきたが，最近の新基本法ではWTO体制を前提に議論を進めており，市場の原理や消費者を重視しようとする姿勢を全面的に打ちだしている。

　ところが，近年においては，豊かな社会の到来とともに消費者ニーズの多様化が迅速かつ複雑に進むようになり，従来の生産者重視の販売方式がますます通用しなくなってきた。さらに，急速なIT技術などの進歩やグローバル化の進展により，環境変化があまりにも広範囲かつ根源的になり，しかも予想以上に速いスピードで展開している。それは，JA事業の仕組みや競争力だけでなく，今やJAのアイデンティティまでも脅かされる局面にまでいたるようになった。JAの現場は，より深刻な状況に置かれているといえる。なお，2008年8月には，元農林水産省官僚が「こんなJAは要らない」という論説を公表し，大きな反響を呼び起こした。それほど，多くのJAにおいて，

その存在意義が問われているのである。もうこれ以上，JAイノベーションを先送りすることはできない，ぎりぎりの局面にまできていると思う。今こそ，JAイノベーションが切実に求められているのである。

しかも，単なる現場レベルでの改善や改革ではなく，斬新な経営戦略に基づいた大胆なイノベーションが求められている。

著者は，このような状況にいたった原因の一つに，JAイノベーションに成功したモデル（ロール・モデル）が極めて少ないことがあげられると思っている。今の厳しい現状からなんとしても抜けだそうとして，様々な挑戦を試みているJAは決して少なくない。ところが，先進の試みにチャレンジしているJAですら，短期的には一定の成果をあげて事業部門のレベルにおいては多くの示唆を与えてくれるものの，長期的視点でみると，残念なことに再び経営不振に陥ったり不祥事を起こしたりするケースが案外に多い。JAイノベーションの成功モデルがあまりにも少ないのである。

したがって，本書では，JAイノベーションを成功に導くための理論的枠組みを提示したいと思う。「いかにすれば魅力溢れるJAを創りだすことができるのか」，また「いかにすれば組合員に喜ばれるJAの事業構造やガバナンス，組織構造を再構築することができるか」，これからさらなる競争激化が予想されるなか，「いかにすればJAの事業競争力を強化することができるか」「いったいJAの存在意義をどこに求めるべきであろうか」などの問いについて，より具体的な示唆や答えが提示できるように努める。

多くのJAは，従来の考え方や事業の仕組みに固執しようとしているのではなく，いったいJAのどこをどのように革新していけばよいのかが分からないから，なかなかイノベーションの着手に踏み切ることができずに悩んでいる。そのため，本書ではJAイノベーションのプロセスとマネジメントに焦点を当てることにする。そして，先進JAの変革リーダー達がJAイノベーションのプロセスに潜んでいる諸課題を克服するために，何をどのように進めたのかについて詳細な考察と分析を試みる。とりわけ，変革のリーダー達の資質より，彼らが果たした役割に注目し，より多くの示唆を具体的に提示するように努める。同時に，変革リーダー達の果たした機能と役割をなるべく一般化することによって，より多くのJAがイノベーションへの挑戦がで

きるように，そのきっかけや突破口を提供できるように努めたいと思う。

　本書の刊行にあたり，著者は様々な場所でお会いしたJAの経営者および実務者の方々から，多くの示唆やひらめきを教えて頂いた。とりわけ，本書の事例研究にあたって，快く取材を受けて頂き，資料の作成から収集まで多大なる協力を頂いた先進JAの皆様に深謝したい。JAとぴあ浜松前組合長松下久氏をはじめ，JA福岡市前代表理事専務川口正利氏，JA越後さんとう前組合長関響隆氏，JA紀の里前組合長石橋芳春氏，JA南さつま前組合長中島彪氏，JA十日町前組合長尾身昭雄氏には一方ならぬお世話になった。お世話になった方々全員を記すことができないので，特に記して感謝の意をお伝えしたい。そして，著者のJAに関する研究活動をいつも暖かく支えて頂いた全国農業協同組合中央会（JA全中）にも感謝したい。比嘉政浩教育部長には最新の経営資料などを集めて頂いた。

　本書の執筆には，かれこれ6年以上もかかってしまった。自分の足でJAの現場を回り，経営者および実務者の皆様の悩みと苦労を少しでも分かち合いながら，それぞれのケースを書き上げたかったからである。幸いに，1年間の学外研究の機会を頂くことになり，本書の構想と根幹を固めることができ，刊行にまでたどり着くことができた。日本福祉大学加藤幸雄学長をはじめ，前学長宮田和明先生，教職員の皆様に感謝申し上げたい。

　慶応義塾大学の奥村昭博名誉教授には，いつも顔を合わせると「あまり無理をするな」と，優しく声をかけられた。この一言が著者の心を支えてくれた。本書は先生の理論から多くの示唆を得ている。高千穂大学小林康一専任助教にはいつも著者の拙い仮説や愚痴を聞いてもらった。さらに，JA全中濱田淫海氏とJA大阪中央会北畑順造氏は，入念に原稿に目を通して，貴重な指摘をしばしばくれた。

　最後に，いつも飛び回っているか，家では書斎に閉じこもっている私を献身的に支えてくれた妻蘭衍と2人の娘・朱和と垠希にも感謝したい。いつも3人の笑顔が創作活動の厳しさとつらさを忘れさせてくれた。ありがとう！

2009年4月

柳　　在相

■目次

第1章　イノベーションの構図とプロセス　　1

1. 知識化社会の到来とイノベーション ……………………………1
2. 非営利組織とイノベーション ……………………………………4
3. 組織の自己革新能力とイノベーション …………………………6
4. イノベーションの基本構図とプロセス …………………………9
5. 組織変革の類型モデル ～真のイノベーションとは～ ………11
6. 非営利組織におけるイノベーションの枠組み
　　　　　　～本研究の分析フレームワーク～ ………13

第2章　なぜ，JA改革は進まないのか　　21

1. JAを取りまく経営環境の変化 …………………………………21
2. JA改革の現状 ～JAの組織能力～ ……………………………28
3. JAイノベーションの課題 ………………………………………38
4. なぜ，JA改革は進まないのか ～JAの組織文化～ …………44
5. JAイノベーションの構図 ………………………………………51

第3章　JAとぴあ浜松　～地域企業を目指して～　　55

1. JAとぴあ浜松の現況 ……………………………………………55
2. JAとぴあ浜松の誕生 ～JA合併のプロセス～ ………………56
3. 組合員に頼りにされる営農・経済事業 ………………………61
4. 時代の流れにマッチングした信用・共済事業 ………………66
5. 協同会社を活用したサービスの充実化 ………………………70
6. やる気のでる職場づくり ～人事制度の改革～ ………………73
7. 松下久前組合長のリーダーシップ ……………………………74

第4章　JA福岡市　〜都市化進行への対応〜　　85

1．JA福岡市の概要 …………………………………………… 85
2．JA福岡市における「都市化進行」への対応 …………… 88
3．JA福岡市における「組織改革」………………………… 93
4．川口正利前代表理事専務のリーダーシップ …………… 95
5．地域に根ざした協同組合を目指して …………………… 98

第5章　JA越後さんとう　〜米のブランド化戦略〜　　113

1．JA越後さんとうの概要 ………………………………… 113
2．生産者志向の米づくりからの脱却 ……………………… 119
3．魚沼に負けぬブランドの確立 …………………………… 122
4．地域農業の再構築 ………………………………………… 125
5．関響隆前組合長のリーダーシップ ……………………… 129
6．経営理念の実現に向けて ………………………………… 134

第6章　JA紀の里　〜地産地消の実践〜　　145

1．JA紀の里の概要 ………………………………………… 145
2．めっけもん広場の概要 …………………………………… 149
3．めっけもん広場の誕生 …………………………………… 151
4．めっけもん広場の運営 …………………………………… 154
5．めっけもん広場の意義と新たな試み …………………… 158
6．農産物流通センターの取り組み ………………………… 159
7．石橋芳春前組合長のリーダーシップ 〜2009年への羅針〜 … 162

v

第7章　JA南さつま　～地域農業とブランド育成への挑戦～　175

1．JA南さつまの概要 ……………………………………………… 175
2．JA南さつまの事業概要 ………………………………………… 181
3．地域農業（加世田方式）への取り組み ……………………… 185
4．地域に貢献するJAを目指して ………………………………… 190
5．「ブランド育成」への挑戦 …………………………………… 196
6．中島彪前組合長のリーダーシップ …………………………… 197

第8章　JA十日町　～地域に同化するJAを目指して～　213

1．JA十日町の概要 ………………………………………………… 213
2．尾身昭雄前組合長のリーダーシップ ………………………… 215
3．JA十日町の事業概要 …………………………………………… 220
4．地域への貢献 …………………………………………………… 226
5．JA十日町の経営管理 …………………………………………… 227
6．改革の実践プロセス …………………………………………… 229
7．今後の取り組みについて ……………………………………… 231

第9章　JAイノベーションのプロセスとマネジメント　239

1．新世代JAの台頭　～変革リーダーの登場～ ………………… 239
2．経営戦略の革新 ………………………………………………… 243
3．組織の革新 ……………………………………………………… 252
4．マネジメント・システムの革新 ……………………………… 260
5．人材の革新 ……………………………………………………… 266
6．組織文化の革新 ………………………………………………… 272
7．新世代JAの経営特性　～旧世代JAと新世代JA～ …………… 283

第10章　新世代JAへの挑戦 〜JAイノベーションの論理と実践〜　289

1．協同組合組織の現代的解釈とJAのミッション ……………… 289
2．新世代JAの戦略ドメインと存在意義 ………………………… 294
3．誰のためのJAイノベーションなのか ………………………… 297
4．JAイノベーションの方向と内容 ……………………………… 298
5．JAイノベーションのマネジメント …………………………… 301
6．JAイノベーションと変革のリーダーシップ ………………… 303

終 章　非営利組織のイノベーション　309

1．非営利組織におけるイノベーションの構図 ………………… 309
2．非営利組織におけるイノベーションのプロセス …………… 313
3．非営利組織におけるイノベーションの内容 ………………… 314

第1章
イノベーションの構図とプロセス

1．知識化社会の到来とイノベーション

　今日の世界経済はめまぐるしい変化をとげている。アメリカのサブプライム・ローンの破綻に端を発した今回の世界的経済危機は100年に一度の危機ともいわれている。アメリカ一国の経済だけでなく，一気に世界各国の経済まで危機的状況に陥れ，自由市場主義に基づいた経済システムの欠陥や脆さを露呈してしまった。戦後の世界経済の成長をリードしてきた資本主義経済も社会主義経済の凋落に続き，その有効性を失っていくことになりかねない状況に達している。まさに大きな歴史的転換期が到来しているといえる。そして，世界経済は資本主義や社会主義の欠陥を克服することができる新たな思想を創りだし，新たな国際社会の秩序を形成するまでは，「思想の欠如」による不確実性の時代を迎えることになると予想される。

　これまで人類はその歴史上，狩猟期，農耕期，手工業期，そして大規模工業期という大きな時代的変遷を行ってきた。17世紀に英国で始まった産業革命は，瞬くうちに世界に波及し，今日の資本主義を築き上げた。日本の近代資本主義も20世紀から本格化し，先進諸国に追いつき追い越せというスローガンのもと，ひたすら工業化を急いだ。それがこれまでの日本企業の戦略的ドライビング・フォースでもあった。その結果，日本企業は第二次大戦後の飛躍的成長をとげてきたのである。

そして，21世紀に入り，情報通信技術の急速な発達と国際化のさらなる進展により，日本は「知識化社会」を本格的に迎えるようになった。「知識化社会」というのは，工業化社会の次にくると期待される社会のことで，企業は工業製品に次いで，知識商品・サービスを創りだすようになる。消費者は工業製品（ハードウエア）そのものよりも知識やサービス（ソフトウエア）に価値を置くようになり，消費構造が大きく変化していく。かつて日本の消費行動を引っ張ってきたのは，いわゆる「豊かになりたい」と思う消費者達であった。ここでは「物質欲」が消費の中心にあった。しかし，ここにきてどこにも物がいっぱいとなり，人々は所有を越えた新たなニーズを持ち始めてきた。彼らは高級ブランド品に惜しげもなくお金を払ったかと思うと，同時にディスカウントショップで安売り品を買い漁る。もはや彼らは一様の欲求をもった「大衆」というよりは，様々な欲求を多次元的にもった複雑な個人となっている。企業はこのような個々人の多次元的な欲求に対してより積極的に対応すべく，新たな価値や知識を生み出し，それを商品化し，流通させていくようになる。このように「知識化社会」とは，新たな価値や知識の創造が重視され，知識や情報が商品化され，流通され，消費される社会のことである。
　知識化社会では，企業はさらに厳しい競争という環境変化のなかに置かれる。新しい技術の発明や新しい流通方式の登場，あるいは規制緩和などによる新しい競争ルールや競合相手が登場するようになるが，この新しい競争のルールや相手は，既存のプレーヤーに新しいゲームの仕方を要求してくるからである。さらには，競争環境が時々刻々と変化していくだけでなく，その変化が極めて根源的でかつダイナミックだからである。例えば，バイオ・テクノロジー分野における新技術の発明は製薬企業から食品産業や美容・健康産業にいたるまでの幅広い産業分野に大きなインパクトを与えることになる。また，インターネットの進歩は楽天などに代表されるような新しい流通様式を生み出し，今やインターネットでの取引があたり前のように受け入れられるようになり，今後の流通構造にも大きな変化をもたらす勢いを見せている。規制緩和も劇的な変化を起こす。例えば，ゼネリックの容認などの規制緩和に伴い，医薬品業界ではメーカーだけでなく，既存の医薬品卸との間でもこれまでになかった厳しい競争が起こっている。またそういった市場には，こ

れまでその産業にはいなかった別の産業の企業が成長機会を求めて新たに参入してくる。医薬品卸業界においてもヤマト運輸をはじめ，多くの流通各社や商社などがすでに参入を果たしており，楽天までもが新規参入を果たそうと必死である。新しい競争構造が現れつつあり，今後もますます厳しい競争の展開が予想されるのである。

　こういった分野では，イノベーションこそが生き残りの鍵となる。企業はこのような競争環境の変化に対処できなければ競争の土俵から降りねばならなくなるからである。そして，いかにしてイノベーションの創出に向けて自社のもてる経営資源および能力を最大限に活用するかという課題が経営戦略の中核をなす。そもそも経営とは環境対応のための極めて合理的な行為であり，経営戦略とは環境適応のためのありとあらゆる努力を指す。決して，昔から不変のものでもなければ，未来に永続するものでもない。その置かれた環境下で最も適合する仕組みがあみだされるのである。したがって，「イノベーション」とは新しい環境に向けて新しい経営戦略を創造していくことを意味するのである。

　日本企業の経営も新しい企業環境に向けて，これまでとはまったく異なる戦略行動をとらなければならない。もはや，これまでの日本的経営を支えてきた様々な特徴は，その使命を終え，次世代の経営へとバトンタッチすべきである。新世代の経営は，新たな環境に適合するものでなければならず，そのためにも明確な経営戦略を擁することが求められているのである。

　なお，このイノベーションの必要性は日本にとどまらず，先進諸国の企業すべてに共有している。ヨーロッパ企業も，米国企業もまったく同じである。むしろ，21世紀に入ってからは世界中どこの企業もイノベーションのレースを展開しているといったほうがよいかもしれない。どの企業がいち早く次の時代に適応した企業の姿に変身できるかという，時間のレースでもある。とりわけ，今日の競争は地球レベルの大規模な競争である。さらには世界標準（デ・ファクト・スタンダード）をめぐる競争でもある。このような大競争時代に生き残っていくためにはイノベーションを自ら起こすしか方法がないのである。

2. 非営利組織とイノベーション

　今日では，あらゆる形態の組織において，当然のように，経営学の知識および手法が導入されている。大学などの教育機関をはじめ，病院や福祉施設などのいわゆるヘルスケア組織，地方自治体，そして様々な性格の非営利組織（NPO）など，経営学を必要とする組織体がますます増えつつある。

　ところが，これらの多くの組織には，長い間，経営不在の時代が続いていた。そもそも非営利組織は，経済学の視点からすると，市場の失敗・政府の失敗・契約の失敗から生成される。すなわち，行政でも民間企業でも解決することのできない社会問題をとりあげ，その解決を目的とした理念（社会奉仕）型組織がほとんどである。つまり，非営利組織には利潤動機もなければ，かりに運用利益が出たとしても株式会社のように配分することができない。非分配制約といって制度的に禁止されているからである。[1] したがって，ほとんどの非営利組織においては，企業は利潤を追求する組織であり，経営学とは企業の利潤追求を支えるための知識として受け止められ，どちらかというと経営学の導入には消極的な態度をとっていたのである。

　ところが，P. F. ドラッカー博士は，かの『非営利組織の経営』（Managing the Non-profit Organization, 1992）という名著のなかで，「非営利組織が，市民社会の中心に位置する存在ならば，組織の使命を明確にし，成果の出るマネジメントが必要となる」と提唱した。[2] そもそも非営利組織は，その組織の理念やミッションに共感を覚えた民間のボランティア達によって形成され，自主的運営を基本とする。株式会社のような組織の階層や命令指揮系統が存在しないし，ガバナンス構造や意思決定プロセスも曖昧で複雑である。それが故に，組織のマネジメントが極めて難しく，組織メンバーのコンセンサスを形成するためには相当な時間とエネルギーが要されている。[3] ところが，多くの非営利組織ではこのような経営不在の状態が黙認されてきた。ドラッカー博士の『非営利組織の経営』は，このような非営利組織の経営に警鐘を鳴

---

1 雨森孝悦『NPO』東洋経済新報社，2007，p.14
2 P. F. ドラッカー，上田惇生・田代正美訳『非営利組織の経営』ダイヤモンド社，1991，pp.67-75
3 雨森孝悦，前掲書，2007，pp.4-11

らすこととなった。そして，このドラッカー博士の功績によって，経営学の言葉や知識はより普遍的な概念として受け入れられるようになり，経営学の対象も企業組織に限定されることなく，より多くの形態の組織にも導入されるようになったのである。

　にも関わらず，多くの非営利組織において経営学の導入が遅れをとったもう一つの理由は，法律や規制による競争の回避と公的資金による支援にあったと考えられる。とりわけ，病院や福祉などの組織体においては，長い間，新しい参入を厳しく規制してきたが故に競争を意識しなくてもよかったし，行政からの支援などにも助けられ，経営が不在であってもなんとか組織の延命を確保してくることができたからである。

　ところが，少子高齢化社会の到来とともに，日本経済における医療費の負担がますます膨れ上がるようになったため，医療関連法の改正に踏み切ることとなり，医療福祉施設を取りまく経営環境が一変した。その結果，全国公私病院連盟の2008年6月の調査によると[4]，調査対象1,180病院のうち76.2%（899病院）が赤字経営に陥っていることが分かる。また，最近の株式会社東京商工リサーチの調査によると[5]，2007年における医療機関の倒産件数（負債額1,000万円以上）は，52件（病院19件，診療所18件，歯科診療所15件）となっている。福祉施設においても，介護保険制度の改定により，これまでとは違って「選ばれる時代」に突入した。すなわち，医療・福祉施設においては，規制緩和がさらに進んでいくなかで，競争に耐えうる組織や仕組みづくりを目指してより積極的に経営力を強化しなければ，これからの選ばれる時代に生き残ることができなくなっているのである[6]。

　大学などの教育機関も，少子化による影響が予想以上に深刻で，大学倒産の時代を迎えているといえる。日本私立大学振興・共済事業団の調べによると[7]，2002年度入試の結果では，学生の定員割れを起こしている4年制私立大学は143校と全体の28.3%を示していたのが，2007年度の結果では，266校

---

[4] より詳しいことは，全国公私病院連盟のホーム・ページを参照して頂きたい
[5] より詳しいことは，(株)東京商工リサーチのホーム・ページを参照して頂きたい
[6] 医療・福祉施設の経営についての最新の研究書としては二木立『医療改革と財源選択』勁草書房，2009を参照して頂きたい
[7] より詳しいことは，日本私立大学振興・共済事業団のホーム・ページ（とりわけ『月報私学』）を参照して頂きたい

と全体の47.1％にまで拡大している。学生の定員割れは，当然のことながら，大学の経営を圧迫することになる。2001年度において，すでに赤字経営に陥っている4年制私大は113校に上り，全体の約25％を占めた。まさしく大学は今や少子化による「冬の時代」を迎え，実質的な破綻が相次いでいるのである。

　このことは，たとえ非営利組織といえども，環境の変化に適応するための努力を怠れば，組織の存続そのものが危うくなってしまうことを意味する。言い換えると，非営利組織においても，その長期的存続を達成していくためには，環境の変化に適応し，有効な資源展開を図っていかなければならない。新しい環境に向けて新しい経営戦略を創造していくための努力を怠ってはならないのである。ここでいう，組織が環境変化に適応し，限られた資源を有効に展開していくために必要とされるものが経営戦略であり，新しい環境に向けて新しい経営戦略を創造していくための努力こそがイノベーションである。つまり，これからの時代には，営利か非営利かという組織の形態に関係なく，「組織の存続」を図っていこうとするすべての組織体には経営戦略が必要であり，イノベーションこそが経営戦略の中核をなすのである。

3. 組織の自己革新能力とイノベーション

　大きな環境の変化は，産業構造の基盤や競争構造を根源的に変え，新しい産業を生み出す。そして旧来の産業に取ってかわり，時代や環境変化の流れを導いていく花形産業として成長していく。繊維，石炭，海運といったかつての名門企業が，今やエレクトロニクス，コンピュータ，ソフト，通信，自動車，航空・宇宙といった産業の企業にその主役の座を譲ってしまった。しかも，これからはエネルギーや環境，バイオ，医療・福祉，健康などといった新しい産業へシフトしていくことが予想されている。

　企業は，このような環境や時代の流れに対して柔軟に対処することができ，あたかもサナギが蝶に形態変容するように，その姿をまったく変えて，成長をとげていく。例えば，富士写真フィルムはかつてのフィルム会社から脱皮し，情報や医療の分野にまで進出を果たしている。最近では化粧品まで生産販売しており，もはやフィルム会社とはいえないほど，見事な変身をとげて

いる。また，繊維産業の「東レ」は総合化学素材メーカーへの変身をとげており，時計産業の代名詞であった「精工舎」は今や情報関連機器の「セイコーエプソングループ」へ進化してきている。つまり，企業は環境変化へ適応するための努力を積み重ね，その姿を進化させることで変化に対応でき，その永劫性を確保してきているのである。

奥村（1986）によると，企業は自己革新あるいは外部の力を受け入れることで，その遺伝子を組み換えられ，自然にではなく主体的にマネジメントの力で革新することができる。そして，組織の自己革新能力（主体的にマネジメントを革新する力）に着目し，「企業は自己革新を絶えず行うことで，その寿命を克服し長期的に存続を図っていくことができる」とし，企業イノベーションの内容とプロセスを究明しようとした。ここでいう自己革新とは環境変化へ適応しようとする努力であり，イノベーションはこの自己革新を積み重ねていくなかで，様々な学習を行い，達成することができるのである。

そもそもこの「自己革新能力」のコンセプトは，ダーウィンらの進化論者から提示されたものである。C. R. ダーウィンは『種の起原』(The Origin of Species, 1859) のなかで，進化という言葉を説明するにあたり，あえて「Evolution」という単語を使わず，「Descent with modification（変更を伴う由来）」というフレーズを使っている。それはEvolutionという単語は進歩や前進を意味しているが，ダーウィンの考えている進化にはそのような意味が込められてはいなかったからである。ダーウィンは「進化とは，生物が常に環境に適応するように変化をとげていくこと」であり，その過程を「生存競争（struggle for existence）」というフレーズを用いて説明している。ここでダーウィンのいう生存競争とは「存在し続けるための努力」を意味するものであったが，その後，社会進化論の提唱者であるH.スペンサーにより，かの「適者生存（survival of the fittest）：存在し続けるための努力に励む生物のなかで，最も環境の変化に適した者のみが生存の機会を保障される」という有名なフレーズとして，より分かりやすく説明されるようになった。そ

---

8 奥村昭博『企業イノベーションへの挑戦』日本経済新聞社，1986, pp.27-29
9 R. カンター（1983）は，これを「イノベーション創出のためのイノベーション（Innovation-producing Innovation）」と称している
10 適者生存というフレーズは，H. スペンサーが "Principles of Biology" (1864) のなかで，発案した造語である

して，彼らの功績は生物学だけでなく，社会学や経営学の分野にも至大な影響を及ぼしていったのである。

　以上の考察から，本研究では，組織とはそもそも自己革新能力と学習能力を有しており，環境変化に適応を図っていく有機体であるととらえることにする。[11]環境は常に変化し，組織も自ら変化をとげながら，その環境変化に創造的に適応（進化）を果たそうとしていく。この進化は不可逆的であり，決して元の状態へと退歩することなく，累積的である。そして，イノベーションを「組織が環境変化に対して自ら変化をとげながら創造的に適応していく一連のプロセス」と定義する。このイノベーションの定義には，組織が自己革新のプロセスのなかで様々な学習を行い，次第に自己革新能力を高めていくプロセスも含まれることにする。組織の学習は，単純学習と深層学習，そして変革学習の三つのレベルで行われる。[12]単純学習とは，戦略的とはいわない革新（価格調整や生産調整）をもたらす学習のことをいう。これに対して，深層学習とは事業仕組みの革新や，制度やマネジメント・システムの革新などをもたらす学習を指す。そして，変革学習は深層学習が繰り返されることによって起こる学習であって，これには事業領域(ドメイン)の変更や組織文化の革新などが含まれる。

　以上のように，本研究では，イノベーションの本質は知識創造にあると考える。組織が新しい情報を獲得し，価値や知識を創造し，そこから新たな思考と行動の様式を形成していく学習プロセスとして，イノベーションをとらえる。つまり，組織は創造的に自らを革新していく有機的システムであり，イノベーションとは組織が自己革新を絶えず行うことで過去の延長線上にはない飛躍をとげて，新たな次元の経営を達成することである。新しい環境に向けて，過去の経営の基本枠組（共有された価値や理念など）をはじめ，それに導かれた戦略行動，組織，制度，行動様式のそれぞれにおいて，根本的な革新を行うことなのである。

---

11 より詳細な理論的背景については，拙著『経営戦略中核理論』（財）社会経済生産性本部，1998, pp.91-112 を参照して頂きたい

12 R. ノーマン（1985）は，組織学習のレベルをシングルループ学習とダブルループ学習，デュエトロ学習の三つに分け，それぞれの学習内容について詳細に記述している。より詳細なことは，卒稿「戦略形成と学習理論に関する一考察」「慶応商学論集」第4巻第2号 1990, pp.1-18 を参考にして頂きたい

4. イノベーションの基本構図とプロセス

イノベーションの基本構図とプロセスは,図1-1に示す通りである。イノベーションは,経営戦略とリーダーシップ,組織および人材,組織文化において革新を行うことで遂行していくことができる。

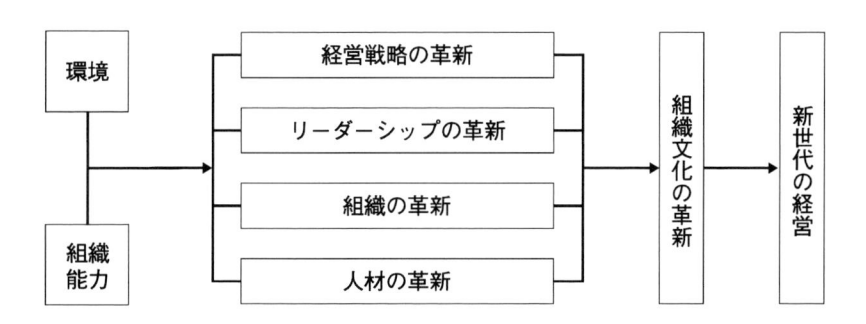

図 1-1　イノベーションの基本構図とプロセス

```
環境 ──┐
        ├──→ 経営戦略の革新 ──┐
        │    リーダーシップの革新 │    組織文化   新世代
        │                       ├──→  の革新  ──→ の経営
        │    組織の革新         │
組織能力─┤    人材の革新        ─┘
```

前述したように,本書ではイノベーションと組織が環境変化に適応するために新しい経営戦略を創造していくプロセスとして考えている。したがって,イノベーションは経営戦略の革新からスタートする。経営戦略を革新するということは,これまでの計画ややり方を捨てて,なんらかの突然変異を創出することを意味する。当然のように,組織には緊張感や危機感がはしることとなり,組織全体がパニックに陥ることもしばしばある。ここで,このような緊張感や危機感を健全な方向へ導き,意味のある学習を引き起こすことが,極めて重要となる。つまり,イノベーションのファーストステップにおいては,「なぜイノベーションを行うのか」という問いに対して,イノベーションの目的と方向付け,および期待される成果などを明確にすることが肝要である。

経営戦略の革新による組織の緊張感を健全な方向へ導き,意味のある学習を可能にするのがリーダーシップの革新である。リーダーシップの革新には,革新を実行に移していくリーダーシップだけでなく,企業家精神の革新も含まれる。企業家精神の革新とは,眠っていた企業家精神を復活させ,まさしく「無から有を創造する」といったリーダーシップを発揮し,組織に新たな

価値や秩序，意義などを創りだすことを意味する。つまり，イノベーションは旺盛な企業家精神をもつ「変革リーダー」によってより具体的に準備され，導かれていくのである。

　そして，組織も人材も同時に革新しなければならない。組織は戦略を実行するための仕組みとしてとらえることができる。経営戦略を革新し，新しい戦略を創りだしたら，この新しい戦略を実行するための最も有効な仕組みを新しく創りださなければならない。しかも，古い組織構造や制度などに足を引っ張られないよう，思い切った革新を断行しなければならない。人材においても戦略の形成と実行が同時にできるリーダーの育成が求められている。今日のような不確実性に満ちた時代においては，勤勉性や誠実さだけを重視した人材育成はもはや通用しない。自ら戦略を考え，自ら戦略的に行動することのできる「強い個人」を育成しなければならないのである。

　なお，これら四つの要因は相互依存し合っており，いかにそのトータル性と継続性を確保するかが，イノベーションを成功に導く鍵となる。まずトータル性とは，この四つの要因が同時にバランスよく遂行されることを意味する。四つの要因のいずれか一つの要因だけ（例えば，経営戦略のみ）を革新した場合，その効果は限定的であり，かつ短期間で消えてしまう。部分的革新は，結局は全体に波及していかないからである。また，四つの要因のなかで三つの革新は行われたけれど，他の一つの要因の革新（例えば，人材革新）が行われなかった場合も，目標としたイノベーションの成果を達成することは極めて困難になる。これら四つの要因は相互依存し合っているからである。つまり，四つの要因が同時にバランスよく遂行され，かつ深層学習を積み重ねていくことが肝要なのである。

　次に，継続性とは革新は決して単発で終わってはならないという意味である。イノベーションには革新の連鎖と累積が求められている。革新が次の革新を呼び，さらに次の革新へとつながっていくことが，とりわけ重要である。つまり，革新の連鎖と累積こそがイノベーションのエッセンスだといえる。そして，イノベーションの継続性（革新の連鎖と累積）を確保するためには，組織文化の革新を果たさなければならない。イノベーションには，組織メンバーが共有している価値観や理念，行動様式などの革新が求められており，これは組織メンバー全員の意識改革が伴わなければ達成できないからである。

つまり，組織メンバー全員が意識改革に励み，行動に移し，イノベーションの成果をあげていくためには，イノベーションをトータル的にかつ継続的に進めていかなければならないし，そのためには深層学習を繰り返すことによって変革学習を達成していかなければならないのである。

そして，組織文化の革新まで達成すると，組織は健全な経営が確保することができると同時に組織活力がよみがえり，結局は社会的存在意義を高められるようになる。イノベーションの実行プロセスは極めて困難に満ちているが，こうした五つの革新を根気よく実行していくことで，組織体は目標としていた新世代の経営を行うことができるよう，進化をとげていくのである。

本研究では，イノベーションのこれらの五つの要因，すなわち (1) 経営戦略の革新，(2) リーダーシップの革新，(3) 組織の革新，(4) 人材の革新，(5) 組織文化の革新について詳細に検討していくことにする。

5. 組織変革の類型モデル ～真のイノベーションとは～

企業は様々な手法を駆使して企業イノベーションをとげていく。それぞれの企業がそれぞれの置かれた状況と事情に応じて様々な手法を用いている。したがって，企業がイノベーションを遂行していく現象に対しても様々な名称が使われている。例えば，リエンジニアリング，リストラクチャリング，トランスフォーメーション，リフレーミング，リフォーム，リノベーション，企業イノベーションなどである。それぞれの名称にはそれなりの意味が含まれており，様々な手法の特徴を表しているものの，あまりにも多様な名称が混在しているが故に，現場の実務者にとってはかえって混乱を招いている状況にある。ここでは，これらの手法の類型化を図ることによって，非営利組織にも応用できる組織変革のパターン（図1-2）を示すと同時に，「真のイノベーションとは何か」についても理解を深めることにする。

組織変革は一般に二つの軸から構成されている。一つの軸は，「いつ組織変革を始めるか」という軸である。ある組織はその業績の低下という危機に対応して，後追い的に変革を始める。またある組織は業績が低下していなくても，将来に起こりうる危機を予測して先取的にその変革を始める。これが縦軸の組織変革のタイミングという軸である。もう一つの軸は，「組織革新

図1-2 組織変革の類型モデル

	漸進的	戦略的
先取的	順応	イノベーション
後追い的	調整	構造改革

のスピードや程度」を表す軸である。ある組織はその変革プロセスにゆっくりと時間をかけて徐々に，そしてステップバイステップで着実に実行しようとする。漸進的なやり方である。これに対して，ある組織は具体的な戦略ビジョンやコンセプトを創りだし，その変革を一挙にかつ大胆に実行しようとする。戦略的なやり方である。この二軸から四つの組織変革のパターンができる。

まず，「後追い―漸進」の典型的なパターンとしては，「調整」型の組織変革が考えられる。次に，「先取―漸進」の典型的なパターンとしては，リエンジニアリングがあげられる。これは別名，「行革」あるいはBPR（Business Process Reengineering）と呼ばれており，現場のレベルでオペレーションの革新をターゲットとしている。環境の変化に素早く反応し，いかにしてむだを省き，いかに効率化するかを課題としていることから，「順応」型の組織変革といえる。これらの組織変革パターンの特徴は，急激かつ根本的な改革ではない，時間をかけたより穏やかな形での進め方にある。

これに対して，「後追い―戦略」のパターンとしては，「構造改革」が考えられる。これはリストラクチャリングとも呼ばれ，事業の再編成を狙いとしている。従来の事業構造を根本から革新してしまおうとするのである。多くの場合，人員削減，事業撤退といった大きな痛みを伴いがちである。カルロス・ゴーンによる日産自動車の企業イノベーションが典型的な例として取り上げられるだろう。

「先取―戦略」の組織変革は最も理想的なパターンであり，真の「イノベ

ーション」ということができる。一般に，このパターンの組織変革は極めて根源的であり，急激ですらある。多くの場合，将来への具体的な戦略ビジョンやコンセプトを創りだし，一挙にかつ大胆に実行しようとする。そのため，M&Aなどの積極的な手法を大胆に駆使しながら新規事業をどんどんと展開していく。同時に事業構造の転換に伴って大幅な人員の削減を行う場合も少なくない。この組織変革パターンの典型的な例としては，ジャック・ウェルチによるGEの企業イノベーションや村井氏および樋口氏によるアサヒビールの企業イノベーションが考えられる。

　以上のような考察から，本研究では組織が最も挑戦すべき組織変革のパターンは，「イノベーション」型だと考える。将来に起こりうる環境変化をなるべく事前に予測し，計画的に組織変革に挑戦していく。組織に体力があるうちに，大きなリスクをとっていくのである。業績が悪化してから組織変革に着手すると，どうしてもリスクの低い代替案を取りがちになり，結局はローリスク・ローリターン型の組織変革になってしまう。「調整」ばかりでなかなか本格的な革新に着手することができず，問題の先送りを繰り返していると，その先に待っているのは大手術（「構造改革」）であろう。また，現場のレベルでオペレーションの革新（「順応」）では，競争変化のスピードに追いついていくことが精一杯で，短期的でかつ場あたり的な対応で終わってしまう。したがって，ハイリスクではあるが，先取的にかつ戦略的に組織変革を遂行してくことが，結局はハイリターンとなるのである。

6. 非営利組織におけるイノベーションの枠組み
〜本研究の分析フレームワーク〜

　前述したように，イノベーションにはトータル性と継続性が求められている。したがって，イノベーションの実行プロセスは極めて困難に満ちているといえる。そして，イノベーションを遂行しようとする組織には，次のような問いに対して前もって答えを用意することが求められている。いざイノベーションに着手しようとしても，これらの壁にぶつかってしまい，実行に移せず悩んでいる組織が少なくないからである。

図1-3　本研究の分析フレームワーク

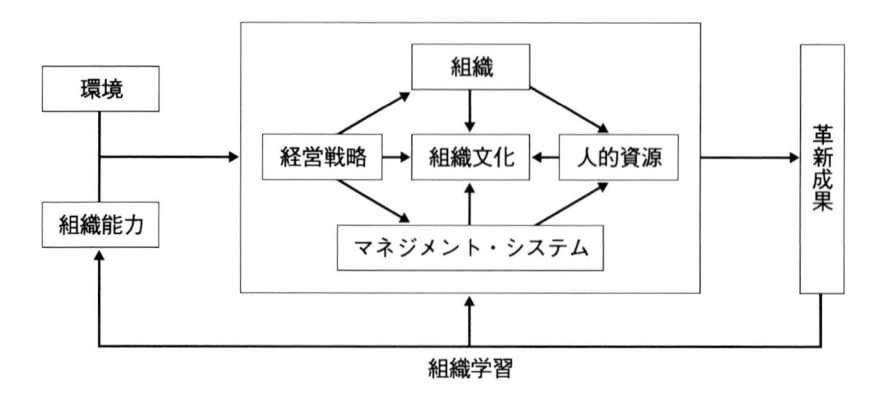

[図：環境・組織能力 → {経営戦略・組織・組織文化・人的資源・マネジメント・システム} → 革新成果、フィードバックとして組織学習]

① いつ企業革新を始めたらいいのか？
② どこからそれを始めたらいいのか？
③ どのように始めたらいいのか？
④ 誰が革新の主体なのか？
⑤ 何が革新の目的（成果）なのか？
⑥ どのようにそれを継続すべきなのか？

　本研究では，これらの問いに答えるべく，経営戦略とリーダーシップ，組織および人材，組織文化という視点から検討する。確かに，イノベーションを実践していくプロセスには難しい課題が山積している。非営利組織においてはなおさらのことである。それは非営利組織の持つ特徴，すなわち①理念（社会奉仕）型組織，②複雑なガバナンスおよび意思決定プロセス，③不明瞭な命令指揮系統に起因するものが大きい。本書では，これらの特徴を持つ非営利組織が，いかにしてイノベーションに挑戦し，これらの課題をどう解決すべきかについて，様々な示唆と解決策の提供を試みることにする。

　本研究の分析フレームワークは，図1-3に示す通りである。図1-3はイノベーションの全体像とプロセスを図式化したものである。まず，環境において変化が起こるか，あるいは変化を予測すると，組織体はその組織のもてる能力に応じてイノベーションに乗り出す。この環境と組織能力のいずれかが，イノベーションの引き金となる。この引き金を受けて，組織体は経営戦略，

組織，マネジメント・システム，人的資源，および組織文化の革新に取り掛かる。これらの五つの要因は相互依存的で，ダイナミックに関係し合っている。そしてこれらの革新が行われた結果，組織は革新の成果を獲得する。この革新の成果は再び組織にフィードバックされる。そのフィードバックはプラスにもマイナスにも機能する。プラスに機能すると，組織はその革新活動をさらに強化するか，あるいはその変化された状態を定常化する。つまり，革新活動の継続あるいは新しい経営へ移行された状況を安定化するかのどちらかである。マイナスに機能すると，組織は革新の努力が足りないと判断して，より強力に革新に乗り出すか，あるいはその革新の方向が間違っていると判断して，別の革新の方法に乗り出す。いずれにしろ，組織はこの革新成果のフィードバック（組織学習）を通じて，革新活動の舵取りを行うのである。

そして，イノベーションの構図は，図1-3に示したように，環境，組織能力，経営戦略，組織，マネジメント・システム，人的資源，組織文化，および革新の成果という要因から成り立っている。以下では，この構図に従い，非営利組織におけるイノベーションの枠組みを提示する。

(1) 環境

環境はイノベーションの原因を提供する。常に変化しているからである。そして今や，工業化社会から知識化社会へと大きな変化をとげているが故に，組織に対して根本的革新を要求しつつある。知識化社会では知識が価値を持ち，その使い方によって組織間に大きな格差が生じてくる。また，情報通信技術の急速な発達と国際化のさらなる進展により，競争環境はますますボーダーレス化し，多極化・複雑化していく。これからは環境の不確実性がますます高くなっていくと予想される。非営利組織においても，環境への適応を避けてとおることはできない。自分達が競争を望まなくても，環境変化のなかで知らないうちに潜在競争が現れ，その存在意義を脅かされるようになるからである。

(2) 組織能力

組織能力とは，その組織の人，物，金，情報に関わる資源のことはもちろんのこと，これらの資源をマネジメンする能力や組織の自己革新能力のことをも指す。非営利組織においては，その組織の持つ理念やビジョン，社会的存在意義（社会からの評価），企業家精神度などがとりわけ重要な経営資源

である。なかでも，企業家精神度は環境の認知に差をもたらす。企業家精神の横溢した組織では，環境変化に対して敏感に反応し，イノベーションを容易にスタートさせる。逆に，保守的な価値を持つ組織ではなかなか環境の変化を認めず，イノベーションに対して抵抗しがちである。

(3) 経営戦略

これまで日本の企業では，よりよい品質でより安いコストの製品を供給するというオペレーション上の課題の実行が，そのまま戦略となった。徹底した生産性追求こそがその戦略達成の目標であった。しかし，環境が大きく変わった今，もはや過去の戦略は通用しない。知識化社会へ適応するためには，独創的でかつ大胆な戦略が求められるからである。さらに企業間競争の様相も大きく変化し，競争戦略もますます質的に変化をとげなければならない。これからの経営戦略には，「革新志向性」「資源展開の機動性」「グローバル志向性」「組織間協調志向性」が求められている[13]。そして，経営戦略の中核としては，①ドメインの決定，②資源展開の戦略（シナジーの決定），③コア・コンピタンスの確立，④競争の戦略などが考えられる。ドラッカー博士は非営利組織における「使命から成果を導く戦略」として，①マーケティング，②イノベーション，③資金源開拓などに注目しているが[14]，これからの時代には非営利組織も競争を避けてとおることはできない。非営利組織とはいえ，存続を図っていくためには，これらの四つの戦略要素にも積極的に取り組むべきであろうと考える。非営利組織もこれからの時代には潜在競争への対応を怠ってはならないし，多くの利害関係者の満足を最大化するよう努め，その存在意義を高めていかなければならないのである。

(4) 組織

組織は戦略を実行するための仕組みとしてとらえられる。組織は環境のみならず，その組織の経営戦略や文化と強く関連している。したがって，戦略が革新されると，必然的にその組織構造や形態が変化する。環境のダイナミックな変化，それに対応した新しい戦略の展開は，これまでの企業社会の基

---

[13] より詳細な内容については，拙著『経営戦略・イノベーション』(財) 社会経済生産性本部, 1998, pp.19-46 を参照して頂きたい

[14] より詳しいことは，P. F. ドラッカー，前掲書Ⅱ部「使命から成果へ」(pp.65-130) を参照して頂きたい

第1章 イノベーションの構図とプロセス

本枠組みを根底からゆさぶりだしている。そのゆさぶりは極めて大きく、これまでの組織の編成原理にも及んでいる。これまでの組織の原理は「合理性」の追求にあった。しかし、この合理性を中核とした組織編成原理が、今や「イノベーション」という原理に取って代わられようとしている。このような「イノベーション」志向の組織への流れは、伝統的な管理志向の組織の論理を確実に打ち壊してきている。この新しい組織の流れとしては、「早い意思決定、早い行動」、「組織の戦略化」、「ガバナンスおよびトップマネジメント構造の透明化」などが注目される[15]。多くの非営利組織の場合、組織の理念に共感するボランティア達によって組織され、民主的運営を基本としているが故に、ガバナンスや意思決定プロセスが複雑であり、命令指揮系統が不明瞭である。たとえ非営利組織といえども、戦略を実行するための仕組みとしての組織への革新が求められているのである。

(5) マネジメント・システム

マネジメント・システムも革新の対象である。計画システム、コントロール・システム、インセンティブ・システム、財務会計システムなどの革新である。とりわけ、非営利組織においては未だに「平等」という概念が根強く定着され、多くの制度や規程に強い影響を及ぼしている。ところが、形式的な平等は実質的な不平等を生み出すことになる。行き過ぎた平等は組織の生産性を低下させてしまうのである。これからは「公平」という概念に基づいた新人事制度を積極的に導入するとともに、評価システムやインセンティブ・システムなどの革新を進めるべきである。

(6) 人的資源

これまで日本企業の成長を支えてきたのは、勤勉で優秀な日本人従業員であった。企業もまた彼らを同質化することで、高い集団凝集性を確保し、小集団活動に参加させることで一糸乱れぬ組織行動をとらせることに成功してきた。このような人々が現場で小さな知恵を発揮して、高品質で低コストの製品を作り上げてきたのである。そして、このような人材育成や組織編成の論理は日本的経営の根幹をなすようになり、日本社会の共有された価値観念にまで発展していったように思われる。したがって、非営利組織の編成論理

---

15 より詳細な内容については、拙著『経営戦略・イノベーション』（前掲書）、pp.47-78 を参照して頂きたい

においても，誠実さや勤勉さ，組織メンバー間の高い協調性が重視されているものと考えられる。しかし，これからの知識化社会においては，知識やサービスに価値を置くようになり，画期的な知識商品やサービスを創りだしてくれる優秀な個人が求められるようになる。マネージャーもプロフェッショナル化が進むようになる。これからの組織ではむしろ過度の同質化は害になる。異質の人材が常に存在していて，かれらの個人主義的行動を許容していく必要がある。人材においても戦略のプロとしてのリーダーの育成が求められている。これからの不確実性に富む時代においては，勤勉性や誠実さだけを重視した人材育成はもはや通用しない。自ら戦略を考え，自ら戦略的に行動することができる「強い個人」を育成しなければならない。つまり，イノベーションを積極的に推進していける「戦略リーダー」の育成を急ぐべきなのである。[16]

(7) 組織文化

　組織文化の革新は最も困難な課題である。組織文化はその組織の深奥部に存在する人々に共有された価値観，態度，あるいは行動様式だからである。その形成には長い時間がかけられている。さらにその文化が成功していればいるほど，強固なものとなっている。しかし，この組織文化の革新無しには組織は新しい方向に進めないことも事実である。かつてヤマト運輸は宅配便市場に進出するにあたって，既存の主要な取引先であった三越や松下との取引を思いきって断ち切った。運送業としての組織文化を引きずったままでは，新たな宅配便市場での成功を収めることができないと判断したからである。多くの非営利組織においては，非営利組織だから利潤を追求する必要がなく，利潤を追求する必要がないから経営など要らないという考え方が蔓延してきた。ところが，今日のような厳しい競争環境下では，このような考え方はもはや通用しない。かの二宮尊徳は「経済なき倫理は欺瞞であり，倫理なき経済は罪悪である」[17]という有名な格言を残している。非営利組織とはいえ，その存続を図っていく必要がある以上は，生存していくための最低限の利潤を

---

16 より詳細な内容については，拙著『経営戦略・イノベーション』（前掲書），pp.79-91 を参照して頂きたい

17 より詳しいことは，留岡幸助報徳論集『二宮尊徳研究叢書』中央報徳会，1936，pp.224-225 および長澤源夫編著『二宮尊徳のすべて』新人物往来社，1993，pp.20-21 を参照して頂きたい

第1章　イノベーションの構図とプロセス

確保していかなければならないのである。

(8) 革新成果

イノベーションの成果は何で評価すべきであろうか。確かに業績（売上高や利益など）がいかに向上したか，あるいはそれ以上悪くならなかったというのも成果である。しかし，これらの経済的指標はあくまでもなんらかの行動の結果でもある。むしろ企業革新の結果，ある成果がもたらされ，その成果が業績という形で表出したのである。したがって，組織がイノベーションを通して何を達成したいのかに着目することが何よりも肝要であると考える。とりわけ，非営利組織においては，一般の企業より「社会性」を追求すべきであり，その意味では，やはり「組織の存在意義（使命）」をいかにして高めたかが極めて重要だと考える。ドラッカー博士は，非営利組織の成果について「少しずつでもよくなっているか，向上しつつあるか，成果の上がるところに資源を投入しているかと問うことのできるような形で成果を定義しなければならない」[18]と，述べている。なお，著者は前回の「JA経営戦略研究会」における研究成果として，非営利組織における「成果」は，次の三つの要因で構成されることを明らかにした。[19]

① 健全な経営
② 組織の活力
③ 組織の存在意義

すなわち，非営利組織においては，その社会的存在意義が何よりも重要であり，組織の存在意義をより高めていくためには，組織メンバーの積極的な参加意識（組織の活力）を高めると同時に，組織の存続のために健全な経営を確保していかなければならないと考える。今回の研究においては，この三つの要因に注目しながら，さらなる考察を試みることにする。

---

[18] P. F. ドラッカー，前掲書，pp.175-179
[19] 柳在相監修，JA経営戦略研究会著『非営利組織の経営戦略』中央経済社，2004，pp.19-20 および pp.237-239

第2章
なぜ，JA改革は進まないのか

　本章では，図1-3に示したイノベーションの構図にしたがって，JAの環境と組織能力，JAの経営戦略と組織，JAのマネジメント・システムと人的資源，JAの組織文化について考察する。まずは，JAの経営に大きな影響を及ぼす環境要因とJA改革の現状（組織能力）について考察する。次に，今後の戦略課題を，経営戦略と組織，マネジメント・システム，人的資源の視点から明らかにする。また，JAイノベーションを推進していくにあたって，その阻害要因（組織文化）についても考察し，「なぜJAの経営改革は進まないのか」という問題提起を試みる。そして，これらの考察を土台に，JAイノベーションの構図を究明することにする。

1．JAを取りまく経営環境の変化

　ここでは，JAの経営に大きな影響を及ぼす環境要因として，①グローバル化の進展，②消費者ニーズの多様化，③農地および農業者の減少，④流通・販売チャネルの多様化，⑤IT技術の進歩などに焦点を当て，詳細な考察を試みる。

1-1．グローバル化の進展と不確実性にみちた国際環境

　世界の人口は，2007年には約66億人に達しており，2050年にはさらに増

え続け90億人を超えると予測されている。これまでは世界の人口増加に対して，世界の穀物生産量が需要を上回る伸びを見せていたが故に，なんとか食料供給を支えてこれたといえる。しかし，近年の世界の需給動向では，生産量が消費量を下回り，期末在庫率は低水準にある。しかも，これからもアジアやアフリカなどの開発途上国を中心に大幅な人口増加が見込まれており，経済成長に伴って食生活の多様化や畜産物などの消費が進むことから，穀物の需要がさらに増すとみられている。[1]

また，地球温暖化と異常気象も世界の穀物の需給バランスに大きな影響を及ぼすと考えられている。様々な作物に高温障害，病害虫の発生が深刻化するほか，地球温暖化への対応（石油燃料からの脱皮）がさらに進むようになることから，食料以外での穀物需要が増大していくと予想される。アメリカを中心にトウモロコシを使った燃料用エタノール生産が盛んに行われ，総需要量に占める燃料用エタノールへの使用割合が，2006年には18％にまで急増している。今後も穀物の国際価格はさらに高騰するおそれがあるなど不安定な動きを見せている。[2]

さらに，日本は1984年以降，世界第1位の農産物純輸入国である。とりわけ，トウモロコシや肉類では世界の農産物輸入に占める割合は第1位である。円高の進展や世界的な農産物貿易自由化の流れのなか，日本の農産物輸入は年々増加し，2006年には5兆円台を上回るようになった。農産物輸入の相手国をみると，3割をアメリカに依存しており，以下は中国とオーストラリア，タイ，カナダと続き，これら上位5ヶ国で農産物輸入額の65％を占める。過去10年間の推移を見ると，これらの上位5ヶ国への依存度が高まっており，特に中国は4％もシェアを伸ばしている。そのため，なんらかの理由でこれらの特定国からの輸入ができなくなると，日本の需給はすぐに大きな影響を受けてしまうことになる。アメリカでのBSE問題や東南アジアなどでの鳥インフルエンザの問題が発生した時は，牛肉輸入量の5割，鶏肉輸入量の7割を占める国々からの輸入を緊急停止することとなり，輸入依存のひ弱な体質を露呈してしまった。[3] これに対して，2006年度の日本産農産物の輸出額は1,946

---

[1] 「世界と日本の食料・農業・農村に関するファクトブック 2008」p.12
[2] 「世界と日本の食料・農業・農村に関するファクトブック 2008」pp.14-15
[3] 「世界と日本の食料・農業・農村に関するファクトブック 2008」pp.16-17

億円にとどまっている。5兆円を超えている輸入額には比べもできないほど少ない金額だが，前年度の実績を10％ほど上回っており，今後もアジア地域を中心に米やナガイモ，リンゴ，イチゴ，緑茶の輸出が着実に伸びていくことが予想されている。とりわけ，日本食ブームを背景に，おいしくて安全な日本産農産物への需要が世界的に高まっている。2005年にまとめられた農林水産物・食品の総合的な輸出戦略のなかでは，「2013年までには農産物の輸出額を1兆円規模まで高める」という目標を打ちだしており，意欲のある生産者には新たな成長機会を与えることが期待されている。WTO農業交渉は難しい局面をみせているものの，日本の農産物の貿易は，輸入も輸出も拡大し続ける傾向にあるといえる[4]。

1-2. 消費者ニーズの多様化

　日本の国内市場においても，経済発展による豊かな社会と知識化社会の到来に伴い，農産物や食品に対する消費者ニーズが大きな変化をとげている。それは，①健康・安全志向の高まり，②生活スタイルの多様化，③食のファッション化，④外食・中食の増加などに代表される。

　まずは，「健康・安全」に対する消費者の意識が極めて高まってきていることである。とりわけ，2001年のBSE（牛海綿状脳症）発生と2003年の高病原性鳥インフルエンザの出現以降，農畜産物の安全確保は大きな社会的課題にもなった。食品においても産地偽装や賞味期限の改ざん，殺虫剤入りのギョウザ等の不祥事が続いている。また，最近ではメタボリック・シンドローム（内蔵脂肪症候群）が話題となり，40代後半からの世代では一気に健康意識が高まるようになってきている。そして，これまでのように「ただ安ければよい」といった低価格の農産物や食品へのニーズだけでなく，「少々高くても安全・安心なものや健康によいもの」を求める傾向が非常に強くなっている。さらに，このような傾向は「有機栽培」や「無農薬」，「エコファーマー」などをキーワードとする新たな市場の細分化を促しており，今後もさらなる成長が期待されている[5]。

　次に，消費者の生活スタイルの個性化および多様化が進んでいることであ

---

4 「世界と日本の食料・農業・農村に関するファクトブック 2008」p.52
5 「世界と日本の食料・農業・農村に関するファクトブック 2008」pp.20-23, pp.28-30

る。豊かな社会の進展は人々の生活スタイルにも多くの影響を及ぼしている。かつてはいわゆる「豊かになりたい」という「物質欲」が消費の中心にあったが，今はどこにも物がいっぱいとなり，人々は所有を越えた新たなニーズを持ちはじめた。食品や農産物に対しても，ニーズの多様化が目立つようになってきた。例えば，ある時はファースト・フードやコンビニのお弁当などで簡単に食事を済ます一方で，ある時はゆったりとした高級な雰囲気のなかで食事を楽しむし，また月曜日は和食だったならば，火曜日は中華，水曜日はイタリアンといった具合に，多様な選択幅のなかからその時々の用途や好み，気分などに合わせて多様な消費行動をとっている。もはやこれまでのような標準化された商品を大量に消費するという時代ではない。

今や，「食」という概念，そのものが変わってきているように思われる。最近のファースト・フードをみても分かるように，消費者ニーズはボリュームや価格だけでなく，健康や美味しさ，おしゃれな店づくりにまで細分化されている。消費者は単に空腹を満たすだけでなく，「食」という概念のなかに，おしゃれな雰囲気や楽しい会話，安らぎの空間などをも複合的に求めるようになったのである。これがいわゆる「食のファッション化」であり，これからはこのような傾向がさらに進んでいくと予想される。そして，このような消費者の生活スタイルや「食」に対するニーズの変化は，農業者および食に関係する事業者に多くの影響を及ぼすと同時に，新しいビジネスの機会を提供している。

四つ目には，「中食」や「個食」という概念の出現に象徴されるように，食事のパターンにおいても多様化が進んでいることである。日本では近年，食費に占める「外食」や「中食」の割合が増加している。高齢者や単身世帯の増加と夫婦間分業のあり方の変化などを背景に，食事の簡素化や外部化がさらに進んでいる。市場の規模でいうと，2006年には外食市場が24.4兆円，中食市場が6.4兆円の規模である[6]。今後はコンビニエンスストアを中心に中食市場の規模が拡大していくと予想される。そして，このような変化が，今後の流通や販売システムをはじめ，生産システムにまで大きな影響を及ぼしていくと思われる。

---

6 「世界と日本の食料・農業・農村に関するファクトブック 2008」p.27

1-3. 農地および農業者の減少～進む法人化と新規参入の増加～

　一方，農産物の生産の方に目を向けると，日本では農地が急速に減ってきており，耕地利用率も下がってきているなど，深刻な状況にあることが分かる。1960年に607万haあった耕地面積は，2007年には465万haと大きく減少した。耕地利用率も1994年からは100%を割り込み，2006年には93%にまで落ち込んでしまった。その原因としては，①農産物価格の低迷，②担い手・労力の不足，③耕作放棄地の増加などが考えられる。なかでも，一番の原因は安い輸入農産物の増加により，農産物の需給バランスが崩れ，農産物価格の低迷が長く続いてしまい，農業経営が厳しくなっていることにあると考えられている。[7]

　そもそも日本は中山間地域が多く，耕地面積が狭い。したがって，1戸あたりの耕地面積が小さいが故に，スケールメリットをいかすことがなかなか難しい状況にある。近年は耕作放棄地面積の増加率が鈍化してきているものの，①農産物価格の低迷，②高齢化・後継者不足，③鳥獣被害の増加などにより，相変わらず耕地面積は減少し続けている。[8]

　農業就業人口も農家戸数も減少が続いている。1970年には1,035万人もいた農業就業人口が2007年には約312万人で，3分の1にまで減少した。そのうち65歳以上の高齢者が占める割合は1970年には18%だったのが，2000年には50%を超え，2007年には59%になり，高齢化がますます進展している。農家戸数も1960年には606万戸だったのが，2005年には200万戸を割り込み，2007年には販売農家戸数が約181万戸になっており，減少傾向に歯止めがかからない状況にある。[9]

　このような農地および農家の減少傾向を踏まえて，1993年に改正された「農業経営基盤強化促進法」に基づき，2007年度からは一定規模以上の個別経営体と集落営農の育成を目的として新しい経営安定対策が導入されるようになった。そして，近年は①「認定農業者」，②「特定農業法人」，③「集落営農」などの制度を中心として，担い手の育成と地域農業の振興が進められ

---

7 「世界と日本の食料・農業・農村に関するファクトブック 2008」p.36
8 「世界と日本の食料・農業・農村に関するファクトブック 2008」p.37
9 「世界と日本の食料・農業・農村に関するファクトブック 2008」p.32

ている。とりわけ,「認定農業者」とは,農業を支える担い手を育成する制度のことであり,効率的かつ安定的な農業経営を目指すことを目的としている。認定農業者は1995年には19,193人だったが,2006年には20万人を超え,増加傾向にある。同時に農業経営の法人化も進んでおり,1970年には2,740法人あった農業生産法人が2007年には9,466法人にまで増えてきている。[10]

また,一定の要件を備えることを条件に,農業生産法人以外の農業参入が認められるようになっており,2007年9月の時点で,256法人がリース方式で農業への参入を果たしている。さらに,最近は「(株)おいしっくす」や「(株)いろどり」に代表されるような農業ベンチャーが数多く現れており,将来の日本農業の担い手として,かつ地域経済活性化の起爆剤として地位を確立しつつある。今後も農業ベンチャーの動向はますます各方面から注目を集めていくことになるであろう。

1-4. 流通・販売チャネルの多様化

日本における今までの農産物販売に関わる制度は,食糧管理法に象徴されるように,生産者が自由な意思を持って販売することを制限してきたといえる。しかし,食料・農業・農村基本法の制定を契機に,様々な農政改革が進められるようになり,農産物の生産および流通・販売に関わる多くの分野において規制緩和が行われてきた。このような流れを踏まえ,生産者の自由な意思がより尊重されるようになり,事業活動の範囲も大きく広がってきている。

例えば,生産者がJAを通さず,直に様々な飲食店や流通会社との取引を開拓するケースが増えており,宅配便などを利用して消費者にダイレクトに配送するケースも徐々に増加している。また,輸入農産物との競争激化や量販店の交渉力の増大などを背景に,小売および卸売り業界をはじめ,多くの流通業者から生産者側に取引を積極的に働きかける傾向も強まっている。その結果,農産物においても流通・販売チャネルの多様化がさらに進むようになった。

JAグループでも,このような環境変化に対して,組合員(生産者)の手取りを増やすため,それぞれのJAが系統組織のみの流通にこだわることなく,

---

10「世界と日本の食料・農業・農村に関するファクトブック2008」pp.33-34

生協をはじめ、スーパーや小売店、外食産業にまで直に販売することを認めるほか、流通コストの削減や手数料の見直しなど、様々な対応を講じている。とりわけ、近年は地域住民に対して直接販売する動きも顕著で、ファーマーズマーケット（農産物直売所）のように、JAが独自の店舗を設置するケースが増えている。[11]

　日本の国内農産物の市場規模は約7兆円で、輸入農産物の増加や米価の下落などによって、わずかに縮小の傾向を見せている。これに対して食品加工業および流通業を合わせた市場の規模は55兆円を超えており、外食産業（中食を含む）市場の規模は60兆円を超えている。このような食関連市場の大きさを背景に、大規模農家や認定農業者を中心に、これまでのように生産した農産物をただ出荷するだけでなく、消費者への直接販売や加工事業にも積極的に参入しようとする動きが見られている。なお、今後は流通各社や農業ベンチャーの参入も活発になることが予想され、この分野ではさらなる変化と新たなビジネスモデルの出現が期待されている。

1-5. IT技術の進歩と加速する「農業のIT化」

　農産物の生産および流通・販売においても、生産技術の革新や情報通信技術の進展は大きな影響を及ぼしている。これまでの生産技術の革新は、田植機や自脱型コンバインなどに象徴されるように、農業の機械化と施設化を支えてきた。また、近年における情報通信技術の発達は、農産物の生産から流通・販売のいたるところで多くの影響を及ぼしている。例えば、農産物の受発注システムの開発や出荷と入荷のシステム化などにより、見込み生産などが可能となったし、適切な在庫管理も可能になった。さらに、すべての取引と伝票処理を電子化することにより、業務の迅速化や管理コストの削減を実現してきている。このように、生産技術および情報通信技術の発達は、農業の機械化と施設化、電子化を支えてきているだけでなく、生産の拡大と安定した取引、事務管理費の削減などを実現させるなど、農業経営のあり方にも至大な影響を与えてきたのである。

　とりわけ、最近のインターネット関連技術の進展はさらに大きな影響を及

---

11 「世界と日本の食料・農業・農村に関するファクトブック2008」p.29

ぽしているといえる。花きの分野ではいち早くインターネットを使ったオークションなどが行われるようになっていたが，今は「農と食」に関連するほとんどの業者に幅広く普及するようになってきており，インターネットでの取引などが急速な増加の傾向にある。また，多くの農業生産法人においても，インターネット上にホームページを開設し，ただの農産物の販売で終わるのではなく，消費者との双方間のコミュニケーション（情報交流）を重視した関係性マーケティングを積極的に展開している。さらに，このようなインターネットの普及を背景として，「(株)おいしっくす」などのような農業ベンチャーが頭角を現し，農産物の生産から消費にいたる流通の仕組みそのものを再編しようとする動きを見せている。

　JA全農においても，国内農畜産物の消費拡大やJAブランドの強化，双方向の情報交換による消費者の声の反映，eビジネス分野でのJAグループの競争力強化などを目的とし，2001年から「JAタウン」をオープンし，運営している。2007年10月末には，81店舗が出店を果たしており，会員は13万5千人にまで拡大している[12]。

2. JA改革の現状 〜JAの組織能力〜

2-1．JAグループの組織整備と戦力化

　図2-1に示すように，JAグループ（農協系統組織）は，農業者が正組合員になっている単位組合（単に農協とか，単位農協を略して単協とも呼ばれるが，愛称はJA），単位組合を会員とするJA連合会，およびこれらの指導機関であるJA中央会によって構成されている。このように，JAグループは原則3段階のピラミッド状の組織を構成しており，このことから「単一連合企業組織体」と形容されている[13]。

　JA中央会は，都道府県に一つずつ（都道府県JA中央会）と全国段階に一つ（JA全国中央会，JA全中）あり，会員である単協・連合会の組織・事業・経営の指導，監査などの活動を行っている。連合会は，事業毎に都道府県段

12「JAファクトブック2008」p.31
13 有賀文昭『農協経営の論理』日本経済評論社，1981年

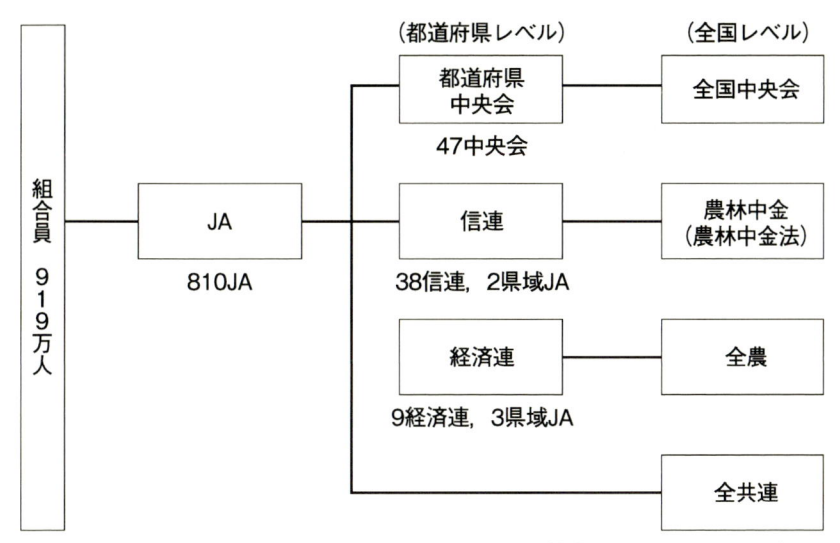

第2章　なぜ、JA改革は進まないのか

図2-1　JAグループ組織図

```
                                    （都道府県レベル）      （全国レベル）
                                    ┌──────────┐        ┌──────────┐
                              ┌─────│ 都道府県  │────────│ 全国中央会 │
                              │     │  中央会   │        └──────────┘
                              │     └──────────┘
                              │        47中央会
┌──────┐    ┌──────┐    │     ┌──────────┐        ┌──────────┐
│ 組合員 │────│  JA  │────┼─────│   信連   │────────│ 農林中金  │
│ 919  │    │      │    │     │          │        │(農林中金法)│
│ 万人  │    │810JA │    │     └──────────┘        └──────────┘
└──────┘    └──────┘    │      38信連, 2県域JA
                              │     ┌──────────┐        ┌──────────┐
                              ├─────│  経済連  │────────│   全農   │
                              │     └──────────┘        └──────────┘
                              │      9経済連, 3県域JA
                              │                          ┌──────────┐
                              └──────────────────────────│  全共連  │
                                                         └──────────┘
```

［出所］「JAファクトブック2008」p.11

階の連合会と全国段階の連合会に分かれている。したがって、JAグループは、JA、JA都道府県連合会、JA全国連合会の3段階に分かれていることになる。信用事業に関する都道府県連合会が都道府県信用農協連合会（信連）であり、全国段階が農林中央金庫法に基づく農林中央金庫である。この他、経済事業に関する都道府県連合会が経済連、その全国連が全農であり、共済事業に関する都道府県連合会が共済連（すでに全共連に統合）、その全国連が全共連である。また、各種作物毎に取扱品目を特化させた都道府県連合会として各種専門連合会、その全国連合会である各種全国専門連合会がある。

　JAグループは、前節で考察したような日本農業およびJAを取りまく厳しい環境変化をうけ、「JA合併」と「組織整備（都道府県連合会と全国連合会の合併）」を推進してきている。その結果、表2-1に示すように、平成20（2008）年10月1日現在のJA数は761となっている。

　JAグループの組織整備においては、2000年4月1日に47の県共済連と全共連が一斉統合を果たした。統合後の全共連は、保険業界でもトップクラスの規模となり、「JA共済の地域における満足度・利用度1の事業」を目標に、

表 2-1　JA 数の推移

	昭.35	昭.45	昭.50	平.元	平.10	平.12	平.15	平.18	平.20
JA数	12,050	6,049	4,803	3,791	1,833	1,411	944	851	761

［出所］JA 全中『JA 合併推進情報』
［注］　各年4月1日現在

統合メリットを具体化するため，施設・人員配置の見直し，利便性の高い共済商品の開発，健全な資産運用等に努めている。経済連と全農の統合においては，1998年10月1日の宮城，鳥取，島根の3県連と全農との統合を皮切りに，2008年4月までの累計で36経済連との統合が完了している。統合後の全農には，統合のメリットを具体化するため，①系統全体としての事業方式の見直し，②施設・人員配置の見直し，③IT技術の積極的活用，④子会社や外部委託の活用等を積極的に進めていくことが求められている。JA信連と農林中金との統合においては，13信連が統合研究会等を開催し，統合に向けての具体的検討を進めてきたが，2002年10月までに，9県との一部事業譲渡方式による統合を実現し，2009年1月末時点で，このうち9県とは全部事業譲渡方式による最終統合を実現している。

　中央会の組織整備は，「機能・体制整備」と呼ばれ，全中と県中の一体的な運営を進めてきた。基本的には，①総務企画，農政広報等のJAグループの意思結集・代表・調整といった「組織運営上の拠点機能」については，事業の重点化を図りつつ，県域・全国域それぞれの段階で機能発揮を図り，②監査，教育，経営指導といった指導機関としての「事業展開上の拠点機能」については，県中・全中の一体的運営，事業統合を図ることにより専門的・効率的な運営を図ることとしている。中央会の監査事業については，一層の独立性確保と監査の質的向上を図るため，2002年4月に全中内に「全国監査委員会」が設置され，その下に全中・都道府県中の事業統合による「全国監査機構」が設立された。広報事業については，中央会と新聞連が一体となり，①日本農業新聞の紙面改革，②普及推進の強化，③新規事業の展開により，情報発信機能の抜本的強化を図ることとし，新聞事業の強化とJA・中央会の会員化を図るため，新聞連が協同会社に移管された。

2-2. 大規模JAの進行

　表2-1に示したように，総合JA数は昭和35（1960）年4月1日時点で12,050組合から平成20（2008）年10月1日時点で761組合へと10分の1以下に減少している。全国の市町村が1,797（2008年4月1日）存在していることを考慮すると，1JAあたり2.2市町村の範囲となり，行政区域を越えた広域合併が進んでいるといえる。1県1JAは，JA合併と組織整備を同時に実現するもので[14]，これまでに奈良県，香川県，沖縄県が1県1JAを実現している。他にも，数県が1県1JAを検討しており，最終的には10県程度が1県1JAになるものと見られている。

　JA合併と組織整備に伴い，図2-2に示す通り，役職員の数も著しく減少している。役員（常勤理事，非常勤理事，監事など）の数は，2000年度32,003人から2005年度22,799人へ，わずか5年間で9千人以上も減少しており，1JAあたり平均役員数も32人から23人へと9人も減少した。職員数は2000年度269,208人から2005年度232,981人へと36,227人が減少し，1JAあたり職

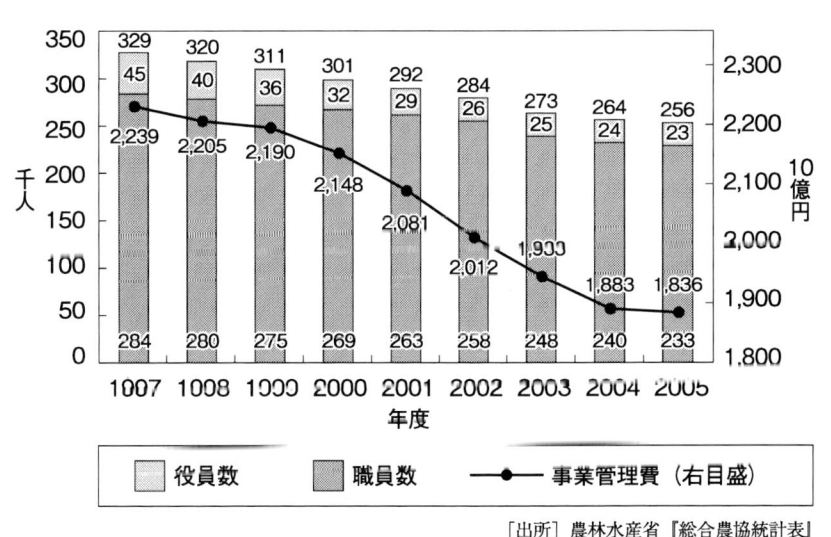

図2-2　JAの役職員数と事業管理費の推移

［出所］農林水産省『総合農協統計表』

14　連合会の会員が1つになった場合は，連合会の権利義務はその一つの会員に承継（包括承継）されることから，連合会の事業はJAに移管される（農協法70条1項）

員数は269人から233人へ，36人の減少となっている。これに対して，1JAあたりの組合員数は逆に，2000年度6,396人（正組合員3,686人，准組合員2,710人）から2005年度10,370人（正組合員5,641人，准組合員4,730人）へと，この間に1.6倍の人数となった。また，JA全体の事業管理費は2兆1,480億円から1兆8,360億円へと，3,120億円の減少となっている。

つまり，JAの合併を進めた結果，1JAあたりの管内地域が2.2市町村の範囲と広域化するようになり，1JAあたり組合員数も10,370人と拡大し，1JAの規模が大きくなったのに対して，1JAあたり役員数と職員数はそれぞれ23人，233人へと減少傾向にあることが分かる。このことは，これまでより少ない役職員で，これまでよりも多い組合員を対象に，これまで以上のサービスを提供しなければならないことを意味する。同時に，合併後のJAにはより専門的でかつより高度なレベルでの経営能力が求められていることを意味するのである。

これまで合理化メリットを求め，JAは支所機能の再編・統合と経済事業施設の集約・統合に伴う人員の再配置（信用・共済部門へのシフト）という形で，主にJA内部の改革を中心に実行してきた。もちろん，能力主義人事制度の導入・定着という人材養成面の取り組み，高齢者福祉事業という新規事業の取り組みもあわせて行われてきたが，JAの目的・使命を考えたとき，組合員階層別にガバナンスを明確にした組織の形成と，顧客指向に徹したマーケティングに基づく事業の再構築が求められているといえる。

合併JAの課題と成果については，「JAの活動に関する全国一斉調査結果（H14.4.1現在，JA全中）」から抽出することができる。まず，合併したJAの課題としては，①財務内容の健全化（72.3％），②労働生産性の向上（63.3％），③支所・施設の機能再編・統廃合（59.0％），④部門別採算性の確保（53.3％）などがあげられている。他方，実現した合併成果（H11.4.1現在）としては，①社会的信用力の向上（43.7％），②信用・共済事業範囲の拡大・強化（38.5％），③自己資本の充実（36.6％），④貸付審査等の部署の確立（36.9％），⑤販売力の向上（29.5％），⑥諸施設の拡充・整備（27.1％），⑦店舗施設の統廃合（26.2％）と経営基盤の強化（26.2％）などがあげられた。

2-3. 経営能力高度化への取り組み

　JAは，組合員がJAに出資して組織構成員となり，JAの利用者となっている。組織者＝出資者＝利用者（三位一体）の原則がガバナンス上の特徴ともなり，JAにおけるガバナンスの中心は，正組合員たる農業者である。その他，准組合員制度を設けており，組織構成員＝出資者は，農業者たる正組合員と農外就労者たる准組合員に2分されている。なお，利用者は，地域住民たる員外利用者を加えて3分される。1人1票の根底にある「人格平等」は，准組合員と員外利用者には適用されず，員外利用者は利用関係のみとなる。すなわち，准組合員には，総会での議決権や役員の選挙権などが与えられず，JAの運営に関与することが認められていないのである。

　JAの組合員数は，2005年度で約919万人を記録している。正組合員が約500万人で准組合員が約419万人である。2000年度からの推移を見ると，正組合員数は約525万人からずっと減少の傾向にあるが，准組合員数は386万人から増加し続けており，結果として組合員総数はほぼ横ばいの傾向を見せている[15]。このように，准組合員数が増え続けている背景としては，JAが営農経済事業の収益悪化を信用共済事業からの収益でもって補填することによって，なんとか経営の健全化を確保したいという思惑があり，准組合員を意図的に増やしてきたことが考えられる。

　確かに，准組合員は制度上，JA運営およびガバナンスには関与できないことになっている。しかし，JAの経営においては多くの影響を及ぼす。とりわけ，大口の貯金者の意見やニーズに対しては，JAも他の金融機関と同様に対応していかなければならず，これまでよりも専門的でかつ高度な知識と経営能力を確保することが求められるようになったのである。

　また，前述したように，JAが合併を進めた結果，1JAあたりの管内地域と規模が大きくなったのに対して，1JAあたり平均役員数と職員数は減少している。なお，常勤理事（2,958人，1JAあたり平均3.5人）よりも，非常勤理事（13,683人，1JAあたり平均16.2人）が遥かに多い[16]。3.5人の常勤理事で，

---

[15]「JAファクトブック 2008」p.14
[16] より詳しい資料は『総合農協統計表』平成18年度版（2008年5月30日公表）を参照して頂きたい

16.2人の非常勤理事を相手に，円満なコンセンサスを形成しながら，鋭い戦略的意思決定を迅速に進めていかなければならない状況にある。つまり，合併後のJA経営においては，より専門的でかつより高度なレベルでの経営能力に合わせて，組織をまとめる能力としてのリーダーシップも強く求められているといえるのである。

そして，JAでは，組織代表としての組合長と経営の専門家としての学経理事との役割分担が進むようになり，学経理時を積極的に登用することで厳しい環境変化になんとか対応しようとしてきたといえる。このことは，学経理事の数が2001年度の699人（1JAあたり0.6人）から，2006年度には1,741人（1JAあたり平均約2.1人）へと急増しているところにもよく現れている。[17]

2-4. 競争力ある事業構造構築への取り組み

(1) 指導事業改革の取り組み

営農指導や生活指導などを主な内容とする指導事業は，JAの土台となるものであり，この強化が組合員のJAに対する理解と支持を深めることにつながっている。とりわけ，営農指導員は「JAの顔」といわれており，JAと農家を結ぶ極めて重要な役割を果たしている。営農指導員は，単に新しい作物や先端技術の導入だけでなく，最近は農産物の販売やマーケティング，農業経営の指導など幅広い活動を行っており，2005年度には14,385人で，1JAあたり平均16.2人になっている。2004年7月には「JAグループの営農指導強化のための基本方向」を決定し，JAの地域農業戦略の明確化をはじめ，営農指導の目標の明確化と目標管理制度の導入などに取り組んでいる。[18]

また，JAの生活指導事業は，生活全般にかかる協同活動を通じて組合員の暮らしの向上や住みやすい地域社会づくりを達成しようとする，極めて重要な事業である。農協の発足当初から個々の農家の生活改善を求める活動として，女性部組織を中心に取り組んでおり，活動内容も健康管理活動をはじめ，料理教室などの生活文化活動，共同購入を通じた（Aコープ）消費者活動，高齢者介護活動，ファーマーズマーケットなどへと大きく広がっている。生

---

17 より詳しい資料は『総合農協統計表』平成18年度版（2008年5月30日公表）を参照して頂きたい
18 「JAファクトブック2008」pp.23-24

表2-2　総合農協販売品販売・取扱高の推移

(単位：億円，％)

	1999年度	2000年度	2005年度	2000年度比
農産物	39,209	37,151	31,988	▲13.9
うち米	12,811	12,066	10,272	▲14.9
野菜	13,419	12,881	11,870	▲7.8
果実	5,645	5,434	4,408	▲18.9
畜産物	12,295	12,357	10,319	▲16.5
うち生乳	4,990	4,930	4,322	▲12.3
鶏卵	499	470	338	▲18.1
肉用牛	3,433	3,590	4,533	26.1
肉豚	1,347	1,261	1,126	▲10.8
合計	51,504	49,508	45,149	▲8.9

〔出所〕農林水産省『総合農協統計表』

活指導員数は2005年度で2,164人（1JAあたり平均2.4人）になっており，最近はAコープ事業の見直しを進める一方，高齢者事業やファーマーズマーケット事業などに重点的に取り組んでいる。[19]

(2) 経済事業改革の取り組み

　経済事業は，農家組合員の所得向上を達成することにより，営農と生活を維持・発展させていくという重要な役割を担っている。ところが，最近は農産物の生産ならびに流通販売をめぐる急激な環境変化と新規参入などによる競争激化により，JAグループ全体の競争力が急速に低下してきている。それが故に，第23回JA全国大会では「経済事業改革の断行」を掲げ，経済事業改革指針（全国版）を決定した。そして，2006年3月には「経済事業改革基本方針」を決定し，事業改革のスピードアップを図ることとなった。同時に，JA全農においても「新生全農を創る改革プラン」を進めることで，JAグループ全体で経済事業改革の総合効果がねらえるように取り組んでいる。

19「JAファクトブック2008」p.25

2005年度の販売品販売・取扱高は，表2-2に示すように，4兆5,149億円で，2000年度に比べ8.9％の減少となった。品目別にみると，米については2000年度に比べ14.9％減少，米以外の農産物では，野菜（対2000年比▲7.8％），果実（同▲18.9％）で減少傾向がみられる。また，畜産物でみると，肉用牛のみが2000年度に比べ26.1％増と回復傾向がみられるものの，肉豚（対2000年度比▲10.8％），鶏卵（同▲18.1％）となり，他の品目でも依然として減少傾向にある。[20]

　他方，2005年度における購買事業の状況を見てみると，購買品供給・取扱高は3兆4,550億円で，2000年度に比べ17.1％の減少となった。このうち生産資材についてみると，1兆9千億円弱で，2000年度に比べ約3千億円弱，約14％の減少となった。品目別では，飼料が3,503億円で最も取扱高が大きく，肥料が3,029億円，農業機械2,609億円，農薬2,448億円となっている。また，生活物資の供給・取扱高も1兆6千億円弱で，2000年度に比べ約21％の減少となっている。品目別にみると，燃料が約8千億円で最も取扱高が大きく，続いて一般食品が2,230億円，生鮮食品1,662億円，日用保健雑貨用品849億円，耐久消費財682億円などとなっている。[21]

　加工事業においては，ほぼ横ばいの水準を維持している。2005年度では，490JAが加工事業に取り組んでおり，それぞれの地域の特産物をいかした製品の開発に努めているが，全国に通用するブランド品が少ない状況にある。加工事業の売上高は，1990年度以降急速に伸びたが，1998年度の1,971億円をピークに減少傾向に転じ，2005年度は1,331億円となっている。[22]

(3) 信用事業改革の取り組み

　JAの貯金残高は，1997年から増加傾向を維持しており，1999年に70兆円，2006年12月にはついに80兆円を突破した。2006年度残高は，80兆1,890億円で，前年度に比べ1兆3,237億円（1.7％）の増加となった。貯金の内訳をみると，定期性貯金の平均残高が55兆3,051億円，当座性貯金の残高が24兆8,839億円と大幅な伸びをみせている。JA貯金は，他の金融機関と比べ，個

---

[20]「JAファクトブック2008」pp.28-29
[21]「JAファクトブック2008」pp.34-36
[22]「JAファクトブック2008」p.33

人貯金の割合（97％）と定期性貯金の割合（69％）が極めて高い[23]。

一方，JAの貸出金は，農業をめぐる厳しい経営環境や個人消費の伸び悩みから，農業資金と生活資金の貸出が低迷し，2000年度から残高が減少の傾向を見せてきた。ところが，2006年度残高は21兆2,165億円で，住宅融資の伸びが顕著だったことから，前年度に比べ4,693億円（2.3％）の増加に転じた。内訳は，長期貸出金が19兆7,313億円で全体の93％を占めており，短期貸出金が1兆4,852億円となっている。その結果，貯貸率は26.5％となり，他の金融機関の貯貸率と比較して依然として低い水準となっている[24]。

このような状況を受け，近年，JAでは認定農業や集落営農組織，JA出資法人などの担い手に対して金融（貸出）機能を強化している。同時に，「農業近代化資金」の無利子化措置や「クィック融資」の導入，「アグリビジネスローン」など資金メニューの充実化を図るなど，農業金融へより積極的に取り組もうとしている[25]。

(4) 共済事業改革の取り組み

2006年度における長期共済の新契約高は29兆7,316億円で，前年度に比べ6.2％の減少となった。生命共済は，医療系共済の急速な伸びにより，10兆2,280億円で前年度に比べ6.0％増加したものの，建物更生共済が12兆2,936億円で，前年度に比べ9.8％と大幅に減少している。また，長期共済の保有契約高は351兆6,814億円で生保44社の保有契約高（個人保険）が減少しているなか，対前年度比2.4％の減少となった。保有契約の内訳をみると，養老生命共済は92兆2,583億円で前年度に比べ8.6％減少したものの，建物更生共済は156兆7,993億円で前年度に比べほぼ横ばいになっており，養老生命共済から建物更生共済へのシフトが進んでいる傾向にある[26]。

これに対して，2006年度の短期共済の新契約高は件数が2,600万件（対前年度比99.02％），元受共済掛金が4,616億円で，前年度に比べ1.2％の減少となっている[27]。

2006年度末のJA共済の総資産は，44兆1,096億円で，前年度対比101.3％

---

23 「JAファクトブック2008」p.42
24 「JAファクトブック2008」p.43
25 より詳細なことは「JAファクトブック2008」p.46を参照して頂きたい
26 「JAファクトブック2008」p.51
27 「JAファクトブック2008」p.52

と増加している。このうち運用資産は43兆109億円で総資産の97.5%を運用している。共済・保険業界における経営健全性の指標である「支払余力（ソルベンシー・マージン）比率」は2006年度で885.7%を記録しており，健全な水準とされる200%をはるかに越えている[28]。

JA共済では，1999年度以降，新契約高と保有契約高の減少が続いていることへの対策として，①契約者向けサービスの拡充，②医療分野の保障拡充，③担い手農家への取り組み強化，④ライフアドバイザー（LA）の養成と推進体制の強化などに向けた取り組みを実施している[29]。

(5) 厚生事業（高齢者福祉事業）の取り組み

JAの厚生事業は，①保健事業，②医療事業，③高齢者福祉事業など，三つの柱で構成されている[30]。とりわけ，JAの医療事業は，1919年に農民自らが低廉な医療の供給を目的に島根県清原村で誕生した。この運動が全国に広がり，今はJA厚生連がこれを受け継いでいる。JA厚生連は36県で組織されており，24連合会が病院を運営している。施設数は123病院，61診療所（2007年3月31日現在）が開設されている。なお，123病院のうち57病院が人口5万人未満の地域に立地し，農村地域の医療提供に貢献している。

また，保健事業では，病気の予防と早期発見のための健康診断，健康相談や栄養指導などにも取り組んでいる。高齢者福祉事業では，訪問看護をはじめ，訪問リハビリや訪問介護，介護施設の運営にいたる幅広い活動を展開している。このように，JAグループは農村地域における保健・医療・高齢者福祉事業を総合的に展開している。

3. JAイノベーションの課題

ここでは，JAイノベーションにおける諸課題を，①経営戦略の革新，②組織の革新，③マネジメント・システムの革新，④人材の革新など，四つの視点から考察することにする。

---

28 「JAファクトブック2008」p.53
29 「JAファクトブック2008」p.55
30 「JAファクトブック2008」pp.56-61

3-1．JAの経営戦略革新における課題

　JAの経営戦略革新における課題としては，①JA存在意義の明確化，②魅力のある事業構造の再構築，③営農事業の建て直し，④マーケティングの強化などが考えられる。

　まずは，「JAの存在意義」をより明確にすることが何よりも重要であろう。そもそもJAは，農業を営む組合員の相互扶助の精神をベースとし，組合員によって設立された協同組合組織であり，その運営事務局としての役割を果たすことを組織の使命とする。かつてはJAの規模が小さく，組合員の参加意識と利用意識が高かったが故に，協同組合の運動論に基づいた組織活動中心の運営だけでも，事務局としての機能を十分に果たすことができた。しかし，今になっては重なる合併によって規模も大きくなったし，組合員の構成とニーズが多様化かつ複雑化しており，あらゆる事業において競争相手が多く存在するようになり，組合員の参加意識や利用度が著しく低下してしまった。もはや組合員が揃ってJAを利用する時代には終わりを告げたといえよう。これからは各々の事業分野における競争が激しくなるにつれ，経済（事業）活動にも力を入れない限り，組合員にとってJAの存在意義がますます低下していく。組織活動と経済活動を同時に追求していくことが肝要になってくるのである。しかし，事業内容が本来の営農事業から離れ，信用・共済事業への移行がますます進んでいってしまって，「はたしてJAが本当に日本の農業を支えている」と，胸を張っていえるのであろうか。JAの存在意義を高めていくためには，「これからのJAのあるべき姿」をはっきり示すことが何よりも重要である。具体的には，「JAの存在意義をどこに求めるべきであろうか」，「組合員のためなのか，一般消費者のためか，あるいは地域社会のためなのか」などについて，答えていかなければならない。

　次に，「いかに事業構造を見直し，組合員に選ばれる事業仕組みを創りだすか」である。かつて組合員が共通して農業を主体としていた時代においては，多くの組合員がすべての事業にわたってJAの事業を利用していたため，JAは総合経営の名の下，各々の事業別の収益性を追求するよりは，全体としての収益性を追求することに重点をおいていた。その結果，組合員は現在の事業仕組みや古い運営方式にはまったく魅力を感じなくなったし，選択代替案の

一つとしてJAを評価した場合，その存在意義がなくなるようになったのである。したがって，これからの厳しい競争環境下においては，思いきった事業の見直しを断行し，JAにとって意義のある事業やJAの強みをいかせられる事業への「選択と集中（競争力強化）」を行い，組合員にとって「魅力のある事業構造」を構築することが求められているのである。

　第3に，「営農事業の建て直し」があげられる。JAは，本来，農業を事業の基盤とする組織であり，営農を中心とする経済事業が経営の基軸をなすべきである。ところが，長い間，総合経営の収益性を重視してきたが故に，信用・共済事業への依存度が高まってしまい，金融事業に過度に依存した経営体質が定着した。このままでは，JAは「農業者の協同組合組織」よりも，「地域の金融機関」としてのイメージが定着してしまうおそれすらある。なお，その結果，2003年度における日本の販売農家の平均農業収入は359万円，農業所得はわずか111万円になっており，勤労者世帯所得の629万円に比べると，その20％にも満たない状況にある[31]。長期的視点での営農事業の強化による農業所得の向上を後回ししたまま，短期的な視点でのJAの経営改善だけを続けていては，組合員のJA離れがさらに進むことが十分に予想される[32]。営農事業の建て直しこそ，組合員とJAの信頼関係を取り戻すカギなのである。営農事業の抜本的な建て直しが求められているのである。

　第4の戦略革新課題としては「マーケティングの強化」が求められている。すなわち，営農事業をよりよくしていくためには，マーケティングを積極的に導入し，商品戦略の強化と新たなチャネルの開拓を展開することが重要である。さらに，これからの時代は，前述したように，大量生産・大量販売による従来の生産者重視の販売体制はもはや通用しなくなっている。しかし，JAの販売事業は，消費者や組合員の期待するレベルに応えるどころか，産地間競争に対応できるほどの能力すら持っていない。専ら集荷，選別，分荷などに対応する販売体制しか見られない。「お客さまに喜んで買って頂ける」マーケティング志向ビジネスモデルへの転換が強くかつ早急に求められているのである。

---

31 より詳しい資料は，総務省統計局のホームページの「勤労者世帯の家計」平成15年度を参照して頂きたい
32 農林水産統計「平成15年の農業経営動向統計」，p.1

3-2. JAの組織革新における課題

　JAの組織革新における課題としては，①組合員組織の活性化，②ガバナンスおよび意思決定プロセスの見直し，③戦略的組織の導入などが，極めて重要であると考えられる。

　そもそもJAは農村という地域社会を中心に，地域社会での人々の信頼関係を土壌とし，競争よりは協調を重んじる協同組合組織として組合員によって設立された。したがって，あくまでも組合員が主役であり，「組合員参加」と「民主的運営」が組織運営の基本となる。ところが，少子高齢化の進行や若者層の都市への流出などが続いてきたが故に，協同組合組織を支えていた地域社会における人と人との信頼関係を弱めてしまった。それに加えて，組合員は現在のJAの事業仕組みや運営体制にメリットを感じなくなったため，「組合員のJA離れ」がさらに進み，組織運営が形骸化しつつある。そして多くのJAが組合員の積極的な参加を得られないまま，自転を繰り返している。しかも，合併後のJAにおいては組合員を単なる取引関係者としてしかとらえない場合すらしばしば見られる。このような状態を放置していては，協同組合組織としての存続を期待することはとうていできないと思われる。JAは地域社会に密着して組合員との信頼関係を築き上げることによって，初めてその存在意義が認められることを忘れてはならない。常に組合員のニーズを先に考え，緊密なコミュニケーションをとり，相互理解を深めていき，JAと組合員が一緒になって経済活動（経済性）を追求していくことが肝要なのである。

　次に，「JAガバナンスと意思決定プロセスの見直し」が求められている。前述したように，JAの役員数は2006年度で2万2,035人である。2000年度に比べ9千人以上も減少している。しかも，1JAあたり平均役員数は26.1人になっており，常勤理事（平均約3.5人）よりも非常勤理事（約16.2人）が遥かに多い。JAの事業が高度化・複雑化するなかで，迅速かつ的確な事業運営を行っていくためには，主要事業について担当理事を設置するなど，常勤理事体制の充実化および経営能力の高度化を図ることが極めて重要であろう。なお，理事会の開催は月1回程度のところが多く，非常勤理事数が常勤理事数よりも遥かに多いが故に，非常勤役員との合意を円満に形成することがな

かなかできないし，状況の変化を踏まえた迅速な経営判断ができないといった問題が指摘されている。意思決定プロセスおよび業務執行体制を整備することが迅速に求められている。その意味では，新たな選択肢として経営管理委員会制度が導入されているが，その意義について検討してみることも必要であろう。

　第3の組織革新課題としては，「戦略的組織の導入」が考えられる。JAの組織構造は，基本的に事業部制組織を軸に様々な事業を展開してきている。しかも，合併を繰り返しているJAにおいては，余剰施設の整備および事業管理費の削減が大きな経営課題になっていたが故に，組織の合理性と業務の効率性を優先せざるをえなかった。その結果，組織の官僚制化が進むようになってしまった。ところが，JAが農業を取りまく厳しい環境変化に適応していくためには，斬新でかつ高度なレベルでの経営戦略が求められ，このような経営戦略の革新には，組織メンバーの全員で戦略を考え，全員で実行していくための新しい仕組み（組織構造や制度など）が求められるのである。これから，JAも官僚制化した組織からの脱皮を迅速に図り，戦略的組織の導入を目指すべきであろう。最近の戦略的組織の流れとしては，「小さな本社，簡素な組織」，「戦略的意思決定の機動化」，「ネットワーク型組織」などがあげられる。

3-3. JAのマネジメント・システム革新における課題

　JAのマネジメント・システム革新における課題としては，①旧JAマネジメント・システムの統合，②トータル的な新人事制度の導入，③新たなインセンティブ・システムの開発，④若手の登用などが考えられる。

　まずは，多くのJAにおいて，合併のプロセスのなかで合意・決定された取り決め条項などに縛られてしまい，旧JAのマネジメント・システムをそのまま維持し，複数の制度が併存しているケースが少なくない。「体は一つ，心はバラバラ」の状況にあるといえる。このままでは，事務管理が複雑でかつ煩雑になり，大変なエネルギーと時間が消耗されるし，合併のメリットを生みだすことも難しい。マネジメント・システムの統一化が何よりも急務であると考える。

　次に，JAにおいては，未だにマネジメント上も「平等」という価値観念

が根強く定着され，多くの制度や規程に強い影響を及ぼしている。ところが，形式的な平等は実質的な不平等を生みだすことになる。行き過ぎた平等は組織の生産性を低下させてしまう。これからは「公平」という価値観念に基づいた新人事制度の導入が切実に求められている。しかも，この新人事制度には，教育・配置転換・評価（昇進・昇格）のシステムが一連の仕組みとして組み込まれて運営される，トータル的な制度が望ましい。

さらに，新たなインセンティブ・システムなどの開発・導入にも積極的に取り組むべきだと考える。とりわけ，宝石や家電の販売などに象徴されるような「ノルマ制度」は，組合員のためにもならないし，職員の士気低下を招くだけである。迅速にその廃止を検討すべきあろう。同時に，能力主義に基づいた目標管理制度やチーム評価制度などの導入により，職員組織の活性化と専門能力の高度化を図っていくことが求められている。

第4に，「若手の登用」が求められている。とりわけ，有能でかつ人望の厚い若手を役員や管理職として大胆に抜擢することが肝要である。今日のような熾烈な競争のなかでは，かつてと同じ戦略や平凡な戦略だけで，組織が長期的に生存していくことはとても難しい。まったく異質の戦略と，既存の考え方や枠組みを超越した戦略的発想や画期的な戦略など，高度なレベルの経営戦略が必要とされるのである。にも関わらず，JAの組織には，未だに「年功序列」および「横並び意識」の色彩が強く感じられる。なお，役員の場合は，改選の回数に制限を設けている場合も多く，経営者としての十分な資質と能力を持っている管理者であっても，早く経営者になることを嫌がる場合も少なくない。このままでは，組織全体の生産性は低下していくのみである。思いきった若手の抜擢とそれを支えられる仕組みを迅速に検討すべきであろう。

3-4. JAの人材革新における課題

JAの人材革新における課題としては，①戦略リーダーの育成，②営農指導員の強化，③専門スタッフの育成などが考えられる。

JAも非営利組織とはいえ，前述したように，将来へのビジョンを明確にし，組織の存在意義をはっきり示す必要がある。将来のビジョンが組織に共有され，役職員と組合員が一丸となって実現していくことができれば，JAは「魅力ある組織」となっていく。またJAが「魅力ある組織」になれば，組合員

の参加意識も高まっていくし，職員の士気も同時に高まっていくという好循環が生みだされる。そこで，JAの存在意義を明確にし，将来の進むべき方向を示すのは，リーダー（経営者）の役割である。そして，このリーダーが示したビジョンを具現化していくのが現場の戦略リーダー（将来の経営者候補）なのである。今のJAの置かれている困難な状況を打破していくためには，この戦略リーダーの果たす役割が何よりも重要であろう。それは，彼らが経営者と職員とのコミュニケーションにおいて中核的な役割を果たすだけでなく，組合員とのコミュニケーションにおいても肝心な橋渡しの役割を果たすからである。さらに，専門的な知識を有した経営のプロとして，この戦略リーダーが中心となって厳しい競争に立ち向かっていかなければならないからである。

とりわけ，営農指導員の育成を急がなければならない。営農指導員は「JAの顔」であり，JAと農家を結ぶ極めて重要な役割を果たしている。しかも，これからの営農指導員には，農産物の流通やマーケティング，農業経営の指導力が強く求められている。それは，農家所得の向上こそが農家組合員にとって最も難しい課題になっているからである。農家組合員と一緒になって，農業経営の課題と悩みを共有し，これらの難題を一緒に解決していくことによって，JAと農家組合員との信頼関係をより確固たるものにしていくことが，営農指導員がこれから果たすべき重要な役割なのである。

同じように，専門スタッフの育成も急務となっている。JAも今や競争激化という環境変化にさらされているといえる。しかも，組合員にとって，JAの事業は選択代替案の一つにすぎない。したがって，組合員だからといって甘えることもできなくなってきているのである。とりわけ，信用・共済事業においては，資金量の伸びの低迷と利ざやの縮小，共済新規契約高の減少が続いており，他の金融機関との差別化が極めて重要な課題となっている。JAの強みをいかしていくためには，相談業務の充実化と専門スタッフの高度知識化に早急に取り組むことが何よりも肝要なのである。

4．なぜ，JA改革は進まないのか 〜JAの組織文化〜

組織文化はその組織の深奥部に存在する人々に共有された価値観，態度，

あるいは行動様式であるが故に，その革新は最も困難な課題である。ここでは，JAの組織文化について考察し，JAがイノベーションを推進していくにあたって，その阻害要因を明らかにする。

4-1. 非営利組織の妄想

　そもそも非営利組織は，市場の失敗・政府の失敗・契約の失敗から生成され，行政でも民間企業でも解決することのできない難しい社会問題をとりあげ，その解決を目的とした理念（社会奉仕）型組織である。そして，その組織の理念やミッションに共感を覚えた民間のボランティア達によって組織され，自主的運営を基本としている。なお，非営利組織には非分配制約により利潤動機がまったく存在しない。

　このような非営利組織の生成背景から，非営利組織には次のような三つの妄想が根付いてしまったと考えられる。

① 「営利を追求しない」　≠　「経営は要らない」
② 「平等」　≠　「公平」
③ 「組織理念」　≠　「社会的評価」

　まず，多くの非営利組織には，非営利組織だから営利を追求する必要がなく，営利を追求する必要がないから経営も要らないといった考え方が蔓延している。ところが，たとえ非営利組織といえども，存続を図っていくために必要とされる経費は自らの努力と工夫によって稼がなければならないことを忘れてはならない。かの二宮尊徳の教えのように，「経済なき倫理は欺瞞」とならないよう，しっかり経営を行い，社会性と経済性を同時にバランスよく追求していくことが何よりも肝要である。

　次に，多くの非営利組織には，「平等」という概念が未だに根強く定着している。確かに，機会の均等化という意味では「平等」が確保されるべきではあるが，結果まで平等を追求しようとすると，行き過ぎた平等になってしまい，かえって不平等を生みだすことになりかねないことを忘れてはなら

---

33 艮澤源夫編著『二宮尊徳のすべて』新人物往来社，1993，pp.20-21

ない。形式的平等は実質的な不平等を生みだすのである。

　第3に、多くの非営利組織では、自分達は社会の難しい課題を解決するための崇高な理念を掲げている組織であり、崇高な理念を追求しているのだから、社会に貢献をしているという思い込みがメンバー間に共有されている。しかし、組織に対する評価は自分達の思い込みで決めるのではなく、社会的評価を謙虚に受け入れるべきなのである。ドラッカー博士も指摘したように、「非営利組織の成果は常に組織の外部にあるのであって、内部にあるのではない」[34]。

　JAにおいても、このような非営利組織の妄想が共有されていると考えられる。JAは「相互扶助精神」「平等」「儲け主義＝悪」などのような価値を重んじる協同組合組織であり、それが故に、これらの価値が組織の価値観念となり、諸制度に強く反映され、JAの組織文化の根幹をなしているものと考えられる。したがって、これらの価値観念の現代的意味を正しく理解し直さない限り、JAの組織文化を革新することができないし、JAイノベーションを成功に導くことはできないのであろう。以下では、JAの組織文化をさらに細かく考察することにする。

4-2. 協同組合論（運動論）の限界

　ICA（国際協同組合同盟）が定めた「21世紀の協同組合原則」（日本協同組合学会訳）によると、「協同組合は、人々の自主的な組織であり、自発的に手を結んだ人々が、共同で所有し民主的に管理する事業体をつうじて、共通の経済的、社会的、文化的なニーズと願いをかなえることを目的とする」（定義）。そして、①自主的で開かれた組合員制、②組合員による民主的な管理、③組合財政への参加、④自主と自立、⑤教育、研修および広報、⑥協同組合間の協同、⑦地域社会への関わりの七つの協同組合原則が掲げられている[35]。

　JAは、他の協同組織と同様、これらの協同組合原則を尊重しており、いわば、協同組合原則をJA運営上の自主規制として、自らに課しているといえる。協同組合は、事業そのものによって組合員の事業または家計の助成を図ることを目的とし、金銭的利益を得てこれを組合員に分配することを目的としない。農協法も、JAの事業の目的を、「組合員および会員のために最大

---

34 P. F. ドラッカー，前掲書，pp.141-151
35 全国農業協同組合中央会『21世紀の協同組合原則』1996年10月，pp.13-14

の奉仕をすることを目的とし，営利を目的としてその事業を行ってはならない」と規定する（農協法8条）。

これらの協同組合原則および農協法などは，JAの組織理念やアイデンティティ（存在意義）を規定するものであり，組織文化の根幹をなしているといえる。ところが，時代の流れとともに，競争環境も社会の価値観も変わった。現在の協同組合原則（1995年）が定められてから14年になろうとしている。その間に外部環境は大型スーパーやディスカウントショップ，メガバンクといった競争の出現により，JAには厳しい競争環境への適応を重視した事業運営が求められている。

ICAもこれまでに3回（1937年と1966年，1995年）の公式な表明を行っている。それぞれの時代において，協同組合原則をどのように理解すべきかについて説明するためである。このように，原則は一定の期間を経過するなかで改訂されてきている。そして，それらは時代の流れとともに変化する世界のなかで，協同組合が新しい挑戦を迎えて，どう自らを対応させていくことができるかを示している。もうこれ以上，盲目的に協同組合原則を振りかざした議論はやめて，JAの置かれている厳しい環境を冷静に受け止めるべきである。そして，時代の趨勢に合わせた事業仕組みの創造と，それを支えるための新しい理論的裏付けの創造を目指して，建設的かつ生産的な議論を進めていくべきである。

JAが経営学の導入に遅れをとってしまい，従来の事業運営の限界を十分に認識していながらも，思いきったイノベーションができなかった最大の原因は，他でもなく，協同組合原則についての古い解釈と論理にかわる「新しい解釈と理論的裏付け」の創出に苦しんでいたことにある。つまり，JAが真のイノベーションに思いきって挑戦していくためには，JAの組織理念と現状認識（厳しい競争環境への適応）との統一が何よりも渇望されているのである。本研究では，あえて，これにチャレジしていくことにする。

具体的には，「相互扶助精神」，「平等」，「利潤追求＝悪」などの価値観念について，時代の趨勢に拮抗して「何を変え，何を変えてはならないのか」を岐別することが極めて重要なポイントとなる。JAとしては，「相互扶助精神」だけは絶対に守るべきであり，他の価値観念については現状認識との統一化が図れるように見直していくべきだろう。そして，これからは「平等」

にかわって「公平」という価値観念を取り入れるべきであり,「利潤追求＝悪」にかわって,「社会性と経済性の融合」を目指した新たな価値観念を創りだし, JAの新たな事業仕組みおよび経営についてしっかりと裏付けを提示していかなければならないと思う。

　経営学の目指す最大の目標は組織の存続であり,単なる儲け主義による利潤を追求することではない。組織が健全な成長をとげ続けるためには,その存続に必要な経費を上回る利益を長期的に確保することが何よりも肝要である。JAも非営利組織とはいえども,その存続を図っていくためには,このロジックを避けてとおることはできない。もし,利益がでた場合は,営農事業を強化するための再投資に回せばよい。JAの理念を実現するための事業,JAにしかできない事業,しかし事業の性質上コストセンターとなっていて利益を生み出せない事業に,その利益を回せばよい。それこそがJAが総合経営を目指す根拠を提供することになり,総合経営のメリットをいかすことにもなるのである。部門損益の明確化は,管理会計上は必須であるが,戦略上は別であって全部門一律収支均衡を目指す戦略は,一つの選択肢にすぎないのである。

　次に,「平等」という価値観念については,前述したように,「機会の均等化」に止めるべきであって,「結果の平等」まで追求してはならない。行き過ぎた平等は組織の生産性を低下させてしまう悪平等となる。JAもこれからは「公平」という価値観念をより重視し,能力主義に基づいた新人事制度への移行をより積極的に進めていく。そして,優秀な能力をもち,かつやる気のある職員が,組織および自分の将来の夢に向かって,思いきったチャレンジができる組織を目指すべきなのである。

4-3.「甘え」の構造

　JA広島中央会の村上光雄会長は,JAには次のような三つの甘えが組織文化として根付いていると指摘する。

① 組合員だから許してもらえるだろう
② JAだからつぶれないだろう
③ JAグループだから,なんとかなるだろう

第2章　なぜ，JA改革は進まないのか

　以下では，村上氏からの示唆を受け，JAにおける「甘えの構造と内容」について，より詳しい考察を試みることにする。まず，JAは組合員に対して，「組合員だから」という甘えを持っているといえる。例えば，「組合員だから（少々高くても）JA事業を利用してほしい」とか「組合員だから（少々無理を言っても）理解してくれるだろう」，「組合員だから結局はなんとかしてくれるだろう」というような意識と態度である。かつてはJAの規模が小さく，組合員の参加意識と利用意識が高かったが故に，なんとかこのような甘えが許されてきたかもしれない。ところが，今は，JAのあらゆる事業において競争相手が多く存在しており，JA事業になんらかのメリットが感じられない限り，組合員がJAを利用するということは期待できない。もはや「組合員だから」という甘えは，今の組合員には通用しないのである。

　次に，JAには「JAだからつぶれないだろう」という安易な考え方が定着している。これは，「JAは非営利組織だから，利益追求をしなくてもいい」という役職員による「経営意識の欠如」と，「農協に任せておけば大丈夫だ」という組合員の「危機意識の欠如」，および「農協だから温かい目で協力してくれるだろう」というJAの「利用者および地域社会に対しての甘え」などが複雑に絡み合った結果，根付いてしまったJA特有の組織文化であろうと考える。しかし，今や銀行までもが倒産する時代である。環境変化への適応ができなければ，いかなる組織でも容赦なく淘汰されていく時代を迎えているのである。

　さらに，JAグループには「JAグループだから，なんとかなるだろう」という甘い考え方が組織の奥深いところに根付いていると思われる。例えば，「JAが一つ，二つぐらいつぶれても，みんなで助け合っていけばよい」とか，「経済事業が競争力を失ったとしても信用・共済事業で儲かればよい，総合経営なんだから」，「JAグループがおかしくなったら，結局は国がなんとかするから」などといった具合である。ところが，一部のJAは，競争力を失った系統組織にこだわることなく，「たとえ系統組織（全農）でも高ければ使わない」「JAが独自の流通販売チャネルを開拓する」などの動きを見せている。さらに，今回の金融危機においても，政府としても農林中金だけを特別扱いすることはできないとしている。JAグループも社会的存在であり，JAに対する社会からの評価とイメージを重視しなければならないのである。

このように，JAおよびJAグループには「甘えの組織文化」が認識される。そして，これらの「JAの甘え」を断ち切ることができない限り，JAイノベーションを成功に導くことはできないと考える。古いJAの組織文化を革新することができない限り，いつまでも小手先の改善を繰り返すだけで終わってしまうおそれがあるからである。組織文化を革新することができて，やっとイノベーションが達成できたといえるのである。JAイノベーションのプロセスにおいては，この「甘えの構造」を打ち破ることが中核をなすと思う。

4-4．地域エゴイズムと温情主義のリーダーシップ

また，JA福岡市の川口前代表理事専務は，悪いJAの組織文化として次の四つの特徴を指摘している。

① トップが責任を先送りする
② トップが非常勤役員に弱い
③ 改革に抵抗する口実が多い
④ 職員の意識が昔と変わっていない

川口氏からの示唆は，多くのJAにおいて，トップマネジメントによる強いリーダーシップが発揮されていないが故に，イノベーションに着手できず，悩んでいるJAの現状を浮き彫りにしているように思われる。

前述したように，JAの役員数は急速に減少し，2006年度には1JAあたり平均役員数は26.1人になっており，しかも常勤理事（平均約3.5人）よりも非常勤理事（約16.2人）が遥かに多く，月1回程度の理事会だけでは非常勤役員との合意を円満に形成することがなかなかできない状況にある。さらに，非常勤役員の多くは，合併前JAの役員経験者であり，各地域の代表を務めている。それが故に，JA施設の統廃合などを議論する場合は，将来へのビジョン達成に向けた建設的な議論よりも，自分の地域や組合員に害がないようにすること（地域エゴイズム）だけに専念してしまう。

また，JAでは協同組合原則（民主的な運営）を重んじているが故に，メンバー全員の一致した合意形成がない限り，なかなか組織決定にたどり着くことができない。強いリーダーによる強引な議事進行などは余計な反発を買

ってしまうおそれが大きいので，トップはなるべく思いきった決断を避け，温情主義に基づいて無難に組織を治めようとする。長い時間をかけて忍耐強くひたすら説得を繰り返しているだけである。JAとぴあ浜松の松下前代表理事組合長は，このようなJAの意思決定プロセスを，「JAは会して議せず，議して決せず，決して実行せず」と特徴づけている。つまり，合併後のJA経営において，このような地域エゴイズムと温情主義的リーダーシップなどに見られる合意形成重視の組織文化をいかに克服するかは，大きな課題の一つである。

　したがって，JAイノベーションにおいては，まずは合併後の新しいJAの共通目標を立て直す必要があると思われる。とりわけ，それぞれの地域がエゴイズムを捨て，快く受け入れてくれるような将来へのビジョン形成が肝要であろう。そして，トップのリーダーシップとしては，ビジョン形成のための構想力および企画力と，組織決定を導きだすための強い信念と説明能力を発揮することが求められていると考える。

　また，JAイノベーションのプロセスには，このような地域エゴイズムだけでなく，多くの難題が潜んでいる。これらの難題を克服し，JAイノベーションを成功に導くためには，「不屈の精神に基づいた強力なリーダーシップ」が求められる。そして，「いかにして強いリーダーシップを発揮することができる仕組みを確保するか」が，もう一つの大きな課題となる。この課題を解決するためには，経営管理委員会制度の導入をはじめ，担当理事制度を設けるなど，ガバナンスおよび常勤理事体制の充実化および経営能力の高度化を図ることが極めて重要であると考える。

5. JAイノベーションの構図

　ここでは，これまでの考察と分析を土台に，JAイノベーションの構図を提示するよう努める。JAイノベーションの構図は，図2-3に示す通りである。図1-3「本研究の分析フレームワーク」に基づき，これまでの考察内容をまとめたものである。

　まず，JA経営に大きな影響を及ぼす環境要因しては，①グローバル化の進展，②消費者ニーズの多様化，③農地および農業者の減少，④流通・販売チャネ

図2-3 JAイノベーションの構図

環境
・グローバル化の進展
・消費者ニーズの多様化
・農地および農業者の減少
・流通・販売チャネルの多様化
・IT技術の進歩

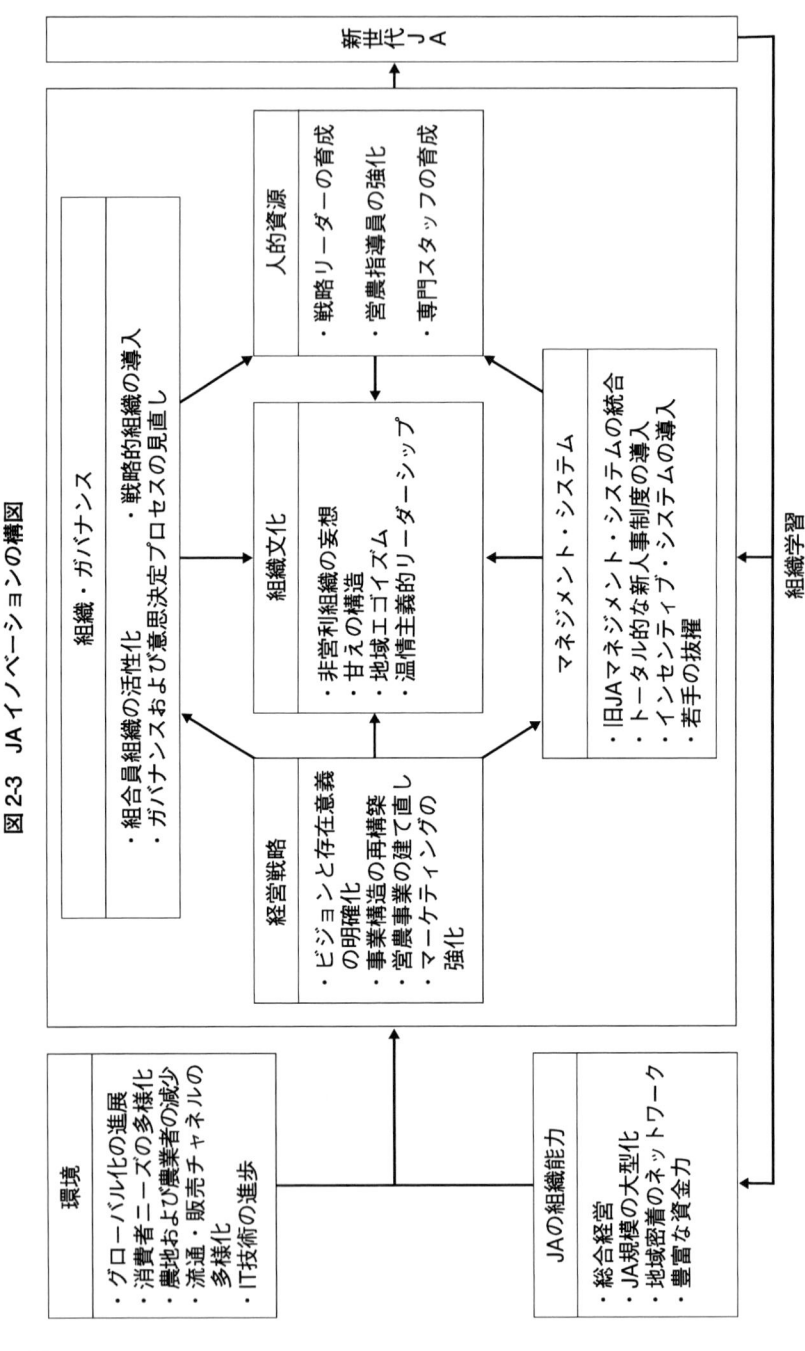

組織・ガバナンス
・組合員組織の活性化
・戦略的組織の導入
・ガバナンスおよび意思決定プロセスの見直し

人的資源
・戦略リーダーの育成
・営農指導員の強化
・専門スタッフの育成

組織文化
・非営利組織の妄想
・甘えの構造
・地域エゴイズム
・温情主義的リーダーシップ

経営戦略
・ビジョンと存在意義の明確化
・事業構造の再構築
・営農事業の建て直し
・マーケティングの強化

マネジメント・システム
・旧JAマネジメント・システムの統合
・トータル的な新人事制度の導入
・インセンティブ・システムの導入
・若手の抜擢

JAの組織能力
・総合経営
・JA規模の大型化
・地域密着のネットワーク
・豊富な資金力

新世代JA

組織学習

52

ルの多様化，⑤IT技術の進歩など，五つの要因を取り上げることにした。他方，JAの組織能力について考察した結果，①総合経営，②JA規模の大型化，③地域密着のネットワーク，④豊富な資金力など，四つの要因に着目することにした。

次に，JAの経営戦略革新における課題としては，①JA存在意義の明確化，②魅力のある事業構造の再構築，③営農事業の建て直し，④マーケティングの強化など，四つの要因に注目することにした。また，JAの組織革新課題としては，①組合員組織の活性化，②ガバナンスおよび意思決定プロセスの見直し，③戦略的組織の導入など，三つの要因が極めて重要であろうと考えられた。

JAのマネジメント・システム革新における課題としては，①旧JAマネジメント・システムの統合，②トータル的な新人事制度の導入，③新たなインセンティブ・システムの導入，④若手の抜擢など，四つの要因について検討すべきであり，JAの人材革新課題としては，①戦略リーダーの育成，②営農指導員の強化，③専門スタッフの育成など，三つの要因に取り組むべきであると考えられた。

最後に，JAの組織文化革新課題について考察した結果，①非営利組織の妄想，②協同組合原則の限界，③甘えの構造，④地域エゴイズムと温情主義のリーダーシップなど，四つの要因がJAイノベーションの阻害要因になっていると認識された。

JAイノベーションへ挑戦しようとするJAは，これらの諸課題を解決していかなければならない。決して平坦な道のりではない。とりわけ，JAの組織文化（イノベーションの阻害要因）を克服していくためには，相当な勇気と覚悟をもって臨むことが求められる。そして，イノベーションを最後までやりとげることである。一定の成果が得られた段階で安心してはならない。まったく新しい組織文化を創り上げるまでは気を緩めてはならない。ここまでして，やっと新世代JAへの進化をなしとげることができるのである。

以下では，図2-3に示した「JAイノベーションの構図」に従い，「先進JAではいかにしてイノベーション課題を克服してきたか」について，より詳細な考察を試みることにする。なお，先進JAについての事例研究にあたっては，長期的かつ継続的にイノベーションに取り組んでいるJAを選定するよ

う，細心の注意を払った。今回の研究においては，JAとぴあ浜松，JA福岡市，JA越後さんとう，JA紀の里，JA南さつま，JA十日町の六つのJAから協力を得て，それぞれのJAにおける「イノベーションへの挑戦」を中心に，ケースを作成することができた。それぞれのJAの特徴を玩味しながら読んで頂きたいと思う。

第3章
JAとぴあ浜松 ～地域企業を目指して～

1. JAとぴあ浜松の現況

　JAとぴあ浜松は，静岡県西部，天竜川以西の浜名湖周辺の3市5町（浜松市，浜北市，湖西市，舞阪町，新居町，雄踏町，細江町，引佐町）を管内とする大型JAである。静岡県第二の人口を有し，2007年4月1日から政令指定都市へ移行した人口約61万人の旧浜松市を中心として管内人口は約83万人もあり，都市化が進行している。このような社会構造を反映して，2008年3月31日現在の組合員数は，正組合員24,693人に対して，准組合員が47,040人と圧倒的に多く，合計で71,733人となっている。2003年度（正組合員26,087人，准組合員40,140人）に比べると，正組合員は1,394人が減少した反面，准組合員は6,900人も増加し，結局は総組合員数では5,506人の増加となっている。

　この総組合員数は，全国のJA平均値の約7倍に相当する。また，各事業の実績も全国平均のそれぞれ約3～11倍に上り，職員数も1,500人弱と全国平均値の約6倍の規模である。地元の大企業といっても過言ではない。

　JAとぴあ浜松は，管内に約6,259haの農地面積を有し，全国有数の農業生産高を示している。事業概要を見てみると，2007年度の販売品取扱高は225億円を記録している。2004年度の238億円より約13億円も減っており，近年はずっと減少傾向を見せている。10億円を越える農産物は，温州みかん（約22億円）をはじめ，ねぎ（16億円），菊（15億円），豚枝肉（15億円），セ

表3-1 JAとぴあ浜松の概要

(2008年3月31日現在)

組合員数		71,733人
	うち准組合員数	47,040人
役職員数	経営管理委員（理事）	46（5）人
	正職員	1,478人
自己資本		50.1億円
	うち出資金	38.5億円
貯金残高		8,754億円
貸出金残高		2,059億円
長期共済保有高		41,518億円
購買品供給高		107億円
販売品取扱高		225億円
経常利益		34億円
当期剰余金		21億円

ロリ（14億円），チンゲンサイ（12億円），牛枝肉（10億円）と7品目もある。購買品供給高は107億円を記録している。2004年度の121億円より約14億円も少なく，減少傾向にある。一方，信用・共済事業においては，貯金高が8,754億円を記録しており，2004年度の7,899億円より855億円も増え，増加傾向を見せている。共済事業は長期共済保有高が4兆1,518億円を記録しており，2004年度の4兆1055億円とほぼ横ばいの状況にある。

2. JAとぴあ浜松の誕生 ～JA合併のプロセス～

2-1. 合併前の課題

　JAとぴあ浜松は，1995年4月1日に浜名湖周辺の14JAが合併して誕生したが，その合併までの道のりは，決して平坦なものではなかった。静岡県下の合併構想は，1986年にはすでに定められていたものの，合併構想に含ま

第3章　JAとぴあ浜松〜地域企業を目指して〜

れていた浜名湖周辺の各農協の経営陣の反応は冷たかった。そもそも合併を研究する必要さえないという雰囲気すらあった。しかし，各農協の経営陣のなかには，本当は大きな農協の必要性を感じていた役員が少なくなかった。確かに，浜松は全国でも有数の農業の盛んな地域ではあるが，スズキ，ヤマハをはじめとした大企業の工場も数多くあり，もはや都市化の進行を避けてとおることはできない状況にあったからである。また，ガット・ウルグアイ・ラウンドでの議論による農産物自由化の進展やバブルの崩壊に伴った金融自由化，商系の農業生産資材販売店との競争激化など，めまぐるしい環境変化に対応することが必要不可欠になってきたからである。事業全体の現況においても，信用・共済事業への依存体質が加速しており，各農協の営農・経済事業のなかでも特にAコープ，ガソリンスタンド，自動車整備工場は赤字で苦しんでいたのである。さらに，合併構想のなかの2農協には，実は積立金がほとんどなかった。組合員1人あたりの積立金は，財務内容の健全性を判断するための一つの基準となるが，この2農協は破綻する可能性が極めて高かったのである。

　そして，これらの問題を打破するためには，JAの合併構想を実現することが最も有効な解決策だと考えるような雰囲気にだんだん変わっていった。ところが，合併に踏み切ることはできなかった。実は，この2農協の組合長は県連合会の会長・副会長にも任ぜられていて，JAの合併により，組合長という肩書きがなくなってしまうと，県連合会のトップでもなくなってしまうからであった。そこで，合併の推進を行っていた静岡県農業協同組合中央会は，トップの合意を得るために，浜松市内の10農協の合併研究を先行させることとし，段階的に合併を進めるようにした。その後，1991年12月21日に，隣接する浜名湖周辺の5農協も加わることとなり，15農協の合併研究会を立ち上げた。しかし，方針の違いから，1農協が離脱し，結局は14農協で合併を目指すことになった。合併研究会の期間としては，通常は1〜2年とされていたが，JAとぴあ浜松の場合は3年5ヶ月も費やした。当時の合併委員会には「これだけの大きなJAを目指したのだから，いまさら後退はできないし，みんなが納得できるようにしなければ」という意識が働いていたのである。

2-2.「JAとぴあ浜松」という名称の由来

　「JAとぴあ浜松」という名称は，合併に参加したJAの若手職員を中心に，「名称検討委員会」が構成され，この委員会が地域への公募を通して，決定した。
　「とぴあ」というのはラテン語の"topia"であり，郷里を意味する「郷（さと）」である。「浜松」の地名を使用したのは，管内に3市5町あるなかで，浜松市が一番大きく，そして古来より「浜松の郷」が管内の地域を指していたため，異論もなく，すぐに決定することができた。何よりも「浜松」という地名を新しいJAの名前に付けることで，より「地域土着性」が明確になることが決め手となったという。
　しかし，浜松という同じ地域で一つのJAになったとはいえ，14ものJAが集まったのである。職場風土を一つにすることはなかなか容易ではなかった。だからこそ，新しいJAの名称には，名実ともに風土を一体化したいという願いを込めていたのである。当時のことを，松下久氏（前JAとぴあ浜松代表理事組合長）は，次のように振り返ってくれた。
　「私は合併1年目から『合併前のJAのことを言うな』と，ずっと言い続けてきました。自分のJAは『とぴあ浜松』である。『とぴあ』は，浜松のJAであると知らしめようとしました。まず，職員の意識を徹底的に変えさせました。そして，現在は地域の人からは，JAとぴあ浜松の『JA』もなくなりまして，『浜松』もなくなりまして，どこへ行っても『とぴあ』だけで名前が通じるようになりました。」（松下氏）
　松下氏が「旧JAのことは言うな」と説いたのは，合併しなかったならば，今のJAとぴあ浜松は存在しえなかったことと，一つになって規模も大きくなったからこそ，今まではできなかった事業や施設を展開することが可能になったことを強調することによって，なるべく合併の後遺症がでないようにしたいという狙いがあったからである。また，松下氏は「JA職員の特徴は色々な所へでても隅のほうにいる控えめな存在だ」と分析していたので，地域においてJAとぴあ浜松の存在が認められるということは，職員がプライドを持つことにつながり，さらに職員の元気もでると考えていたのである。

2-3. JAとぴあ浜松の「使命・経営理念・職員行動規範」

　JAとぴあ浜松では，合併にあたり，表3-2に示す通り，「JAとぴあ浜松の使命・経営理念・職員行動規範」を定めている。

　まず，使命としては，JAとぴあ浜松がターゲット（Who）とすべき対象は，組合員とその家族のみならず，広く地域住民や法人および消費者であり，生活・流通・金融にわたる総合事業展開を通して（How），質の高いサービスと商品および自然の恵みである農産物（What）を提供していくことを確認しており，そのことによって，常に時代に即した全国のJAのリーダーを目指すことを明確にしている。

　次に，経営理念については，①共生，②創造，③健全，④品質，⑤専門，⑥信頼，⑦公平，⑧実践など，八つの言葉で分かりやすく取りまとめている。

　そして，職員の行動規範としては，表3-2に示す通り，8ヵ条を規定しており，全事業所において毎日の朝礼で唱和している。全職員の理解を深めるように努めているのである。

　さらに，新しいJAのシンボルとして，本店を新築することにした。しかも，組合員に理解を求め，大型合併JAにふさわしい規模で，当時としては立派な建物を建てた。JAの合併をできるだけ前向きにとらえようとしたのである。

2-4. 合併後の改革のプロセス

　このようにして，JAとぴあ浜松は，大型合併JAとして新たな出発をするようになった。ところが，合併後の改革プロセスは苦労の連続であった。旧JA単位に基幹支店を作っては旧JA意識が残るので，旧14JAを再編成して7地区支店（基幹支店）とした。旧JAの規模（組合員，事業量）を勘案して，大きい旧JAは単独で，小さい旧JAは2～4の旧JAを統合して，一地区支店とした。当初は，複数の旧JAを一地区支店とした地区はなかなか一体化できなかったが，現在はむしろ単独JAでできた地区よりも一体化が図られているという（松下氏）。（参考資料2：合併時の組織図，参考資料3：現在の組織図）

表3-2　JAとぴあ浜松の使命・経営理念・職員行動規範

◎ 使命
　私たちJAとぴあ浜松は，組合員とその家族のみならず，広く地域住民や法人および消費者に対し，生活・流通・金融にわたる総合事業展開を通して，質の高いサービスと商品および自然の恵みである農産物を提供し，安心と安全，また快適で豊かな生活の実現に貢献することにより，常に時代に即した全国のJAのリーダーであり，実践者であることを目指します。

◎ 経営理念
1. 共生：どのような組織もその組織が提供する商品やサービスを利用していただく方々があって初めてその存在意義があります。JAもマーケットやお客様（組合員・利用者の方々）を忘れては存在し得ません。私たちは，常にマーケットやお客様と共に生きます。
2. 創造：時代はいつも変化しています。JAもまたそういった変化に対応し，同時に自ら新しい物を創造していく力が求められます。農業と共に生きることを大切にしながら，常に新しいサービスやマーケットの開発をします。
3. 健全：将来に向けて継続的によりよいサービスの提供や商品の開発をするためには，それに投資するために必要な利益を確保していくことが大切です。JAも経済的な事業体・組織体として，永続的に適正な利益を確保できるよう，常に生産性を向上します。
4. 品質：品質はJAの事業を継続的に発展させるうえでの基盤です。事業活動全般にわたり常に質の高い商品とサービスを提供します。
5. 専門：総合事業を展開するJAは，各々の事業分野でそれぞれ特定の専門企業や組織と競争しています。私たちは総合事業を展開している強みをさらに充実させるために，各々の分野での高度な知識・技能を高めます。
6. 信頼：私たちは，まわりの色々な関係者—組合員・利用者・地域住民・取引先・行政など—の方々との関係（ネットワーク）のなかで存在しています。JAの主体性を発揮しながら，まわりの方々との関係を大切にしていくことが重要です。また，そういった方々との信頼関係なくしては事業の継続的発展もありません。私たちは，常にまわりの方々との信頼関係を深めます。
7. 公平：私たちは，組合員や利用者の方々に対しては，常に公平な対応，満足のゆくサービスの提供をし，また，職員に対しては，自分たちの仕事に達成感・成功感を味わえるよう公平・公正な評価をします。
8. 実践：自分たちの組織の運命を決めるのは，自分たちの意思・行動の選択の結果です。責任を他のものに転換しているだけでは新しいJAの未来を切り拓くことはできません。私たちひとりひとりの積極的で主体的な行動（リーダーシップ）こそが明日のJAを創造するという当事者意識を持って日々の業務を遂行します。

◎ 職員の行動規範
1. 信頼されるパートナーとして，地域に貢献します。
2. 発想の転換と創意工夫にチャレンジします。
3. 未来を見つめ，勇気と信念で行動します。
4. 常にコスト意識を持って行動します。
5. 仕事ではいつもプロフェッショナルを目指します。
6. 専門知識と技術で，価値あるサービスをします。
7. 誠意と情熱を持って，笑顔で対応します。
8. 自ら提案，自ら実行を積極的に実践します。

合併当時の大変な時期を振り返って，松下氏は次のように総括する。
「合併の準備に3年間の時間を費やしましたが，結果としてはよかったと言えます。今だから言えますが，計画のなかには，まだバブルの時代の感覚で試算をしたものもありました。例えば，給料体系などのことで，今になってようやく改めることができました。それを考えると，もう1年スタートを早めてもよかったのかもしれませんけれど…。」

「合併時に問題になるのは，第一は財務，第二は組合長を誰にするかということです。組合長には，みんななりたがる。合併に参加した14JAのなかで，財務格差は確か3～4倍もあった。積立金がほとんどないところもあった。その一方，十分な積立金があったJAでは，組合員から『搾取』した成果だから，合併時に還元しなければならないという意見もありました。もちろん，『搾取』ではなく，バランスを見て積み立てをしただけの話なので，結局，還元はしませんでした。利益積立金も不良債権も大風呂敷に包み込んで持ち込むという，いわゆる『風呂敷合併』を行ったということです。」

また，JAとぴあ浜松では2005年度から経営管理委員会制度の導入と同時に，経営管理委員会と理事会に，定年制と任期制を導入している。したがって，JAの経営には組合長と4人の学経理事が専念することになっており，担当役員制を導入することによって，命令系統を明確にするとともに，業務を迅速かつ的確に遂行できるような仕組みを作り上げるようにも努めた。さらに，かつては1行政区域で1JAであったが故に，行政への対応などは組合長の仕事だったが，今はその地区の地区支店長の仕事となった。したがって，地区支店長には昔の組合長くらいの権限があるという自覚を持つよう，支店長の意識改革にも力を入れて取り組んでいる。

3. 組合員に頼りにされる営農・経済事業

3-1. 女性営農指導員によるきめ細かな対応

約225億円の販売高を持つJAとぴあ浜松には，農家をサポートする営農指導員（今は営農アドバイザーという呼称）に女性が17名おり，全営農指

導員の約2割を占めている。この女性営農指導員には経済学部出身もいる。畑違いの分野出身でも，本人のやる気を重視している。女性を営農指導員に登用したのは，女性職員が男性よりもきめ細かく，まじめに物事に取り組む傾向があることと，女性の視点に立って消費者（とりわけ主婦）のニーズを的確にとらえ，それを営農指導にいかすことが期待できるからであった。

　2001年には，若手女性職員のなかで営農指導員の希望者を募って，一気に7名の女性営農指導員を誕生させた。なぜなら，男所帯に女性の営農指導員が1～2名しかいないのなら，その女性営農指導員は男性陣につぶされてしまうおそれがあると判断したからである。今や女性営農指導員はこれまでにJAでは対応しきれなかったことも行っている。例えば，組合員のなかには，最新の英文の営農関係の文献を持ってきて，女性営農指導員に翻訳を依頼する人が現れたが，ある女性営農指導員が全訳して返した。また，JAでは分からない技術については，彼女たちは躊躇することなく，県の農業試験場や自分の出身大学に問い合わせて調べる。県試験場のほうからも，その質問のレベルが高いことに驚き，組合員からこのような難しい課題を与えられているのは，組合員に信頼されていることの証だと，高い評価を得ている。同時に，出身大学へ営農の案件を相談するようになって，別の効果も生まれた。その大学の女子学生の間で，「JAとぴあ浜松に就職すれば，女性でも営農指導員にしてくれる」という評判になり，さらにその農学部からよい人材が来るという意外な効果まであらわれてくるようになったのである。

　もちろん，従来イメージされる営農指導員としての仕事にも決して手を抜かない。ある組合員からJAに「女性にあまり力仕事をさせないでくれ。そこまでしなくてもいいから」という意見までもでた。彼女たちは，組合員が出荷場に出荷にくると，自らトラックの荷物を担いで運んだりしていたのである。実際，彼女たちにも男性と同様に作業服を着せているし，仕事も男性並みで何も違うことはない。各生産部会での「販売反省会」での組合員とのお酒を交えた夜の付き合いもある。古いやり方ではあるが，こういうことに対応して人間関係を作っていくのも，男性と同様である。このようなことの，一つ一つの積み重ねで，女性の営農指導員はしっかりしているという評価を組合員から受け，強い信頼を得るにいたっている。

　その他にも，JAとぴあ浜松では女性の戦力化を積極的に進めており，

2008年度で女性総代数が131人，女性管理職が4人，女性経営管理委員が2人となっている。

3-2．選果場の合理化

　合併の際に，問題点を積み残すのであれば，いかなる理由があろうとも，単に先延ばしにしただけになってしまう。積み残さないように問題を整理して一気に解決しなくてはならない。ただし，組合員の理解が必要になるのは言うまでもない。松下氏をはじめ，当時のJAとぴあ浜松の経営陣は，このような考えのもと，地域のエゴイズムを排するために腐心した。

　JAとぴあ浜松では，みかんについては管内に五つの選果場があったが，約3年半で一つにした。選果にかかる経費は受益者負担を明確にし，みかん1kgあたりの選果料を定める際に，施設の償却費や人件費を入れていたために，選果場によって1kgあたり13～30円とばらばらだった選果料を，25円に統一した。その結果，1億5,000万円の未精算金がでたが，年度末になって農家に直接還元するのではなく，将来の施設更新のための柑橘積立金を設けることとし，そして選果料も年々下げていった。組合員への還元も決して直接的なものだけではないということを理解してもらったのである。

　選果場の合理化問題について，松下氏は次のように語る。「例えば，販売手数料の一本化の問題があります。従来は2.3％の販売手数料を取っていたのですが，1.4％の出荷奨励金を組合員に戻すと，実質0.9％になります。このことを踏まえ，最初から出荷奨励金なしで2％の販売手数料で管内一律とするのはどうかという提案をしました。その話を受けて，じゃあ，組合員が新JAに対抗して専門農協を作るかという話にはなりませんでした。だからこそ，JA合併では，旧来の体質を改め，貰うものとだすものを組合員に明確にして，非常に細かな話まで詰めていかないとなりません。」

　さらに大切なのは，職員のみならず組合員の一体感であった。作物部会でも，ノウハウを旧JAごとに秘密にしていたところもあったので，間に入って調整を行うことがまさしく新JAの仕事になったのである。

3-3．農閑期の農機保管

　JAとぴあ浜松の農機センターについては，もともと管内に10ヶ所もあっ

た施設を，2000年4月に一つに集約した。新しい農機センターの場所は管内のどこからでも車で40分程度のところに選定した。この農機センターでは，新品の農機の販売や修理だけを行っているわけではない。中古品の委託販売も行っている。

「取り扱っている商品のうちおよそ2割が中古品です。中古のトラクターですと20年は持ちます。また，200万円のトラクターは10年間使用したとしても，まだ60万円の価値があります。新品を買うと当然中古品がでますが，委託販売という形で組合員さんから預かった農機の販売にも力を入れています。委託ですので，最初付けた値で1シーズン買い手がつかないときは，値段を下げるように委託した組合員と相談したりします。」（農機センター長・柿沢氏）

さらに特徴的なのは，農閑期に農機をこのセンターで預かることである。「そもそも，農機センターでは，農閑期に農機を点検することが主な業務でしたが，点検をすると同時にその農機を預かることもしています。大体，コンバインならば11月から次の年の8月までという感じです。農機は高いのですが，現場ではぞんざいに扱われやすく，1年間雨ざらし，泥もついたままというのも，珍しくはないのです。だから，組合員の皆さんからメンテナンスだけではなく保管する場所も欲しいということだったので，この農機センターで対応しているのです。要望が多いので倉庫がいくらあっても足りないという状況です。」（柿沢氏）このようなことも，今までの仕事の仕組みからは考えられなかったことである。

3-4. 家電の「押し売り」を廃止する

また，思い切ってやめた事業もある。購買事業のうち，家電の取り扱いをやめたことは，その象徴的なことであろう。かつて，JAとぴあ浜松でも家電は職員1人あたり70万円のノルマで推進を行っていた。ところが，その実態を調べると，そのうち30～40万円は職員やその親戚が自ら買って達成しているということが判明した。職員の所得を減らすことになりかねないし，無理矢理に購入してしまった家電は置く場所にも困る状況であった。これが本当の購買事業かという根本的な問題意識と，家電のアフターサービスをJAで引き受ける体制が不十分だという問題意識があった。

結局，家電の購買事業をやめると決断した。すでにJAとぴあ浜松で買った家電は，JAで指定した地元の個人経営の家電店でアフターサービスを受ける仕組みに改めた。さらに，今後JAでは家電は扱わないので，アフターサービスを依頼した地元家電店には，JAとぴあ浜松の名前で家電を販売してもよいということとした。松下氏は「JAへの義理で家電は買いたくないということです」と，語っている。

3-5. 購買事業の取り扱い

JAとぴあ浜松の経済事業については，2007年度の実績で，販売事業は約225億円，購買事業が約107億円（この他に協同会社「とぴあサービス」での取扱高が約60億円）を記録している。1JAでの取扱高はやはり全国水準から見てもかなり高い。しかし，地域の構造変化に伴い，販売事業も購買事業もゆるやかな減少傾向をみせている。

「経済事業は難しくなってきています。どこを見てもこれ以上，広がる要素がない。増加させるのはできないということです。農地面積と農業従事者数の減少により，肥料・農薬の購買高が減ってきています。農地の集積などの調整はやらなくてはならないが，土地所有権の問題もあるので，なかなかうまくいかない。」(松下氏)

しかし，手をこまねいているだけではない。生産資材の購買事業では，「平等から公平へ」を実現させるための取り組みを始めている。「購買事業でも，利用度のランクごとの奨励措置をやっているので，肥料やダンボール，農薬が高いとは組合員から言われなくなりました。ランクが大きくなる，すなわちたくさん買ってくれたら，その分安くなります。例えば，農薬100万円の購入ならば15％安くなります。ただしJAでも事業の原資をださなくてはならないので，そのための工夫が必要です。」(松下氏)

例えば，配達はJAのプロパー職員が手がけているわけではなく，協同会社とぴあサービスを通じて地元の運送会社で行っている。運送会社だからこそ土日対応も可能になった。また，その運送会社の車もJAとぴあ浜松のマークを付けさせて，JAとぴあ浜松の一員としての自覚と誇りを持って仕事をしてもらっている。すなわち，購買事業におけるJAの役目は，組合員からの注文の取りまとめと仕入れに特化しているのである。

さらに，松下氏はJAと経済連との関係については「私は経済連といえども一業者と見ているわけです。安くてよいものを提供してくれるのならば，経済連から仕入れますけれども，悪くて高いものならば買わない。そうなれば，商系の業者から買うということです」と述べている。合併直後のJAとぴあ浜松の系統（経済連）利用率は50％程度であったが，その後2～3年で65％に上がった。経済連がJAとぴあ浜松の要望に応えたからである。
　「事実，今は職員が電話をすれば経済連はものをすぐ持ってくる。一番楽です。一方，自分たちの方は在庫管理ができていなかったので，それを徹底させました。だから，今私どものところでは，ある業者との間では供給した農薬の量だけを『仕入れる』という方法も取っています。いわゆる売り上げてから仕入れを起こすという形です。その農薬の在庫管理を供給する会社が行うということになれば，陳腐化や不良在庫はなくなるということです。」
　「私は購買事業を全部そのような形でやりたいのですが，なかなか難しいようです。やはり組合員にサービスをするには，いろんなところで知恵をだしたり努力したりしないといけないと思っています。」（以上，松下氏）

4. 時代の流れにマッチングした信用・共済事業

4-1. 集める貯金から「集まる貯金」へ

　JAとぴあ浜松における信用事業の規模の大きさは，合併当初から注目を集めるところであった。2003年度の貯金残高は約7,900億円。これは，全国の1％，県下の2割の貯金を持っている計算になる。しかし，その規模を維持拡大するためには，様々な工夫が必要であった。環境変化には機敏に対応しなくてはならない。その中心となったのは，年金の振込口座の獲得であった。
　「集める貯金より『集まる貯金』を目指しています。例えば，年金振込みの推進を熱心に取り組んでいます。貯金については，集まる年金は年間で450億円だから，2ヶ月に1回，75億円が入る勘定になる。この歩留まりが良い。集めて歩く時代は終わったということです。」（松下氏）
　この背景には，年金友の会の存在がある。現在の会員数は約37,000人。年金アドバイザーを設けて，年金受給者の相談業務に応じている。

第3章　JAとぴあ浜松～地域企業を目指して～

「年金アドバイザーが32名，女性のベテラン職員が中心です。彼女たちが，年金専門に歩いています。支店長は，彼女たちが何件訪問をして，何件予約が取れて，何件契約をして，その率は何％と，常時徹底して管理しています。そのような管理がないと，自由にそこら辺を歩いているだけになってしまい，ダメだということです。年金アドバイザーは，積極的に相手に向き合わないと，相談を受けることも年金口座のお願いもできません。」(松下氏)

　事実，農産物の販売代金が合併当時の310億円から240億円に減った一方，年金振込額は260億円から450億円に増え，完全に逆転するようになった。

4-2. 組合員を引きつける仕組みづくり

　年金アドバイザーの能力向上も著しい。年金口座の獲得だけではなく，資格取得者まで登場してきたのである。年金制度も改正が多くなってきているため，相談業務もその分専門的になってきている。JAとしては，当初，銀行OBで社会保険労務士の資格保有者を持つ人物を雇用して難しい相談に対応してきたが，だんだん相談量が多くなり，社会保険労務士も2人のパートを雇用する体制にしなければならなくなってしまった。職員もそれに合わせて，色々な事例集を作ったり，勉強会を行ったりするようになってきた。

　そうこうするうち，年金アドバイザーの女性職員が，社会保険労務士の資格への挑戦に名乗りをあげ，ついに合格した。「社会保険労務士の資格をとっても，職員は職員なのですが，そのように職場全体がだんだん活気づいてきて，やはり実績もその分，上がってきたのです。」(松下氏)

　さらに，組合員を引きつける仕組みも工夫する。「年金感謝デーを設けて，予算の範囲内で，来ていただいた組合員に食料品などの粗品をだしています。『JAに行ったら，これをくれた』と評判になり，これが積み立てとかにつながってくる。推進は，1軒1軒回るだけでもないと思う。奨励措置は，組合員の還元の一種であると思う。どのように組合員に還元していくかということになる。」(松下氏)

　他のJAからみるとうらやむような貯金量をあげているが，JAとぴあ浜松ではそれに安住することをいましめている。「私どもの管内で年金だけで450億円をあげているから大奮闘かといったら，実は何割も取っていないわけです。まだまだ，銀行，郵便局へは相当行っています。それはまだ無尽蔵

にあるということです。」(松下氏)

　一方，貸付のほうは，堅実な歩みを見せている。「信用事業の基本は貯金集めと貸付であるが，貯貸率は約26％で低いと思っています。ただし，貯貸率が低いということは不良債権がほとんどないということです。今は含み益を作れない経理になってしまっています。引当金は，計画的に基準通りに積んでおくというものです。」

　「合併前は，貸付は熱心にやらず，信連の奨励金を集めていたというのが現状です。実際に貸付については，はましん（浜松信用金庫）は比べて条件はどうかということもありますし，親父さんの時代から付き合いがあるとか，なんらかの弾力性がなくてはならないと思います。ケース・バイ・ケースということです。相談業務もローンセンターで日曜も土曜も対応できるようにしています。」(以上，松下氏)

4-3. 専門家による共済推進

　共済事業に関しても，合併以来，純増管理を続けてきた。2007年度の長期共済保有高は約4兆1,518億円である。JAとぴあ浜松の保有高は全国JA別で第2位であり，ある県のJA全体の保有高に匹敵している。

　組合員の利便性を図るために，24時間体制の自動車事故センターを，JA共済連が全国のJAを対象とした同様のセンターよりも，先駆けて開設した。また，共済の1億円以上加入者には，「共済感謝のつどい」と銘打って歌謡ショーに毎年招いている。これは，毎年4日間，浜松駅に隣接している定員約2,500名のホールで午前・午後の二部制での公演で，今まで，招いた歌手は小林幸子，石川さゆり，藤あや子など，一流どころである。

　JA共済のあり方について，松下氏は次のように語る。「共済は，組合員の保障の充実が大切です。JAのため，共済連のために事業を行うのであれば，単純に現在，組合員が加入している共済を別の共済に転換してもらえば，『新規』分を確保でき，実績は上がりますが，それは正しいあり方ではない。あくまでも加入者のための共済なのです。そうなると，推進では満期対策と，あと若い人対策が重要です。」

　JAとぴあ浜松で特徴的なのは，ライフ・アドバイザー（LA）による，共済の推進である。JAの世界で伝統を持っている全職員の一斉推進をJAとぴ

あ浜松ではあえてやめたということである。「毎年、共済推進の決起大会を行いますが、コンプライアンスの問題があるので、今は、一斉推進をしなくなりました。一斉推進で事故があれば、推進停止になる上、場合によっては億単位の損害になるのです。共済の仕組みが複雑になったのでLAという専門家で推進しないといけないのです。」（松下氏）

もちろん、LAは専門性を維持向上させなくてはならない。そのために、LAのインストラクターはLA自身が手がけている。「LAの指導は、優秀なLAだった者をインストラクターにして行っています。LAインストラクターは、指導に専念させているので、共済推進の成果としての奨励金は彼らにはでません。それでも、インストラクターのやる気が失われることがないのは、JA全体のLAの資質向上に役立っていることが実感できるからです。」（松下氏）

もちろん、共済事業でも女性のLAは少なからずいる。厳しい仕事をこなし、重要な戦力となっている。JAとしては彼女たちに細心の配慮と精神的なケアなどを怠ってはならない。

「うちの場合、LAの一番と二番の成績をあげているのは女性です。共済の研修は当然、男女混合で行っていますが、女性のLAだけの会合もあえて実施しています。訪問先でセクハラまがいの発言をされたとか、女性特有の悩みも少なくないからです。」（松下氏）

4-4. 員外利用者の准組合員化

「合併後、特に最近になって、相当多くの貯金がJAに入ってきています。3,000万、5,000万、1億という貯金を持ってくる人たちが非常に多くなってきているのも事実です。ペイオフ解禁をにらんで貯金の分散を図っている人が少なからずいて、その人たちに安全な金融機関であるという評価を得た、というように私どもは取っているところです。今後もこれについては十分注意をして、期待に応えなくてはならないということでやっております。」

「員外者がJAに貯金を持ってくるときが、JAの認知度が上がったという手ごたえを感じるときです。」（以上、松下氏）

もちろん、JAには員外利用制限が厳然として存在しており、コンプライアンスのためにも2003年度から准組合員をより積極的に募っている。また、支店長が貯金を利用している非組合員を1軒1軒回って、JAというものはメ

ンバー制であるため，1人1万円の出資金を払って組合員になるようお願いし，現在は約6,000人に准組合員として加入してもらっている。

5. 協同会社を活用したサービスの充実化

5-1.「株式会社とぴあサービス」の設立

　合併後のJA改革を進めるにあたり，支店や事業所の統廃合を行うと同時に，事業そのものの改革を行うために，協同会社を設立した。それが「株式会社とぴあサービス」である。

　そもそも，JAとぴあ浜松としての合併に参加する14JAのうち5JA共同で，農機具の協同会社を持っていたが，毎年500万～1,000万円の赤字をだしていた。このような経営状態だったが故に，新JAに持ち込んでは困るという意見も参加JAの組合長からもでていた。ところが，当時のJA浜松西組合長松下氏がその意見に異を唱えた。この会社は確かに現時点では赤字かもしれないが，その会社の名称，事業内容，会計年度，さらに定款を全部変えてしまえば，合併後は総代会にかけなくてもただちに，この会社を別の目的の協同会社として機能させるという目論見があったからである。

　合併初年度の1995年度は，経済事業の一環であるAコープとガソリンスタンド，自動車整備工場の3部門における損益は，2億6,000万円の赤字となってしまった。JAの経済事業を抜本的に改革するには，これらの事業を株式会社化して別経理化することが最善の道であると考え，1996年12月の理事会にこの協同会社の件を諮った。しかし，否決されてしまった。その表面上の理由は，JA事業の一部でも株式会社へ移管すると，結局は最後にJAからすべての事業を奪ってしまうことになるのではないかという危惧からであった。しかも株式会社になったら，どの事業でも今までよりもきめ細かい対応をしなくては，組合員の納得も得られないのは確実であった。ところが，実際は協同会社化しても赤字が解消できなければ責任を問われるというのが，否決した理事たちの本音であった。協同会社の計画では，事業移管後3～5年で黒字を目指すことにしていたが，松下氏自身でさえ本当に実現可能かどうか100％の確信は持てなかったという。それでもJA事業の赤字を解消す

るためには，もはや選択肢としてはこれ以外に方法はないと思い，理事たちの説得に全力を挙げ，その次の理事会でなんとか可決させることができた。このようにして，やっと「株式会社とぴあサービス」の計画が第一歩を踏みだすことになった。

5-2. 人材の抜擢

「株式会社とぴあサービス」を立ち上げるにあたって，理事会で否決されていたこともあったので，その後の経営において失敗は絶対に許されなかった。松下氏は，その体制づくりにあたって，優秀な人材を充てることにした。当時の支店長と本店課長の２人をJAから引き抜き，支店長を常務に，本店の課長を総務部長にするという抜擢人事を敢行することにした。「この２人を呼んで，このようなポストでとぴあサービスの仕事をしてほしいがどうか，という話をしました。この両名は歳が半年しか違わない同世代の人間なのですが，結局，２人で一晩色々話し合って，腹を固めてもらいました。」(松下氏)

その後は，この２人に体制づくりを任せ，自分たちの目にかなう部下としての適任者を考えさせ，JA本体から若手職員を含めて出向させるようにした。そして，JAの若い職員が協同会社に行って管理職となる場合は，思いきって管理職手当てをだすことにした。その分，成果を求めるとしたのである。

「JAの職員から株式会社の社員になるというので，明日からスタートという1997年３月31日にみんなを集めて，私は『利益を上げるのではなく，みんなの給与分を稼いでくれ』と言いました。その後，会社の方針をみんなで確認して，みんなの一体感がでるようにしました。例えば，１ヶ所のSSにいるのは４人の担当職員だけですが，この４人だけで仕事をしているのではなく，組合員や地域住民と常に接しているということの重要性を意識させるように心がけました。」(松下氏)

同時に，組織内部の意識改革も図るように努めた。例えば，肩書きを部長・課長・係長などというのではなく，「マネージャー」のような横文字の肩書きを導入するようにした。例えば，Aコープの店内放送で連絡する際，「店長」，「係長」などと呼ぶよりも，「マネージャー」，「サブマネージャー」のほうが聞こえもよく，責任意識がより強くなるなどの効果が期待できると考えたからである。

5-3. 意識改革による業務改善

　SSについても，周辺地域の特性などを考慮し，夜11時まで営業する「セルフサービスの大型店」を作った。そして，開店から4日間大売出しを行った結果，3,800台も来店した。「セルフはお客が来ないのではないかという不安もありましたが，実際に調査すると，フルサービスよりも2割ほど所要時間が短いので好評でした。」（松下氏）

　組合員のほうからも，よい反響を受けるようになってきた。「同じ職員でありながら，どうしてこのように愛想がよくなっていったのか，と組合員から言われるようになりました。私も社員に対して，ガソリンスタンドで3歩以上離れているところはかけ足で行く癖を付けなさいと言いました。」（松下氏）

　その後，株式会社とぴあサービスは1998年度に黒字化を達成し，1999年度には累損も解消することができた。近年は毎年1億円強の経常利益をだせるところまで改善した。もちろん，ここまでの成果を上げるためには，サービスの改善だけではなく，効率化の一環として，店舗の廃止も実施せざるを得なかった。「このように赤字を解消し，利益は積み立てるようにすることができました。ところが，七つあったAコープのうち二つを廃止しました。止むをえず廃止したいという方針をだすと，『なぜやめるんだ，やめられたら困る』と言ってくる人が総代のなかにもでてきますが，そんなことを言う人に限ってAコープは全然使っていなかったりします。『廃止は止むをえないことだね』と言っている人のほうがAコープを毎日使っていたりするものです。」（松下氏）

　また，株式会社とぴあサービスでは，JA共済で扱っていない保険商品の取り扱いも行っている。「かつてはJA共済ではガン保険がなかったので，アメリカンファミリーの商品を取り扱いました。また，共栄火災の自動車保険を取り扱ったりしました。今や，JAの窓口でもJA共済以外の保険商品を取り扱うことは可能になったし，共栄火災はJA共済連の子会社になったので，ずいぶん情勢は変わり，JA本体で取り扱うことのできる商品は充実するようになりました。JAでも他の会社の保険商品を取次店ではなく代理店として扱う機能を持つようになりました。私は国会の参考人招致でも申し上げましたが，この改正は遅きに失した感があります。」（松下氏）

6. やる気のでる職場づくり ～人事制度の改革～

　JAの合併では，全体の一体感が醸成できるよう，職場風土を革新することが重要である。JAとぴあ浜松は合併初年度から，絶対評価主義の人事考課制度の導入を図った。しかし，人事考課制度の導入初年度では，職場が相当混乱した。まだ，旧JAの体質を残していたため，地区ごとで考課結果のばらつきが大きく，厳しいところと甘いところが明確にあった。そこで，JA静岡中央会の指導を受け，制度を改善すると同時に，管理職に対する考課者教育も徹底して行った。評価はAからDの4段階とし，3回のうち2回はAクラスでないと昇格試験を受ける資格すら与えられない。これは，全職員がAクラスにならないと，組合員満足度が100％にならないという考えに基づいている。評価でボーナスも異なり，Bが100としたら，A120，C80，D70と，AとDとで50％も格差が生じる。さらに，評価が本当に悪かった場合は，降格人事を断行することにした。毎年7～8人が該当している。「支店長，課長になったから，この次には部長だよ，という絶対的で安泰な仕組みにしませんでした。降格もあります。ですから，管理職も今一番若い者は41歳，上は役職定年の57歳までいます。」(松下氏)

　なお，松下氏は「人事考課制度を導入することだけでは全体の士気はあがらない。職員を批判するだけではなく信頼することが重要である」と，力説する。「基本的には昇格人事は人任せにしません。私自身，全職員のリストを常に持っています。全職員で1,000人以上いるので，さすがに全員の顔と名前が一致するのは難しいのですが，実際に仕事の悩みで職員から私宛に直接電話がかかってきたりしても対応できるようにするためです。」(松下氏)

　また，役職定年である57歳以降の職員についても，専門管理職制度を設けて，特に技能を持つ職員には，やる気を持ってJAで働いてもらう仕組みを作った。「若い職員のなかからは，年配の職員がいつまでもいたら困るという声もありますが，今や60歳で年金をもらえない時代になってしまい，なんらかの対応をしてあげたいと思ったのです。ただ，専門管理職制度というのは，技能があり，いわゆる指導力・リーダーシップを発揮できるという職員を評価する制度であって，誰でも対象になるわけではありません。そうしないと，なあなあになってしまって，経営がおかしくなってしまいます。」(松下氏)

さらに，JAとぴあ浜松における新しい職場風土づくりのために，旧JA間の人事交流を積極的に進めることにした。従来からいるJA職員のよいところを見習うだけではなく，よその職場のよいところも取り入れるようにしたのである。さらに，今はJA職員の視野を広げるために，静岡県下の各JA連合会・中央会とも人事交流を行うようにしている。

　最近は，研修の一環として，運送会社に職員を派遣するということも行っている。運送会社では事故は絶対に許されない状況で仕事をしており，JAとは違った厳しさがある。そのような仕事の取り組み方や作業のやり方を学ばせ，職員の技能向上に役立てているのである。

7．松下久前組合長のリーダーシップ

7-1．もとは県庁職員

　JAとぴあ浜松の前代表理事組合長であった松下久氏は，1930年に浜松市の農家に生まれ，大学を卒業した後，静岡県庁に就職した。そして，そのキャリアの20余年を農業協同組合検査官として過ごした。

　「静岡県下の当時100以上の農協の全部の本店だけでなく，支店にも検査のためにかなり行ったかと思います。具体的には，農協の検査および指導の他，近代化資金や公庫資金，改良資金の調査，農林漁業金融公庫の研究も行いました。検査官としては，農協ばかりではなく，森林組合も漁協も担当しました。今は仏のつもりですが，『鬼の検査官』と言われるほど厳しく取り組み，不正の摘発を数多く行いました。」（松下氏）

　静岡県は1980年代半ばまでは，他県と比べて農協の数も多く，規模が小さく，経営基盤が脆弱なものもまだまだ存在した。しかし，このような社会情勢の変化を受け，農協合併の機運が高まり，1986年の静岡県の農協大会では第二次農協合併を推進することを決めていた。松下氏が1988年に定年で県庁をやめたときに，県下の農協数は74になっていた。

　そこで，当時の静岡県農業協同組合中央会の朝比奈専務が，県庁職員でありながら農協の世界を熟知している松下氏に，中央会へ来てほしいと声をかけた。松下氏は監理役という役名で中央会の職員となり，県下の各連合会か

ら人材を集めてできた合併対策室で、合併の指針などを作り、どのように大型合併を進めていくかという業務に携わった。

その後、1990年のこと、自分の出身地を管内とする旧浜松西農協で役員改選の際に、出身地区選出の理事としてきてほしいという話を受け、専務理事に就任した。専務として1期3年務めたあと、組合長が年齢を理由に退任することになったため、その組合長職を譲り受ける形で跡を継ぐこととなり、そして、浜松地区一帯の合併に携わることになった。松下前組合長はJAを検査し批判する立場だったのに、まったく、逆の立場になってしまったのである。

7-2. 経営管理委員会の導入

JAとぴあ浜松では、よりよいトップマネジメントを目指すべく、2005年度から経営管理委員会制度を導入している。また、経営管理委員には女性も登用している。「経営管理委員は女性から2人はだすようにしています。女性部の代表などと特別の枠はあえて設けないで、地区の代表としてでてもらいたいと考えていました。もはや、女性は准組合員ではなく、正組合員であるからです。」(松下氏)

経営管理委員会制度の導入と同時に、経営管理委員会と理事会に、定年制と任期制を導入している。経営管理委員については、満年齢で改選の年の3月31日を基準として70歳以下、任期は3期以内とし、理事（学識経験者）については、同様に62歳以下、任期は原則2期とした。この理事の任期に「原則」という言葉を付けたのは、やむをえないときを想定してのことである。「役員の定年制は時代の流れ。役員が高齢化していると、若い人を統括できません。」(松下氏)

なお、松下氏はJAのトップマネジメントとしての心構えについて、「トップがいくら立派な運動論を語っても、経営が立ち行かなくなるようではダメだと思う。理想論はよい。しかし、なかなか実現させるのは難しい。みんなが取り組まないところに飛び込むべきだ。基本に返るということは、現場に返るということ、そうすると困らない」と、助言している。

そして、組合員に喜ばれる仕組みづくりにもチャレンジしなくてはならない。「利益は還元もするが、積み立てもする。その際には目的積立金にしない

とダメである。ただし、『合併○周年積立金』のような名称では、その『○周年』のときにしか使えないのでダメなので、いつでも使えるようなものにしなくてはならない。2005年に合併10周年記念大会をするが、積立金が6億円あり、これを組合員に還元したい。組合員が『合併してよかった』と思えるようにしなくてはならない。」(松下氏)

　JAとしての意思決定にはやはり組合員の理解が必要であると力説する。

　「JAの規模が大きいとその分ひずみも大きくなっていく。全体と部分を見ていかないといけないと思う。情報を開示して、みんなで協議してやっていく。組合員協議の上でやらないといけない。組合員の理解を得ないとおかしな方向に行ってしまう。」「また、形式的平等ではなくて実質的公平を実現しなくてはならない。説明するときには、納得してもらうために、データを集めるべきだと思う。あと、常勤役員が常に危機意識を持たないとだめ。1,2年後は分からない世の中なので、一つ間違えるとおかしな方向へ行ってしまう。あと、全国的にもJA間格差をなくしたいと思う。」「とにかく大事なのは組合員の理解と納得。そこをやらずに、JAが一方的にやっていくとダメです。」(以上、松下氏)

7-3. 地域への貢献

　JAとぴあ浜松では、浜松市で2004年に開催された国際園芸博覧会(花博)に単独で5億円の費用をかけてパビリオン「はなとぴあ」を出展し、一般の入場者はもとより、秋篠宮殿下ご夫妻の見学を受けるなど、全国各地のJAからも視察が数多くあり、非常に大きな注目を集めた。花博の入場者545万人のうち「はなとぴあ」への入場者は110万人であった。単独パビリオンの出展は地域で大きな信頼を受け、その効果は計り知れないものがあった。ところが、花博については、莫大な費用がかかることやその効果が本当に得られるのか分からないところもあったため、そもそもJAとぴあ浜松の経営陣は参加することには消極的であった。しかし、松下氏は「イベントは『浪費』である。『浪費』できる財務状況にあるからこそ参加する」と、組合員に説明した。その結果、組合員の強い後押しがあって、参加を決断するにいたった。

　JAとぴあ浜松のパビリオンにおける「今日の出し物」については、今までの広報対応で培ったノウハウをいかして、地元有力紙の静岡新聞と中日新

聞に無料で掲載してもらうことに成功した。この新聞告知は，新聞の一般読者に花博に行ってみたいと思わせるだけではなく，JAとぴあ浜松の組合員にも大いに喜ばれることになった。その告知記事のなかに，女性部員が半年以上かけて準備した来場者へのプレゼント（押し花）の話題など，組合員自身の成果が書かれるようになったからである。

花博のパビリオンでの会場係として，若い男女あわせて13名を雇ったが，当初，この13名に対しては会期終了までに2名は外すことを告げていた。しかし，会場係は熱心にパビリオンへの呼び込みをしたり，来場者へ非常に丁寧な対応をしたりで，緊張感を持って仕事に取り組んだので，結局脱落者をださず全員無事に勤め上げた。

「参加は決してその場の思い付きではありません。そういう意味からしても，花博はむだではなかったと言えます。」（松下氏）

7-4.「地域企業」を目指して

確かに，JAとぴあ浜松がJAの世界では大きいJAであることには間違いがない。事実，法人税申告額も19億円にも上っている。しかし，管内には，同じ地域密着型金融機関としては，浜松信用金庫（通称はましん）という，信用金庫の雄がいる。「はましん」の2003年度末の預金残高は1兆1,169億円で，単純に比較すると，JAとぴあ浜松の貯金残高の約1.4倍である。

さらに，スズキやヤマハといった国際的にも知名度のある優秀企業が本社を構えている。JAとは比較にならないほど大きい。これらの法人税申告額には1兆円を超えるものもある。その他，本田技研工業も，今は本社が東京にあるが，浜松市から誕生した企業である。

「今後は，これらの企業に負けないほど法人税を納められるJAを目指していきたいと思います。管内にある企業で5本の指，せめて10本の指に入っていけば，あそこも大したものだなと言われるようになります。このような形で地域住民から注目を集めることによって，地域住民からもJAの事業をぜひとも利用したいという思いにつながっていくのではないかと，考えています。」（松下氏）

最後に，JAの使命について，松下氏は次のように語ってくれた。

「事業には，JAがやらなければならない事業と地域のJA以外の企業でや

ればよい事業に分けることができます。地元企業とけんかしてまで，JAがやらなくてはならない事業はありません。やはり生活をかけている企業の人たちにやってもらったほうがよい事業は，JAからは引く形を取ったほうがよいのではないのでしょうか。」

　「ただし，JAはあくまでも地域密着でなくてはならないのです。そして，同じ地域密着をうたっている郵便局や銀行は，肥料や農薬を売っていないということを自覚すべきです。」

第3章　JAとぴあ浜松～地域企業を目指して～

【参考資料1：合併後の推移】　　　　　　　　　　　　　　（単位：人，百万円）

	平成7年3月	平成20年3月	増減
正組合員	26,537	24,693	－1,844
准組合員	35,676	47,040	11,364
計	62,213	71,733	9,520
経営管理委員・理事	225	51	－174
（常勤）	24	6	－18
監事	63	8	－55
（常勤）	0	1	1
計	288	59	－229
職員男子	1,148	828	－320
職員女子	605	427	－178
計	1,753	1,255	－498
臨時	181	223	42
合計	1,934	1,478	－456
貯金	650,918	875,439	224,521
貸付金	151,531	205,955	54,424
共済保有高	3,066,271	4,151,829	1,085,558
販売高	31,342	22,256	－9,086
購買供給高	23,067	17,863	－5,204
（うちJA）	17,141	10,655	－6,486
（とぴあサービス）	5,926	7,208	1,282
出資金	3,930	3,856	－74
積立金	29,217	43,117	13,900
当期剰余金	3,062	2,153	－909
固定資産	27,175	30,604	3,429

【参考資料2：合併時の機構図】

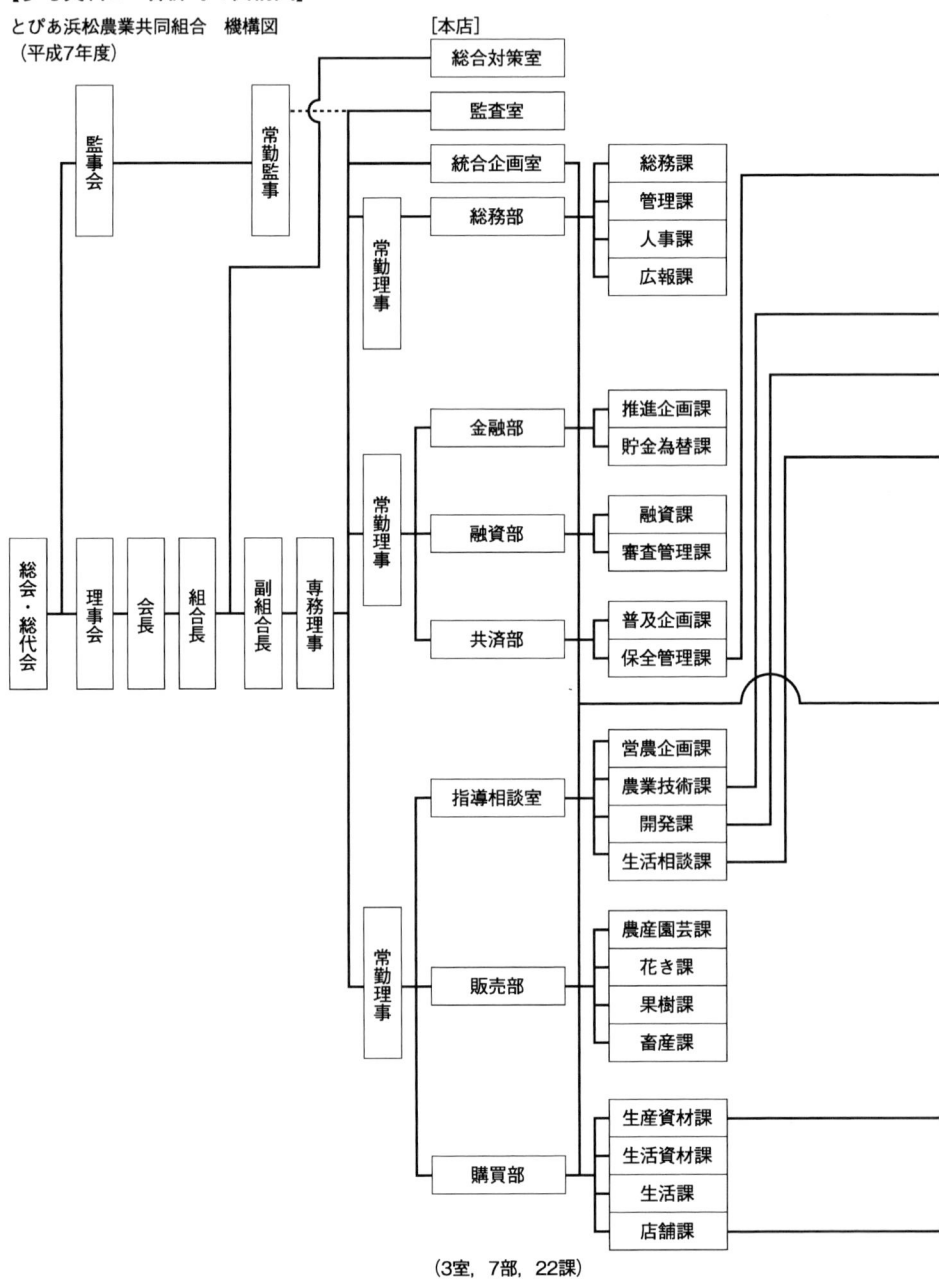

とぴあ浜松農業共同組合　機構図
（平成7年度）

［本店］

- 監事会 — 常勤監事
- 総会・総代会 — 理事会 — 会長 — 組合長 — 副組合長 — 専務理事
  - 常勤理事
    - 総合対策室
    - 監査室
    - 統合企画室
    - 総務部
      - 総務課
      - 管理課
      - 人事課
      - 広報課
  - 常勤理事
    - 金融部
      - 推進企画課
      - 貯金為替課
    - 融資部
      - 融資課
      - 審査管理課
    - 共済部
      - 普及企画課
      - 保全管理課
  - 常勤理事
    - 指導相談室
      - 営農企画課
      - 農業技術課
      - 開発課
      - 生活相談課
    - 販売部
      - 農産園芸課
      - 花き課
      - 果樹課
      - 畜産課
    - 購買部
      - 生産資材課
      - 生活資材課
      - 生活課
      - 店舗課

（3室，7部，22課）

第3章　JAとぴあ浜松〜地域企業を目指して〜

[広域センター]

- 東部自動車事故相談センター
- 西部自動車事故相談センター
- 中部自動車事故相談センター
- 北部自動車事故相談センター
- ADセンター
- 地域開発センター
- 旅行センター
- 旅行センター北部店
- 旅行センター西部店
- 南サービスステーション
- 西サービスステーション
- 三方原サービスステーション
- 庄内サービスステーション
- 都田サービスステーション
- 細江サービスステーション
- 西気賀サービスステーション
- オートパル西
- オートパル庄内
- オートパル都田
- Aコープ和地店
- Aコープ三方原店
- Aコープ中瀬店
- Aコープ赤佐店
- Aコープ鹿玉店
- Aコープ細江店
- Aコープ引佐店

（26広域センター）

[地区支店]

- 東南地区支店　管理課　営農課　信用課　購買課　共済課
  - 支店：東支店・豊西支店・笠井支店・長上支店・中ノ町支店・小池支店・市野支店・南支店・飯田支店・芳川支店・河輪支店・五島支店・白脇支店・三島支店・遠州浜支店・頭陀寺支店（16支店）

- 中央地区支店　管理課　営農課　信用課　購買課　共済課　精米工場
  - 支店：和田支店・蒲支店・曳馬支店・助信支店・積志支店・向宿支店・西ヶ崎支店・有玉支店・上西支店・篠ヶ瀬支店・早出支店・住吉支店・蜆塚支店・葵町支店（14支店）

- 西地区支店　管理課　営農課　信用課　購買課　共済課
  - 支店：可美支店・入野支店・神久呂支店・雄踏支店・篠原支店・新津支店・入野西支店・西山支店・大久保支店・山崎支店・馬郡支店・舞阪支店・小沢渡支店・志都呂支店・高塚支店・佐鳴台支店（16支店）

- 北地区支店　管理課　営農課　信用課　購買課　共済課
  - 支店：富塚支店・伊佐見支店・和地支店・佐浜支店・古人見支店・大人見支店・湖東支店・湖東団地支店・瞳ヶ丘支店・大山支店・和合支店・三方原支店・初生支店・根洗支店・吉野支店・舘山寺支店・村櫛支店・庄和支店・庄内支店・協和支店・白洲支店・平松支店・深萩支店・呉松支店（24支店）

- 浜北地区支店　管理課　営農課　信用課　購買課　共済課　生活課　緑化木センター
  - 支店：浜名支店・北浜支店・竜池支店・中瀬支店・赤佐支店・鹿玉支店・小松支店・中瀬南支店・上島支店・尾野支店・内野台支店・新原支店・北浜南支店（13支店）

- 湖西地区支店　管理課　営農課　信用課　購買課　共済課
  - 支店：新居支店・白須賀支店・鷲津支店・新所支店・知波田支店・入出支店・新所原支店・元町支店・上の原支店・柏原支店（10支店）

- 湖北地区支店　管理課　営農課　信用課　購買課　共済課
  - 支店：都田支店・滝沢支店・テクノ支店・細江支店・西気賀支店・高台支店・伊目支店・中川支店・引佐支店・奥山支店・伊平支店・鎮玉支店・渋川支店・金指支店・四村支店・川名支店（16支店）

（7地区支店，36課，2事業所）　（109支店）

【参考資料3：現在の機構図】

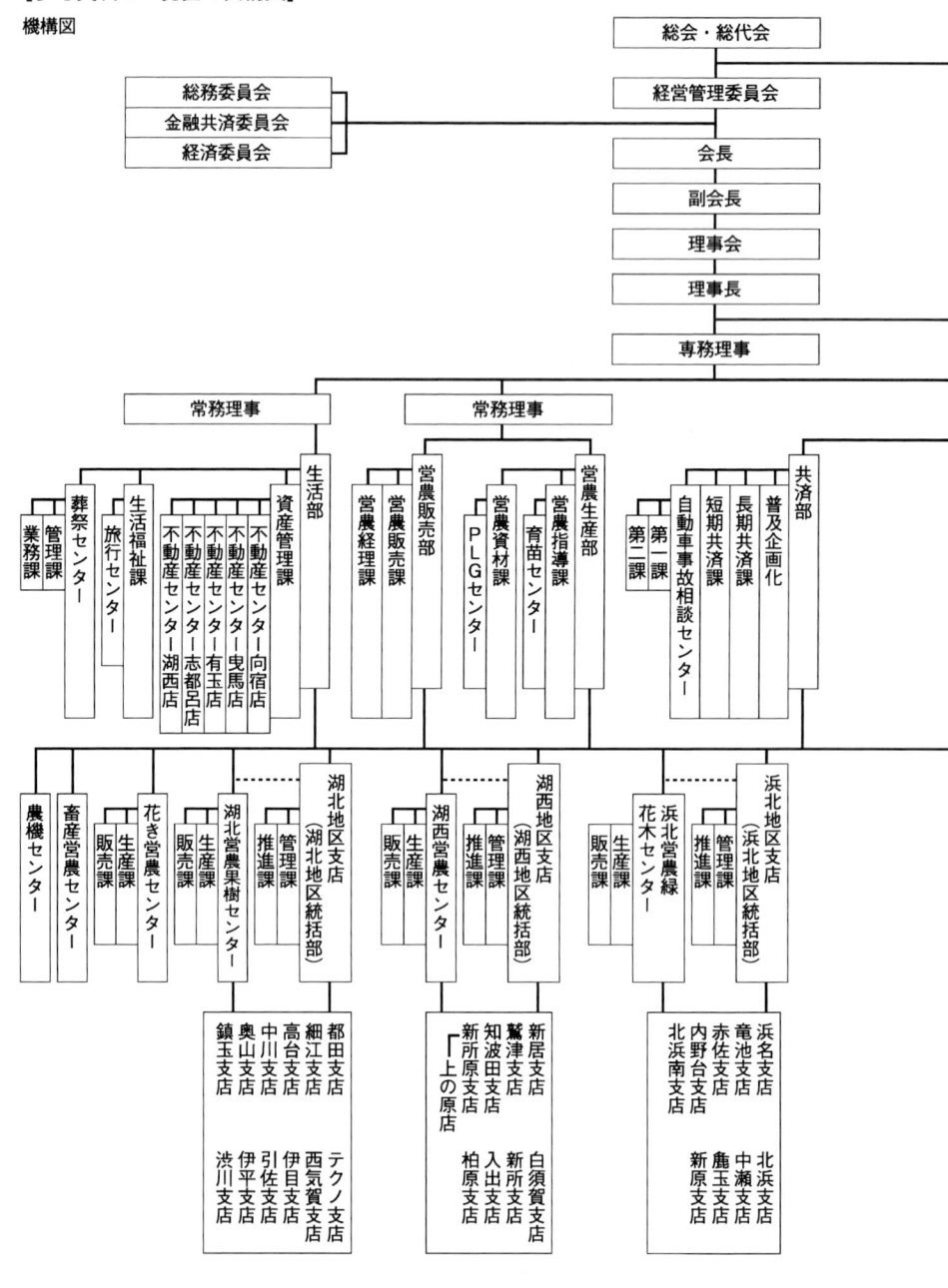

機構図

- 総会・総代会
  - 経営管理委員会
    - 総務委員会
    - 金融共済委員会
    - 経済委員会
  - 会長
  - 副会長
  - 理事会
  - 理事長
  - 専務理事
    - 常務理事
      - 生活部
        - 資産管理課
        - 不動産センター向宿店
        - 不動産センター有玉店
        - 不動産センター曳馬店
        - 不動産センター志都呂店
        - 不動産センター湖西店
        - 生活福祉課
        - 旅行センター
        - 葬祭センター
          - 管理課
          - 業務課
    - 常務理事
      - 営農販売部
        - 営農経理課
        - 営農販売課
      - 営農資材課
        - PLGセンター
      - 営農生産部
        - 育苗センター
        - 営農指導課
      - 共済部
        - 第二課
        - 第一課
        - 自動車事故相談センター
        - 短期共済課
        - 長期共済課
        - 普及企画化

- 湖北地区支店（湖北地区統括部）
  - 管理課
  - 推進課
  - 生産課
  - 販売課
  - 湖北営農果樹センター
  - 花き営農センター
  - 畜産営農センター
  - 農機センター
  - 都田支店
  - 細江支店
  - 高台支店
  - 中川支店
  - 奥山支店
  - 鎮玉支店
  - テクノ支店
  - 西気賀支店
  - 伊佐支店
  - 引佐支店
  - 伊平支店
  - 渋川支店

- 湖西地区支店（湖西地区統括部）
  - 管理課
  - 推進課
  - 生産課
  - 販売課
  - 湖西営農センター
  - 新居支店
  - 鷲津支店
  - 知波田支店
  - 新所原支店
  - 上の原店
  - 白須賀支店
  - 新所支店
  - 入出支店
  - 柏原支店

- 浜北地区支店（浜北地区統括部）
  - 管理課
  - 推進課
  - 生産課
  - 販売課
  - 浜北営農緑花木センター
  - 浜名支店
  - 竜池支店
  - 赤佐支店
  - 内野支店
  - 北浜台支店
  - 北浜南支店
  - 中瀬支店
  - 麁玉支店
  - 新原支店

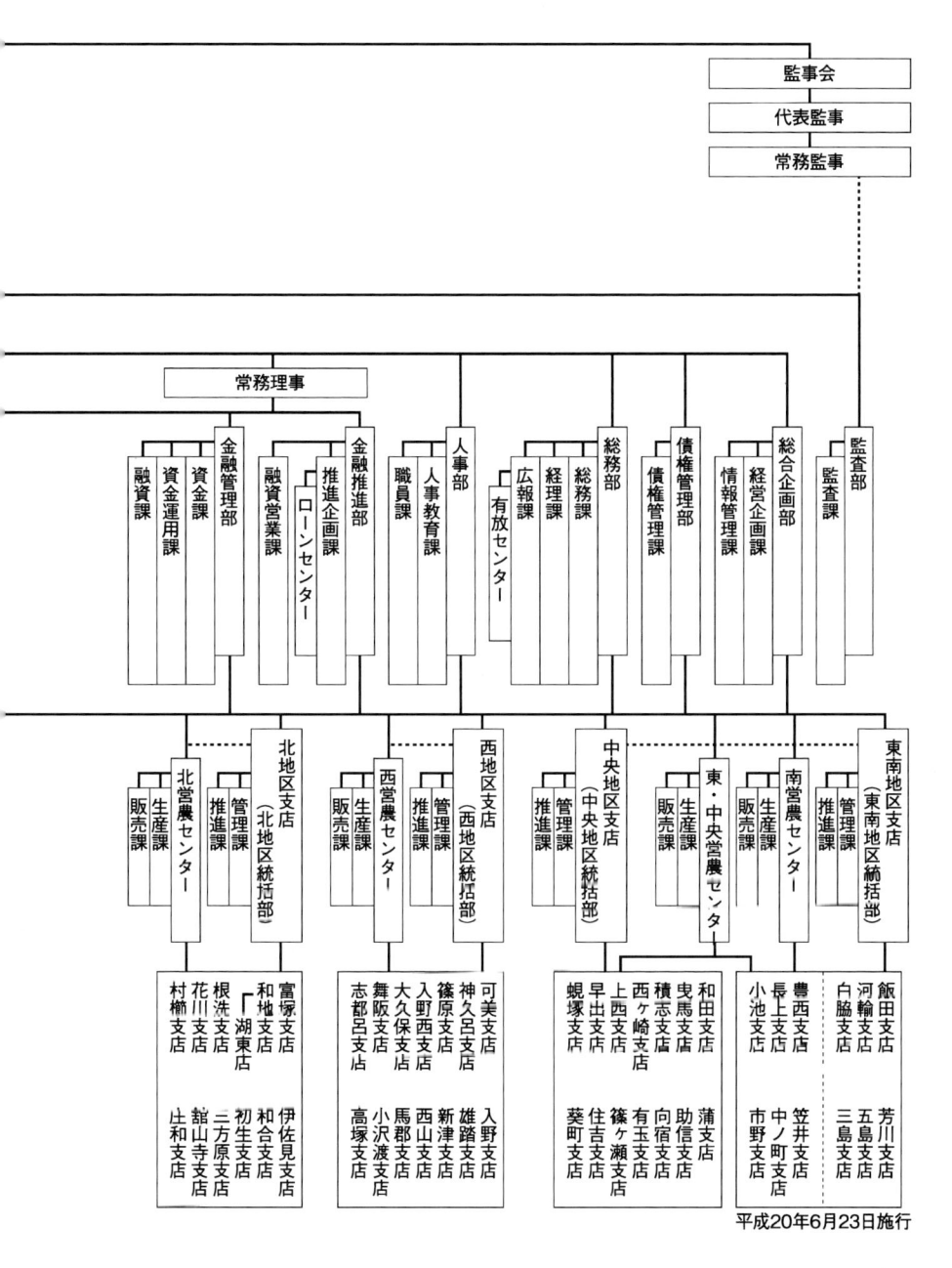

第3章　JAとぴあ浜松〜地域企業を目指して〜

監事会
代表監事
常務監事

常務理事

- 金融管理部
  - 融資課
  - 資金運用課
  - 資金課
- 融資営業課
- 推進企画課
- 金融推進部
  - ローンセンター
- 人事部
  - 職員課
  - 人事教育課
- 有放センター
- 総務部
  - 広報課
  - 経理課
  - 総務課
- 債権管理部
  - 債権管理課
- 情報管理課
- 経営企画課
- 総合企画部
- 監査部
  - 監査課

北地区支店（北地区統括部）
- 北営農センター
  - 販売課
  - 生産課
- 管理課
- 推進課

村櫛支店／花川支店／根洗支店／富塚支店／和地支店／「湖東支店」／伊佐見支店／和合支店／初生支店／三方原支店／庄内支店／舘山寺支店

西地区支店（西地区統括部）
- 西営農センター
  - 販売課
  - 生産課
- 管理課
- 推進課

志都呂支店／舞阪支店／馬郡支店／大久保支店／入野支店／篠原西支店／神久呂支店／可美支店／高塚支店／小沢渡支店／西山支店／新津支店／雄踏支店

中央地区支店（中央地区統括部）
- 管理課
- 推進課

蜆塚支店／早出支店／上西支店／西ヶ崎支店／曳馬支店／積志支店／和田支店／入野支店／有玉支店／向宿支店／助信支店／蒲支店／葵町支店／吉瀬支店

東・中央営農センター
- 販売課
- 生産課

南営農センター
- 販売課
- 生産課
- 管理課
- 推進課

小池支店／長上支店／豊西支店／篠ヶ瀬支店／住吉支店／有玉支店／市野支店／中ノ町支店／笠井支店

東南地区支店（東南地区統括部）

飯田支店／河輪支店／白脇支店／芳川支店／五島支店／三島支店

平成20年6月23日施行

第4章
JA福岡市 ～都市化進行への対応～

1. JA福岡市の概要

1-1. JA福岡市の生い立ちと都市化の進行

　JA福岡市は，人口約140万人を有する福岡市の南区，博多区の一部，中央区，城南区，早良区，西区を管内とする都市部に位置するJAである。福岡市の農協の間では，1960年代にはいってから，農協の一本化を目的として合併の準備を進めていたが，1962年10月1日に，19農協の合併により設立されたのが現在のJA福岡市である。残念ながら，現在の福岡市東区と博多区の一部を中心とした福岡市東部地区の農協が不参加となった（不参加農協同士で1963年に合併し，JA福岡市東部となる）。合併時の組合員数は，正組合員7,836人，准組合員2,497人の合計10,333人であった。1962年には，不振農協救済のために制定された農協合併助成法の影響もあり，福岡県下で153農協が合併し，31農協が設立されている。

　その後，福岡市の南部に位置する早良町が，1975年3月に福岡市に行政合併したため，当地の早良農業協同組合と1978年4月に合併した。

　2007年度の組合員数は，表4-1に示す通り，正組合員7,080人（7法人を含む），准組合員18,404人（その他団体502組織を含む）の合計25,484人となっている。合併当時に比べ，准組合員が1万6千人も飛躍的に増えており，正組合員数

表4-1 組合員数，組合員組織の概況

(単位：人)

資格区分		18年度末	19年度加入	19年度脱退	19年度末	増減
正組合員	個人	7,144	142	213	7,073	△71
	法人 農事組合法人	0	0	0	0	0
	法人 その他の法人	7	0	0	7	0
准組合員	個人	16,243	1,989	330	17,902	1,659
	農業共同組合	0	0	0	0	0
	農事組合法人	0	0	0	0	0
	その他の団体	501	4	3	502	1
計		23,895	2,135	546	25,484	1,589

の2.6倍も大きく上回っている。その背景には，福岡市の都市化が急激に進んでいくにつれ，農地が減少するとともに，JA福岡市の事業構造も営農経済事業から信用共済事業へウェイトが移ってしまったことなどがあると考えられる。

　JA福岡市の設立から45年余が経過しているが，その間に，福岡市は人口約70万人から約140万人へと約2倍になるなど，急速な都市化が進んでいる。主な福岡市の出来事を列挙してみると，表4-2に示す通りである。都市化が着実に進み，大都市としての機能を備えていく様子がうかがえる。

　しかし，都市化が進むにつれ，都市部「らしい」問題も多く生じるようになった。1978年5月から始まった異常渇水により給水制限が実に287日に及んだ。最悪時で1日5時間だけの給水となった。また，集中豪雨により博多駅周辺や天神の地下街が水没した（1999年，2003年）のである。

　一方，福岡市の農業に目を転じてみると，都市化の進行による農地の改廃が進むようになった。また，1970年より福岡市農協管内でも始まった米の生産調整により，水田面積の減少に拍車がかかった。新しい道路も建設されて，郊外から市の中心部へのアクセスは便利になったが，所によっては農地を含めた再開発を行ったところもあり，がらりと地区の様相が変化するようになった。JA福岡市では，農地の減少傾向になんとか歯止めをかけようとしており，近年は「赤とんぼの里づくり」を合い言葉に環境保全型農業に努めている。

第4章　JA福岡市〜都市化進行への対応〜

表4-2　JA福岡市における都市化の進行

年月	出来事
1963年12月	博多駅が祇園町から現在地へ移転
1972年 4月	福岡市が政令指定都市として発足 （同年10月1日現在人口約91万人）
1975年 3月	新幹線，博多駅へ乗り入れ （東京〜博多間，東海道・山陽新幹線全線開通）
1975年11月	市内路面電車廃止
1981年 7月	市営地下鉄開業
1988年11月	プロ野球球団「福岡ダイエーホークス」発足
1989年 3月	博多湾の埋め立て地にてアジア太平洋博覧会開催
1993年 4月	福岡ドーム開場
1994年 9月	プロサッカーチーム「福岡ブルックス（現アビスパ福岡）」発足
1995年 8月	ユニバーシアード福岡大会開催
1996年 4月	複合商業施設「キャナルシティ博多」開場
1999年 6月	劇場「博多座」開場
2001年10月	福岡都市高速1号線全線開通（一部開業は1980年）

1-2．JA福岡市の経営現況

　JA福岡市の経営実績は，表4-3に示す通りである。2007年度の貯金高は2,499億円で，長期共済高は8,131億円となっており，信用・共済事業は順調に伸びている。これに対して，経済事業は購買品供給高が28億円で，販売品取扱高が34.7億円となっており，苦しい状況にある。

　福岡市の都市化が進行するにつれ，信用・共済事業のウェイトが大きくなる反面，営農経済事業は低迷の状況にあることが，表4-3によく表れている。つまり，JA福岡市は，都市型JAの典型的な特徴をみせている。とりわけ，信用事業においては長期共済高が8千億を越えており，貯貸率も常に65％前後（全国平均の2倍以上）をみせているなど，しっかりした経営が行われていることがうかがえる。ところが，今後は農業協同組合としてのアイデンティティを維持・発展していかなければならず，そのためには，低迷を続けて

表4-3　JA福岡市の事業成績の推移

(単位：百万円)

種類	16年度(2004)	17年度(2005)	18年度(2006)	19年度(2007)
貯金残高	224,032	233,224	241,965	249,979
貸出金残高	145,164	150,431	157,546	168,520
長期共済保有高	796,795	808,837	813,699	813,112
購買品供給高	3,416	3,316	3,106	2,800
販売品取扱高	3,338	3,342	3,378	3,469
経常利益	883	1,236	1,199	790
当期剰余金	477	593	826	639

いる営農経済事業をいかにして活性化するかが，JA福岡市の最大の経営課題といえるだろう。（参考資料1：財務・事業成績の推移）

2. JA福岡市における「都市化進行」への対応

2-1．青年部・女性部の活性化

　このように都市化が急速に進行した福岡市にあって，JA福岡市の事業も環境変化に応じて変わってきたといえる。ただし，ここで極めて重要なのは，決して「農」のつく事業をおろそかにしなかったことである。

　青年部では，地域住民への農業の理解促進のために，1994年より，小学校に水稲観察用ポット苗を配布したり，学童の稲作の指導を行ったりするなど，次世代を担う子どもたちに農業に親しんでもらう活動に励んでいる。また，中村学園大学・精華女子短期大学・福岡女学院大学といった栄養学や調理学など，食に関する学問を学び，将来は食に関する職業に就く学生や，家庭で食卓の担い手となる学生（言い換えれば，農産物を確実に自らの手で購入する「顧客」となる学生）にも，稲作を体験してもらうなどしている。

　女性部も，本店指導型の画一的な活動から支店活動を中心とした組織運営に改めて，地域の特色をだすようにしており，「女性のつどい」というさら

に身近な活動へと変化している。とりわけ，女性に関してはJAへの組合員加入を推進しているところで，2007年度末で，女性の比率は，正組合員30.6％，准組合員の36.0％，組合員合計で34.5％と非常に高率を示している。これからも特に女性層を対象として，組合員化を積極的に進めていくつもりである。ちなみに，女性総代は2008年度で71人となっており，総代の定数が600名であるので，約12％に相当する。

　さらに，青年部と女性部からのJA運営への参加を進め，1989年5月の通常総代会で，青年部代表と婦人部（当時）代表がそれぞれ理事に選任され，現在，女性部の理事は2人へ増員されるにいたっている。

2-2. 資産管理事業への取り組み

　そもそも資産管理部会は，貸家収入のある組合員の税に関する知識向上を目的として，いくつかの地区レベルで結成されていた。これに対応して，農協側も機構改革を行い，1972年には顧問弁護士や建築士，税理士などをそろえた「広報相談課」を設置し，組合員が相談できる体制を作った。この相談体制の構築により，資産管理部会づくりが本格化した。そして，1982年には，これまでの地区ごとの部会が統一した組織を構成する形で，今の資産管理部会が結成された。

　このように，JA福岡市では，組合員の求めるニーズが「農業そのものから資産管理へ」と変わってくるのを目のあたりにして，なんとか組合員のニーズに応えるべく，資産管理事業に全力を挙げて取り組んできた。川口前専務や岩子前常務，そして今の渡邉専務も当時の資産管理事業に取り組んだ経験を持っている。「当時から渡邉常務（当時）は新しいもの好き，岩子常務（当時）は論理的でした。このような仲間に助けられ，仕事をすることができました」と，川口氏は語る。

　資産管理事業への取り組みにあたっては，最初はただ単に組合員の相談に応え，組合員に安心してもらおうというスタンスで始められた。ところが，組合員の相談に応えるうちに，だんだんと組合員の財産を守るという意識が生まれてくるようになり，ますます真剣に取り組むようになった。そして，職員のレベルもこれにあわせて向上し，相続や贈与などといった相談にも十分に対応できるまで成長するようになった。

「今から振り返ってみると，その頃は組合員の考えが割と一つにまとまっていました。そのときはやはり，組合員も変わっていくから農協も変わっていくべきではないかという組合員の声もありましたね。一つの組織ではなくて，自主的な形で運営していくのを前提としながら，新しい取り組みにみんなでチャレンジするようになったということです。」（川口氏）

2-3. 金融事業の改革 〜貯貸率を37%から66%へ改善〜

　川口前専務が，金融部門の職員教育を担当していた1983年のことである。ある取引先の常務さんから『あんたのとこの窓口業務は，どげんなっとうとね？（注：福岡弁で，どのようになっているのか，の意）』と言われ，あわてて見回りに行ったら支店の窓口の対応がまるでだめなことに初めて気がついた。支店にお客さんが来ても挨拶しない。基本からして，窓口業務ができていなかったのである。

　「そこで，私ともう1人の係長と担当の信連職員たちで4人程度のチームを作りまして，ウチの職員をチェックすることにしました。1泊2日で窓口研修を行い，仮の窓口をつくって，ロールプレイイングをし，これをビデオに撮って，実際にどんな対応をやっているのか本人に見せたのです。ちょうど，ソニーのしかもまだβ方式のビデオカメラが普及してきた頃でこれを使いました。これを見せることで，愕然とさせ，お客様の顔をちゃんとみているか，『いらっしゃいませ』とちゃんと言えるかといった基本的な事項から，一気に改善させました。その翌日には，ちらしやパンフレットを使った金融商品ごとの説明の練習を改めてさせました。全支店回るのは，結局半年かかりました。」（川口氏）

　結果としては，窓口を担う職員，特に女性職員に仕事への問題意識を植え付けることになり，これによってさらなる女性職員の活躍の場を提供することとなった。

　1990年代に入ってからは，収益構造の安定化の視点から，JA福岡市では融資をさらに伸ばすことを目指すようになった。そもそも，福岡市の都市化が進むにつれて，組合員が資産管理の一環として建てる農外事業施設のための資金需要があったので，合併時の1962年度末には貯貸率は65.1%，1973年度末には，70%を超える水準となった。しかし，その後は貯金の伸びに貸

しだしが追いつかなくなり，貯貸率が50％を超えられない状況が続いていたからである。

　目標を設定するにあたり，組合員の資金需要が銀行に流れているのではないかという仮説を立てた。そして，まずは目標を貯貸率50％とした。これと同時に，人材育成に力を入れた。JAが持っている金融商品をお客さんに説明できる人材の育成が必要であった。また，よその銀行がどんな商品を持っているかをちゃんと把握するようにした。福岡銀行や西日本銀行にある商品がないのであれば，JA福岡市はダメなのである。金利の5年固定，10年固定のものは他の金融機関に負けぬ自慢の商品を開発し，組合員の求めに応じて提供していった。もちろん金利リスクは負わなくてはならない。

　さらに，職員を信連に1年出向させて，企業関係の審査の勉強をしてもらい，融資担当者のレベルをあげるよう努めた。このような取り組みを積み重ねることによって，自ら本店支店一体で融資をのばさなくてはならないという考え方が醸成されていった。実は，出向による研修は，当初は地元のトップシェアの金融機関であり，当然ながらJA福岡市の「ライバル」である福岡銀行に打診して，内々に「いいよ」という話があった。福岡銀行は，県庁からも中小企業担当者の養成のために職員を受け入れていた実績があったのである。しかし，最終的には系統のつながりもあって，出向先は信連となった。

　現在まで十数名を信連へ派遣したが，やはりわずか1年で，仕事に対する見る目が変わるという。信連派遣から帰任後は，まず本店に配置し，次に支店に配置するというようにして，ノウハウの波及をねらう。現在では，大口融資については本店と支店の融資担当者でペアを組んで推進を行い，融資担当者同士で，お互いにレベルアップを図るといった相乗効果がでてきているという。

2-4．年金共済の推進と「年金友の会」の誕生

　共済事業については，昭和の終わり頃までは長期共済ばかりであった。年金共済はあまりなかったのである。しかし，年金共済の方が将来的に組合員に喜ばれるのではないかという思いから，年金共済を重点的に推進するようになった。その結果，年金として受給が開始された今は，組合員に大変喜ばれている。1989年度は契約額5億2,409万円に達しており，1990年度は5

億1,562万円で，2年連続日本一になった。3年目は日本一を逃したが，5億2,719万円の実績となった。1988年までの7年間の契約額が，6億6,112万円だったことから，この実績水準の高さが理解できよう。

　川口氏は「実際の現場では，組合員は共済の推進で農協がまた来たな，という感じでした。そこで，重点を別の商品にしたのです。生命共済では死んだりケガしたりしないと，共済金がおりないのですが，年金共済は長生きすると共済金がでるという非常にイメージのよい商品なので，推進もしやすいのです」と語る。さらに，年金共済を推進するようになって，高年齢層のニーズに目を向けると，今まで思いつかなかったことが分かるようになった。そして，高齢者向けのサービスを自然に強化していくようになったのである。

　「同時に貯金も伸びてきました。年金振込みの推進にあたっては，信連がかなり頑張って力を入れてくれました。年金友の会（1981年管内全地区で発足）の組織化は，信連主導でした。しかし，全国に先駆けた取り組みでした。喜寿，米寿，白寿などの会員に対しては，お祝いの座布団などの品物を進呈するようにしています。特に白寿である99歳の会員には，組合長直々にお祝いの品を届けるようにしています。銀行では，こういうサービスはできないでしょう。支店を基盤とした組合員組織を持っていることが，年金友の会の取り組みにも大いに役に立つのです。うちのJAの場合，支店ごとに組織を作って，ゲートボール，旅行などの行事を年間通してやっていました。」（川口氏）（参考資料2：「年金友の会」会員数の推移，参考資料3：「年金友の会」白寿・喜寿・米寿のお祝い状況）

　しかしながら，岩子前常務は自戒の念を込めて次のように語っている。

　「郵便局や銀行も，利用者の組織化を始めてきました。当時は社会全体が変わってきているのを強く感じていました。組合員組織は設立時の約40年前に作ったものもあったので，当時できたばかりの福祉活動の組合員組織も含めて，川口前専務の陣頭指揮により，組織の見直しのプロジェクトを必死の思いでやっていました。」

3. JA福岡市における「組織改革」

3-1. 目標管理制度の導入

　金融の自由化と前後して，JA福岡市においてもJA金融の見直しの気運が高まっていた。まず，1991年から1996年までにかけて，葛西利充氏（協同セミナー講師）からコンサル指導を受けながら，渉外担当者の目標管理を見直し，丼勘定から支店ごとへの収益管理（支店業績評価制）へと変えてきた。現在では，金融部門においては，年度ごとに「推進要領」を決定しており，職員の目標意識の高揚を図りながら，月次目標管理の徹底を行い，目標達成に努めている。

　ここでいう支店業績評価制とは，支店ごとの事業量目標と収益目標を基準に評価を行い，報奨金を授与するというものである。職員個人に対する報奨金制度から支店ごとの報奨金制度に改め，チームプレーを推奨したことになる。なお，報奨金の分配は支店長にまかされる。そのため，四半期ごとの決算を行う。支店ごと，四半期ごとの決算書を作るのは大変であるが，客観的な基準で分析と評価を行うことになり，透明性が増すようになった。支店の業績評価は，支店運営委員会（注：組合員が参画している）まで報告している。

　しかし，すべての支店がうまくいっているわけではない。ジレンマを抱える支店への対応にはいろいろと悩んでいる。岩子氏は「とある住宅地にある支店は，業績は上向いているが全体では赤字です。やはり，事業としての積み上げ・ストックがないからというのが分析の結果です。でも10年，20年先はよくなる可能性もあるので，かなり悩んだ末に，支店を廃止せず事業を改善するほかありませんでした」と，語っている。（参考資料4：平成15年度　信用・共済事業方針，参考資料5：支店業績評価）

3-2. 集団指導体制の構築と役員定年制の導入

　JA福岡市では，トップマネジメントの改革を積極的に進めてきている。まず1999年には，学識経験理事（専務理事）を登用するとともに，副組合長制を廃止した。さらに，2002年度には，参事制を廃止し，常勤理事を企画管理，金融，営農生活の3分野担当制とした。あわせて，組合長，専務，

常務3名の計5名からなる常勤理事会を作り，理事会からの権限委譲を受け，意思決定の迅速化を図ることとした。

これらトップマネジメントの改革は，「集団指導体制を作っているJAの方が伸びる。誰か1人いなくなっても，JAがダメになる可能性が低くなる」という川口氏の強い思いから行われたのである。川口前専務のリーダーシップのもと，共に事業に取り組む常務理事3人の集団指導体制は，チームワークが存分に発揮される仕組みとなった。

岩子氏は，「川口氏については，『たいがいにしときなさい！』（注：福岡弁で，いい加減にしなさい，の意），と思うこともあるのですよ。川口氏の考えている夢を実現しようとすると，周りが大変なこともあります。でも，なぜその夢にみんな取り組むのかというと，周りのみんなが組合員のためにはそれでいいのだな，と納得するからなのです」と，語っている。（参考資料6：経営組織機構図）

なお，JA福岡市では，学識経験役員（専務理事・常務理事・常勤監事）については，任期は2期を限度とし，任期満了時63歳を超えてはならないという役員定年制を導入することにした。学識経験理事は長くなればなるほど，組織代表の組合長を置き去りにして，結局は学識経験理事主導のJA経営になるというおそれがあり，だからこそ，強制的な交代をやっていかなくてはならないと判断したからである。ただし，常勤理事への若手の抜擢がやりにくいという指摘もあり，今になってはもっと緩やかな制度でもよかったかもしれないという声もでている。

ところが，川口氏は「そもそも1999年の学識経験理事の導入時には，学識経験理事支配になるのではないかという組織代表の声がありました。あわせて，経営管理委員会制度も検討し，農水省やJA全中からも意見を求めました」と，語っている。そして，結局は「組合長が常勤理事を監視する」現体制のほうがよいということで，議論は終息した。川口氏は「当時としては，誰が常勤理事になってもJAの舵取りができ，将来もJAが永続的に成長できる体制づくりを導入することが何よりも重要だった」と，強調した。

その後，学識経験役員の任期は専務2期以内，常務2期以内，監事2期以内とすることに，また年齢制限については就任の日の属する年の4月1日現

在において満年齢が63歳未満とすることに，それぞれ改訂された。すなわち，現在は常務を2期務めたあと，専務を2期務めることも可能になっている。

3-3．女性の登用

　JA福岡市では，女性の総代や女性理事の選任については積極的な姿勢をとっている。女性職員の登用については，先の窓口業務の改善が契機となっている。窓口業務の改善を行うにあたって，女性の窓口主任制度を導入したのである。係長でもないし一般職でもない，その中間のような存在として，まずは支店の女性リーダーを育てていった。そうした彼女たちが自主的に接遇の改善を行うための全支店統一のマニュアルを作りあげた。また，それだけでは飽きたらず，日頃感じていたことを記した手書きのマニュアルまで作るようになったのである。

　このようなことから，自然と女性管理職が誕生するようになった。現在は，女性支店長が3人になっており，3人ともやはり窓口主任からスタートしている。岩子氏は「男性職員と違って，仕事がきっちりと細やかである印象があり，非常に評判もよいですし，その仕事ぶりは怖いくらいです」と，苦笑する。

4．川口正利前代表理事専務のリーダーシップ

4-1．多様な職務経歴

　川口氏は，福岡市近郊の宗像郡福間町出身である。地元の農業協同組合に勤めていた父の影響もあり，高校卒業後は，現在のJA経営マスターコースの前身である協同組合短期大学に入学した。実際に現場にでかけて農業および農協の調査を行ったことは今でも忘れることができない思い出だという。相模原の農村調査を行い，今後の養豚をどうするかというテーマに挑み，調査先の農家組合員の前で発表したのである。この在学中2年間で農業協同組合に関する考え方の基本が養われた。もちろん，友人にも恵まれ，全国各地のJA中央会，事業連の県本部に，友人も多かった。

　1966年に卒業後，福岡市農業協同組合へ就職する。もちろん，故郷の農業協同組合に就職するという選択肢もあったが，やはり，父が在職している

こともあり，あえてそうはしなかった。当時の福岡市農協の参事が，信連から転籍した人で福間町出身であるというのも，決め手となった。

最初は，福岡空港近くの堅粕(かたかす)支店に2年間配属となり，窓口業務などを行いながら，とりわけ堅粕の同世代とよくディスカッションを行った。価値観も共有できる同じ世代とのふれあいのなかで，組合員のことがよく分かるようになってきた。その後，本店生産部園芸課で，販売事業の精算事務を1年間行う。そして，広報部に入り，不定期発刊の『農協だより』の月刊化に携わった。

その後，労組専従を1年間経験した。県内の各農協の職員と交流するという得がたい経験を積んだ。当時は，高度経済成長期であり，交渉のたびに，またストを打つたびに，賃金もどんどん上がっていったという。

再び，1974年に堅粕支店に戻って，今度は金融係長を命ぜられる。その後，本店渉外の統括係として6年間は，職員教育に力を入れた。1986年10月からは堅粕支店長として1年半勤務した。そして，1988年には本店推進課長となり，堅粕支店と本店とを行ったり来たりした。1994年に企画管理部長。その後，融資相談部長（副参事兼務），参事を経て，2002年に，代表理事専務に就任することになったのである。

4-2. 情報とネットワークの重要性を体得する

川口氏は，若い頃の仕事のなかで一番思い出深いことは，1969年に『農協だより』の月刊化を始めたことであるという。入組して5年目のことだったが，本店勤務になり，いままでには不定期発行で新聞形式だったものを，雑誌形式にして毎月の発行に改めたのである。よい意味で各方面からプレッシャーを受けていたし，組合員の声をよく聞いて，ものを見る目を養うことができた。何よりも情報とネットワークの重要性に目覚めたことは将来への大きな財産となった。

そして，広報誌担当になって3年目の1972年には，福岡市農協の『農協だより』が全中主催の系統機関紙コンクールで優秀賞を受けることになった。川口氏にとっては，非常に励みとなった。福岡市農協としても1962年に合併して，初めての全国規模の賞であったので，同郷の参事が喜んでくれて，ごちそうしてもらったのも楽しい思い出となっている。

その後，その経験は金融係長として戻った堅粕支店で，『ほっとらいん』という名称の「支店だより」の発行につながっていく。「支店だより」は，当時は全支店のなかで堅粕支店だけの試みであった。組合員に喜ばれたのは，慶弔関係の記事であった。組合員にとっては，誰かが入学するとか，子どもが生まれた，お年寄りが亡くなられたとかの情報が極めて重要であることを知るようになった。

30代の頃（昭和50年代），貯蓄共済課に赴任したときは，JA福岡市では福岡市内の金融機関に対する発言力を考え，貯金量1,000億円を達成することを重要な目標として設定した。実際に，川口氏はこの金額を目標として事業に取り組み，1985年にその目標を達成してみせる。キャンペーンを張るときに，企画会社と提携してロゴを作ったりするなどの工夫をし，組合員組織をあげて取り組んだことが功を奏したのである。

4-3．金融部門の競争力強化と人材育成

川口氏は，金融部門の経験に基づき，人材育成の重要性について次のように語っている。「結局，窓口業務の改善が特にそうなのですが，ちゃんと笑顔でお客さんに『いらっしゃいませ』と言うことで，支店の雰囲気はがらりと変わっていき，親しみの持てるJAになっていくのです。このことの積み重ねで，どれだけ積立貯金を推進できるか，共済を推進できるかなどということが，違ってくるはずです。」

「融資やローンについても，従来はお客さんである組合員さんから話があって，初めて対応するものであると思い込んでおり，進んでやろうという観点がありませんでした。しかし，職員の信連への出向を契機にして，審査や経営分析，債権回収などの勉強会を職員同士で行うようになり，JAの体質を改善することができました。融資案件も増え，岡山にある信用金庫の事例を参考として，不動産鑑定士の手法を使った担保評価制度を導入したりしました。」

「やはり職員教育は重要だと思います。現場でどのように鍛えるかということを基本として，『予算がないから研修はダメだ』とは，決して言ってはならないと思います。」（以上，川口氏）

4-4. 役員体制の改革　～精神論だけではダメ～

　川口氏は，役員体制の改革については「やはり，毎週火曜日に常勤理事会を行うので，月に1回の理事会から権限委譲を受けたものについては意思決定が早くなりました。特に融資案件ではこのメリットは大きいところです」と，語っている。

　さらに，役員としての心構えとしては「上に立つ者は，精神論だけ言っているようではダメで，目標となる数字を提示しないと職員は動きません。この積み重ねで，今日があるのです。こうして，職場風土がよくなっていると思います」と，熱い思いを語ってくれた。

4-5. 異業種交流への取り組み

　また，川口氏は「系統だけの考え方では視野が狭くなる」という問題意識を抱いていた。そして，1985年には，福岡市農協との取引のある企業160社を会員とし，「共栄会」を発足させた。異業種との意見交換を通して，視野を広げるとともに一体感も醸成することによって，JA職員の意識改革を試みたのである。一般企業とのお付き合いにおいては，役員のみならず，職員にも幅広く機会を与えることにし，組織全体の意識改革にもつながるように努めたという。

　「共栄会」には，青果卸や建築業，法律事務所，文房具卸など，様々な業種の企業が参加しており，現在は約230社で構成されている。地元企業や「共栄会」メンバーから講師を招待してセミナーを行ったり，交歓会やイベントを行ったりするなど，今でも活発に活動している。

5. 地域に根ざした協同組合を目指して

5-1.「農」というアイデンティティをいかに守るべきか

　JA福岡市の設立から5年目に入組し，JA福岡市の事業変化を目のあたりにしてきた川口氏は，今までのキャリアを振り返って次のように語る。

　「全体的にみると，大きな失敗をして，ああしたらよかったと思えるよう

なことは，そんなにはないような気もします。あんまり派手な事業展開もせず，着実に一歩一歩やってきた感じです。」

「ただし，自分のキャリアを振り返ると経済事業はほとんどやってきていないので，専務の立場になって取り組まざるをえないという状況でした。販売事業については，市場出荷を基本としていますが，別の販路で拡大できないか考えていました。特命係長を任命して，ホテルへの売り込みなど，新しいルートの可能性を探りました。そんななか，（福岡ドームと隣接する）シーホークホテルの料理長が，ホテルの屋上から見える地域で生産される畑の野菜を使って料理をしたいと考えていることが分かりました。まさしく，我がJAの管内でした。実現するには，色々障害はあるかもしれませんが，地産地消を含めて新しい発想で取り組んでいきたいと思い，大胆にチャレンジしました。」

岩子氏も次のように付け加えてくれた。

「約30人と，結構，営農指導員もいたので，それだけの販売高をあげたいと思っていました。当時2002年度の販売実績は約32億円ありましたが，残念ながら，最盛期の半分の水準でした。農地の転用のほか，米の生産調整，海外産農産物の輸入の影響も大きかったので，状況としては依然として厳しかったです。」

事実，管内の米生産量にしても，福岡市民の消費量の1ヶ月分にも満たなかった。しかし，JA福岡市では昭和50年代後半より，次第に安全・安心な米を消費者に届けるためのものとして，全国に先駆けて米の減農薬栽培に取り組んできている。地元生協のグリーンコープと提携して，「赤とんぼ米」というブランドで販売先を確保，現在では無農薬栽培も拡大し，JA全体の出荷量の半分を占めるようになった。この取り組みは組合員である稲作農家がまさに崇高なる理念を実現するために，地道に活動を継続してきたものが実を結んだものであり，現在の環境保全型農業の推進という時代とマッチしており，換言すれば時代が当JAの取り組みに追いついてきたといえるのである。

川口氏は別の観点での重要性も指摘する。

「需要する側の要望で，例えばカット野菜が欲しいということとなれば，そのような加工体制を従来ある生産部会を基盤として作り，これによりさら

なる雇用がうまれ，農家所得が増え，ひいてはJA自身の大きな基盤となっていくのではないでしょうか。」

つまり，都市部にあるJAであるが，「農業協同組合」と名乗っている以上，「農」を捨てるのは断固として反対なのである。(参考資料7：活力ある農業・活力ある地域づくりに取り組みます)

5-2. 総合3ヶ年計画への取り組み

このような川口氏の農業への熱い思いもあって，JA福岡市では，図4-1に示すように，2001年度から総合3ヶ年計画を体系化し，役職員が一丸となって積極的に推進している。

図4-1に示されているように，JA福岡市では，地域をはじめ，組合員および職員に対して，将来へのビジョンを具体的に示している。地域に対しては，「人と自然を大切にした事業活動を目指す」というビジョンを提示しており，組合員に対しては「JAのなかで県下一の事業還元ができる」ことを明確にしている。職員に対しては「JAのなかで県下一の労働生産性と賃金水準」を目指すべきビジョンとしている。

そして，これらのビジョンを達成するための総合3ヶ年計画として，基本方針と基本目標，実行方策を明確に定めていることが分かる。とりわけ，実行方策として，①活力ある地域農業の創造，②地域との共生・組織の再構築，③事業基盤の強化，④経営基盤の強化など，四つの項目を取り上げている。大都市にありながらも，JAのアイデンティティとしての「農業」をなんとしても守っていこうとする強い意志が表れているものと考えられる。

5-3. JAのあるべき姿

川口氏は，若い世代への取り組みの重要性についても熱く語っている。

「若い人をJAへどんどん取り込んでいくことが大切です。例えば，貯金を例に取ってみると貯金量の半分は60歳以上の人の名義で占められています。この組合員が仮に死んで，子どもの代に相続するとき，貯金はJAに預けたままとなるでしょうか。むしろ，分散してJA以外の金融機関に流れる可能性が高いのではないのでしょうか。これは非常に恐ろしい話です。だからこそ若い人を引きつける取り組みが重要なのです。」

第4章　JA福岡市〜都市化進行への対応〜

図 4-1　総合3ヶ年計画の体系

総合3ヶ年計画の体系
（2001年度〜2003年度）

【経営理念】

私たちは人と自然とのかかわりを大切にし，地域に愛されるJA福岡市を目指します。

　　　　　　　　　　　ビジョン

地域に対して　　：JAの事業は人・自然を大切にした活動である
組合員に対して：JAの中で県下一の事業還元ができる
職員に対して　　：JAの中で県下一の労働生産性・賃金水準である

《総合3ヶ年計画》

【基本方針】

活力ある農業・活力ある地域づくりに取り組みます。

【基本目標】

1. 消費者から求められる安全・安心な食料を提供できる都市型農業を目指します。
2. 世代を超えた人々が活き活きと参画できるJAを目指します。
3. 信頼・健全・透明な経営をさらに充実し社会的責任が果たせるJAを目指します。

【実行方策】

1. 活力ある地域農業の創造
2. 地域との共生・組織の再構築
3. 事業基盤の強化
4. 経営基盤の強化

また，岩子氏も次のように語ってくれた。

「農業協同組合という組織を，組合員がそして職員が大事にすることが重要ではないでしょうか。今は，組合員が黙ってJAについてくるわけではないでしょう。昔からやっているように，JAは組合員の声を聞いていくようにしていけばよいのではないかと思いますが，だんだん，聞きにくい状況になってきています。だからこそ，この声を聞く仕組みを作っていかなければならないと思います。」

かつては，JAの職員が黙っていても組合員の声が聞こえてきた。しかし，今は状況が変わった。窓口や訪問だけではなく，組合員とのふれあう場をJAが積極的に作っていかなくてはならない時代になってきたのであろう。

川口氏は将来のJAのあり方について，次のように述べている。

「（大切なことは）地域のなかでJAが認知を得られるかということではないのでしょうか。福岡市の人口140万弱のうち，10万の人が窓口にくる。これが20万になっていくということで，地域のなかでの認知度が上がっていく。そうなってくると，JAが農業振興と消費者とのパイプ役になっていくということで，さらに大きな展開になっていくのではないか。加えて，組合員の意思反映の場をどのように作っていくかが，重要であると思います。」

「環境変化に機敏に対応してほしい。JAグループの情報だけで判断することはダメです。地場企業なりの情報もちゃんといれて自分の特色をいかすJAづくりをすべきではないでしょうか。組合員の目線で考え，行動することが重要です。組合員を見下ろしたら絶対ダメです。」

2002年11月に行った設立40周年のイベント「はかたん村の収穫祭アグリドリーム2002」は，福岡ドームで開催し，JA福岡市の各支店，青年部，女性部，フレッシュミズ，生産部会にとどまらず，近隣のJAや漁協などからも模擬店などのコーナーを出店してもらい，組合員のみならず，多くの市民（約32,000人入場）を集め，大いににぎわった。地域に根ざしたJAをアピールする場として十分な機能を発揮できただけでなく，JA福岡市が地域社会からその存在意義を認められていることが確認できた場でもあったといえる。

【参考資料1:財務・事業成績の推移】

(1) 財務の推移
(単位:千円)

区分	16年度	17年度	18年度	19年度
事業利益	739,514	1,141,805	1,099,400	689,437
経常利益	882,742	1,235,755	1,199,227	789,656
当期剰余金	477,533	593,023	826,220	639,104
総資産	255,017,707	265,414,739	277,934,296	285,409,406
純資産	21,249,531	21,979,265	23,430,783	24,232,533

(2) 事業成績の推移
①信用事業 (ア) 貯金,預金,貸出金および有価証券の概要 (単位:千円)

区分		16年度	17年度	18年度	19年度
貯金		224,032,088	233,224,923	241,965,330	249,979,161
預金		78,945,983	81,531,331	86,626,652	82,278,457
貸出金		145,164,003	150,431,803	157,545,824	168,520,012
有価証券		13,633,655	16,088,790	16,333,390	16,995,158
	国債	1,834,779	3,883,645	4,076,344	4,285,140
	その他	11,798,875	12,205,144	12,257,046	12,710,017
内国為替取扱高	仕向	57,487,709	71,290,859	58,626,377	66,497,894
	被仕向	83,334,600	89,676,258	84,958,076	84,622,848

(イ) 有価証券の内訳 (単位:千円)

種類	16年度	17年度	18年度	19年度
国債	1,834,779	3,883,645	4,076,344	4,285,140
地方債	1,223,119	1,607,305	1,793,972	2,009,507
政府保証金	602,591	998,290	1,288,957	1,443,827
金融債	1,412,469	1,800,000	1,993,397	2,202,337
社債	8,273,215	7,497,602	6,885,471	6,873,891
株式	287,481	301,945	295,249	180,455
受益証券	0	0	0	0
合計	13,633,655	16,088,790	16,333,390	16,995,158

② 共済事業　（ア）長期共済保有高

(単位：万円)

種類			16年度	17年度	18年度	19年度
生命総合共済	終身共済		18,263,200	18,338,144	18,104,512	18,101,920
	定期生命共済		10,410	8,410	8,060	9,340
	養老生命共済		14,949,216	14,191,403	13,278,187	12,290,989
		こども共済	1,923,652	1,951,745	1,968,735	1,975,105
	がん共済		81,850	103,250	124,100	130,900
	定期医療共済		23,470	34,000	93,730	142,800
	医療共済		25,230	88,235	320,660	446,630
	年金共済	年金開始前	533,855	561,208	578,503	587,204
		年金開始後	296,215	287,430	282,274	280,068
		年金合計	830,071	848,639	860,777	867,273
建物更生共済			46,323,293	48,117,488	49,437,873	50,186,327
計			79,679,470	80,883,731	81,369,923	81,311,206
共済付加収入			104,387	106,539	115,167	109,902

［注］1　金額は保証金額（年金共済は年金年額，がん共済はがん死亡共済金額，定期医療共済は死亡給付金額）です。
　　　2　こども共済は養老生命共済の内書きです。
　　　3　計の金額には年金共済の年金年額を除き，年金共済に付加された定期特約金額を含みます。

（イ）短期共済新契約高（掛金）

(単位：万円)

種類		16年度	17年度	18年度	19年度
掛金	火災共済	5,401	5,210	4,881	5,057
	自動車共済	49,746	50,927	50,916	50,779
	傷害共済	8,026	7,852	7,721	7,686
	定額定期生命共済	16	18	19	12
	賠償責任共済	127	132	140	142
	自賠責共済	9,793	11,180	11,709	11,659
	計	73,112	75,321	75,386	75,336
共済付加収入		16,353	16,288	18,402	16,635

［注］団体定期生命共済，農機具損害共済については，全共連管理のため計上していません。

第4章　JA福岡市〜都市化進行への対応〜

③購買事業　（ア）買取購買品取扱実績　　　　　　　　　　　　　　（単位：千円）

種類		16年度	17年度	18年度	19年度
生産資材	肥料	244,842	242,964	240,648	249,788
	飼料	176,343	138,871	84,624	73,368
	農業機械	357,094	334,903	233,830	206,982
	車両	368,354	364,784	351,734	160,229
	農業薬剤	114,347	114,095	113,269	123,035
	石油類	339,984	370,627	329,601	338,178
	その他生産資材	657,638	635,413	657,062	606,140
	小計	2,258,604	2,201,661	2,010,768	1,757,721
生活資材	食料品　米	345,424	328,493	355,199	311,094
	食料品　食品	159,538	157,638	155,672	149,730
	食料品　小計	504,962	486,131	510,871	460,825
	LPガス	323,810	322,114	331,775	323,568
	電気製品	4,573	—	—	—
	即売会	196,049	220,605	214,876	218,442
	女性部定配	15,737	14,293	13,484	11,802
	その他（緑花含む）	112,305	71,936	26,638	28,066
	小計	1,157,439	1,115,081	1,097,644	1,042,704
合計		3,416,044	3,316,742	3,108,412	2,800,426

④販売事業　（ア）販売品取扱実績　　　　　　　　　　　　　　　　（単位：千円）

種類	取扱高			
	16年度	17年度	18年度	19年度
米	684,405 (160,313)	464,666 (203,711)	493,325 (125,149)	492,149 (177,581)
麦・大豆	17,517	16,504	16,707	4,511
野菜	1,756,800	1,938,896	1,938,426	2,055,346
果実	76,116	87,498	75,735	79,596
花卉・花木	590,640	574,897	618,917	622,854

畜産物	182,315	223,280	210,523	182,351
その他	31,098	36,286	26,002	33,045
計	3,338,894	3,342,030	3,378,728	3,469,855

[注] 表中「米」欄内（ ）は，買取販売実績を表示しています。

（イ）直売所取扱実績　　　　　　　　　　　　　　　　　　（単位：千円）

項目	取扱高			
	16年度	17年度	18年度	19年度
常設市			224,153	309,615

[注] 直売所取扱実績は（ア）販売品取扱実績「野菜」欄の常設市における販売高を表示しています。

（ウ）品目別販売品販売高　　（単位：百万円，%）

品目	18年度	19年度	前年対比（%）
野菜	1,938	2,055	106.0%
花卉	618	622	100.6%
葉たばこ	19	26	136.8%
しめ縄	7	6	100.0%
米	493	492	99.7%
麦・大豆	15	4	26.6%
肉豚・肉牛	188	173	92.0%
鶏卵	21	9	42.8%
果実	75	79	105.3%
計	3,378	3,469	102.6%

（エ）野菜の品目別内訳
（単位：百万円）

品目	金額
いちご	362
えのき茸	288
とまと	278
春菊	201
だいこん	160
キャベツ	69
ほうれんそう	38
かぶ	32
えだまめ	12
その他	615
計	2,055

【参考資料2:「年金友の会」会員数の推移】

年度	14年度	15年度	16年度	17年度	18年度	19年度
会員数	9,441	10,165	10,748	11,379	11,620	12,167

【参考資料3:「年金友の会」白寿・喜寿・米寿のお祝い状況】

	14年度	15年度	16年度	17年度	18年度	19年度
白寿	2	1	13	13	20	28
米寿	154	188	168	204	212	189
喜寿	394	344	426	413	432	490

【参考資料4：信用・共済事業方針】

平成15年度　信用・共済事業方針

　日本経済は，長期化するデフレ不況のなかで，益々不透明感，迷走感が高まり，軌道に乗った景気回復にはまだかなりの期間を要するものと思われる。また一方では，地場金融機関の再編も予定されており，当JAが地域市場のなかで，信用・共済事業をめぐる競争に打ち勝ち，最終的に「勝ち組み」として生き残っていくため，組合員，利用者，地域から「選ばれるJA福岡市」を目指し，以下の点を十分認識のうえ，全事業に総力を上げ取組むこととする。

　信用事業において，貯金関連では，昨年4月ペイオフ解禁（定期性）後，貯金者の動向として，貯金の分散，当座性への資金シフトがみられた。ペイオフ完全実施が2年延期されたとはいえ，今後，金融機関の選別が一層進むことが予測される。大口貯金者の残高占有率の高い当JAの現状を考えると，引き続き経営の健全性を確保しつつ，利用者から強く支持される事業展開を行うことにより，信頼される経営基盤を確立することが重要である。

　融資関連では，「利ざや」が減少し，収益性の強化という観点から，融資残高に占めるローン比率が極めて低い資金構造からの脱却が喫緊の課題であり，「住宅ローン」，「自動車ローン」に重点を置いた情報収集と推進活動を展開し，抜本的な運用体質の改善を図っていかなければならない。

　特に，他金融機関の当JA取引先への攻勢が続くなか，その対抗策として，支店長を中心とした取引先への定期的訪問による重層管理をさらに強化し，顧客ニーズの把握と相続・税務・土地活用・金融資産活用等幅広い相談業務を実践し，次世代を含めた顧客の囲い込みを行い，JAの「安全性」を積極的にPRすることで新規取引先の拡大に努めなければならない。

　共済事業においては，保有純増額の減少が続くなか，新契約目標を早期に達成し，失効・解約の防止策，満期継続率の改善策を確実に講じる等，この減少傾向に歯止めをかけ，事業基盤の安定化へ向けた取組みが求められている。

　そのためには，「しあわせ夢くらぶ（高度利用者優遇措置制度）」について，引き続きその登録率の向上を図り，「ひと・いえ・くるま」の全利用促進と未担保部分への早期提案活動を展開する。また，新たな「仲間づくり」のため若年層へのアプローチと「がん共済」，「自動車共済」，「自賠責共済」を中心とした，ニューパートナー（未加入者）の獲得のための普及活動を展開していく必要がある。

　総じて，本年度は，各事業未達項目の解消を課題とし，各店舗において職員の目標意識高揚を図りながら，実績検討会等での月次目標管理の徹底を行い，年間を通じた目標達成に重点を置いた推進活動を行うこととする。

【参考資料5：支店業績評価】

平成15年度　支店業績評価

I　事業量・収益目標管理評価の基本

支店業績評価制度は，事業量目標と収益目標を達成した店舗に対して評価及び副賞を実施する。

1. 事業量評価は，①年間評価・②四半期評価・③部門評価を実施する。
   ①年間評価は，信用750点・共済600点・購買100点の事業量配点目標を達成することを要件として評価を行う。
   ②四半期評価については，信用650点・共済350点・購買100点の配点とする。但し，第1，2，3四半期については信用・共済・購買の合計点数1100点を達成することで評価の対象とする。（未達成部門有りでも評価）
   ③部門評価は，年間評価において信用・共済・購買各部門で1部門または2部門を達成することで評価対象とする。（事業量評価との重複は不可）
2. 収益評価は。信用・共済の配点目標を達成することを要件とし，年間評価を行う。（但し，一定の必須項目を設ける）
3. 重点戦略項目評価は，各項目を達成したか否かで評価の対象とする。
4. 収益目標及び事業量目標を達成したときは，組合長表彰として特別表彰を実施する。
5. 各評価に対する副賞についての職員への配分は，各個人の目標と実績および実績過程を総合的に判断し支店長が行う。

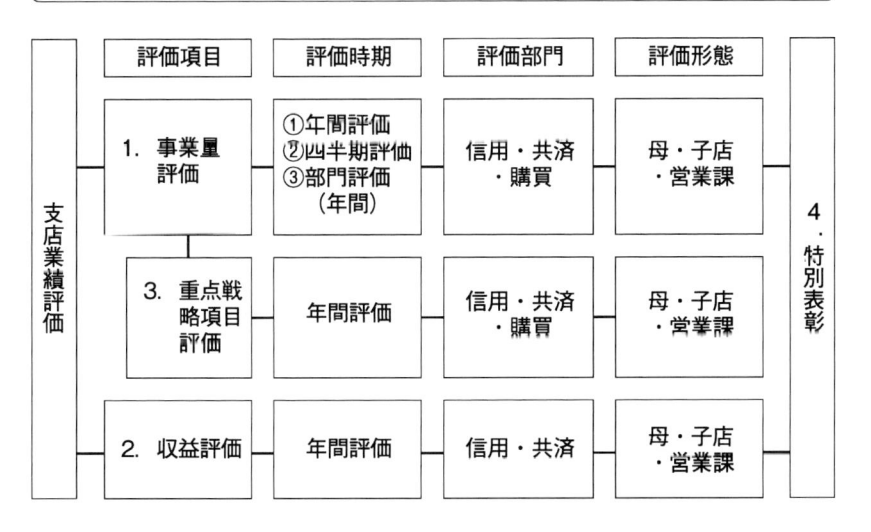

	評価項目	評価時期	評価部門	評価形態	
支店業績評価	1. 事業量評価	①年間評価 ②四半期評価 ③部門評価 （年間）	信用・共済・購買	母・子店・営業課	4. 特別表彰
	3. 重点戦略項目評価	年間評価	信用・共済・購買	母・子店・営業課	
	2. 収益評価	年間評価	信用・共済	母・子店・営業課	

【参考資料6：経営組織機構図】

(平成20年4月1日現在)

```
監事会 ─ 代表幹事 ─ 常勤監事 ─── 監事室 ─── 監事監査係
                                └── 検査課 ─── 内部監査係

総代会 ─ 理事会 ─ 代表理事組合長 ─ 代表理事専務 ─ (企画管理担当)常務理事
                                              ├── 総合企画室 ─┬── 総合企画係
                                              │              └── 広報係
                                              └── 総務部 ─┬── 総務課 ─── 総務係
                                                          ├── 人事課 ─┬── 人事係
                                                          │          └── 教育係
                                                          └── リスク管理課 ─┬── 経理係
                                                                            ├── 情報係
                                                                            └── リスク対策係

                                  常勤理事会 ─ (金融担当)常務理事
                                              ├── 金融部 ─┬── 推進課 ─┬── 貯金共済推進係
                                              │          │          ├── 融資推進係
                                              │          │          ├── 貯金事務指導係
                                              │          │          └── 旅行センター
                                              │          ├── 営業課 ─┬── 資金公金係
                                              │          │          └── 窓口係
                                              │          └── 共済保全課 ─┬── 共済保全係
                                              │                          ├── 共済事務指導係
                                              │                          └── 自動車事故センター
                                              ├── 運用部 ─┬── 審査保全課 ─┬── 融資審査係
                                              │          │                └── 債権管理係
                                              │          └── 証券課 ─┬── 証券運用係
                                              │                      └── 証券事務係
                                              └── 相談開発部 ─┬── 東相談開発課 ─┬── 相談開発係
                                                              │                  ├── 賃貸管理センター
                                                              │                  └── 記帳代行センター
                                                              └── 西相談開発課 ─── 相談開発係

                                              (指導経済担当)常務理事
                                              ├── 指導部 ─┬── 地域振興課 ─┬── 営農振興係
                                              │          │                └── 地域組織係
                                              │          ├── 園芸販売課 ─┬── 園芸係
                                              │          │                └── 園芸事務係
                                              │          ├── 直販課 ─── 直販係
                                              │          └── 生活福祉課 ─┬── 生活係
                                              │                          └── 福祉センター
                                              └── 経済部 ─┬── 資材課 ─┬── 購買企画係
                                                          │          ├── 購買事務係
                                                          │          ├── 資材センター
                                                          │          ├── 燃料センター
                                                          │          └── 入部スタンド
                                                          ├── 米販売課 ─┬── 農産係
                                                          │            ├── 営業係
                                                          │            ├── 倉庫加工係
                                                          │            └── 米香房 (今宿稼花店・桶井川店)
                                                          ├── 農機車両課 ─┬── 推進係
                                                          │              ├── 整備係
                                                          │              └── 日佐事業所
                                                          ├── グリーンセンター ─┬── 農産係
                                                          │                    ├── 園芸(青果・花卉)係
                                                          │                    ├── 資材係
                                                          │                    └── 常設市
                                                          └── 支店(母・子) ─┬── 渉外係
                                                                            └── 金融係
```

※印は兼務（平成20年4月1日現在）

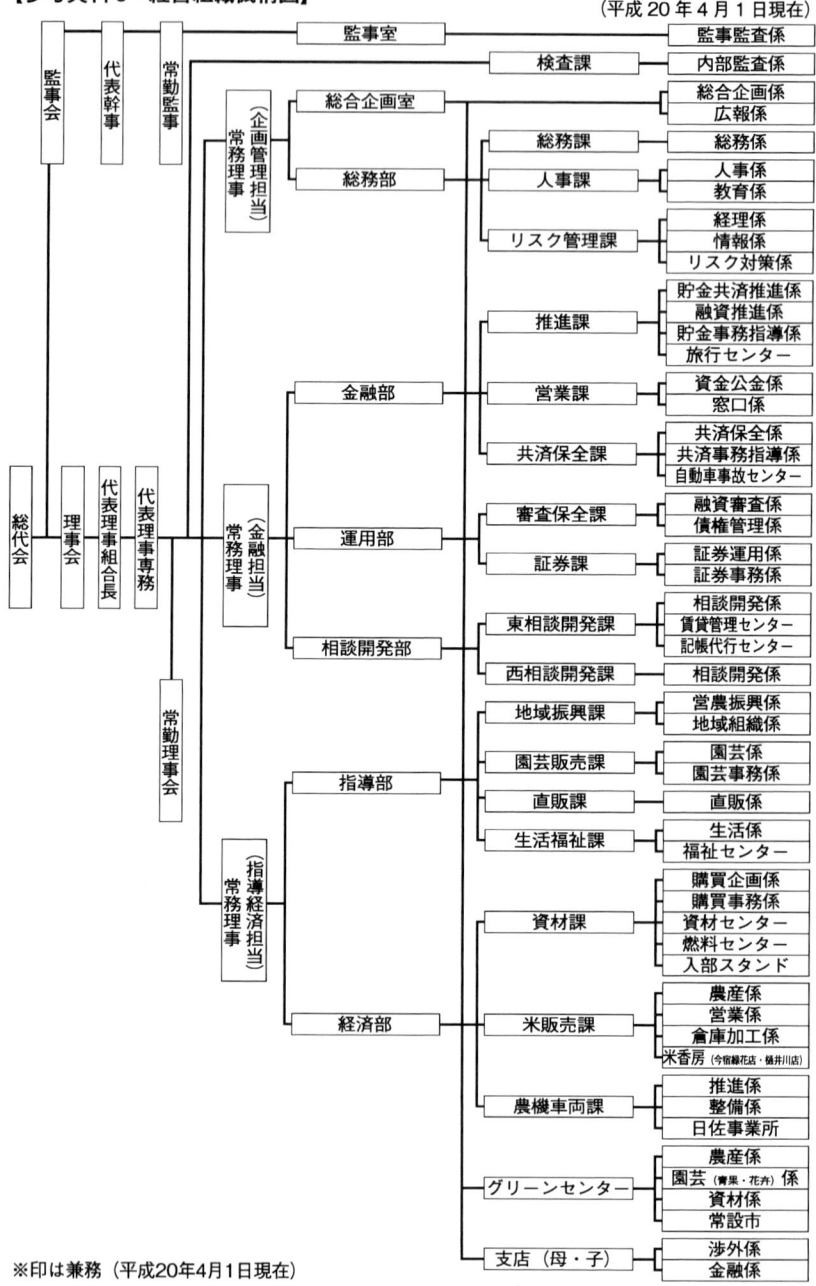

第4章　JA福岡市〜都市化進行への対応〜

【参考資料7：活力ある農業・活力ある地域づくりに取り組みます】

総合3ヶ年計画の体系図

消費者から求められる安全・安心な食料を提供できる都市型農業をめざします。	世代を超えた人々が活き活きと参画できるJAをめざします。	信頼・健全・透明な経営をさらに充実し社会的責任が果たせるJAをめざします。

地域農業の創造（活力ある営農指導・購買・販売）

1. 都市型農業の振興
   1) 農業振興計画の策定と実践
   2) 認定農業者の育成
   3) 赤とんぼの里づくりの展開
   4) 水田農業経営確立対策事業の推進
   5) 園芸部会の再編
   6) 中山間地域の農業振興
   7) 低コスト農業の支援
2. 販売体制の強化
   1) 売れる米づくり
   2) 専任販売担当者の養成
   3) JA直販事業の展開
   4) 米検査民営化への取り組み
3. 営農指導機能の強化
   1) 農事組合機能の活性化
   2) 農業経営診断事業の展開

地域との共生・組織の再構築

組合員
1. 組織基盤の強化
   1) 共同意識の啓発
   2) 組合員の加入促進
   3) 女性の参画促進
   4) 女性部の活性化
   5) 総代の機能強化
   6) 組合員の意思反映
   7) 40周年記念事業の実施

生活文化活動
1. 地域とのふれあい活動の実施
   1) 確実な情報の提供とネットワーク化
   2) イベント・広報活動を通じたJA理解者づくり
3) 食農教育の強化
4) 文化指導員の養成
5) 旅行友の会の充実
6) 葬祭事業の充実

相談・開発
1. 農と住の調和した街づくり
   1) 資産管理事業の強化
   2) 面整備・開発事業への強化
   3) 賃貸管理の充実と情報の効率化

高齢者福祉
1. 高齢者の生きがいづくり
   1) 元気な高齢者の組織づくりの推進
   2) ボランティア組織「やまびこの会」の活動強化
   3) 介護事業の充実

事業基盤の強化

信用事業
1. 地域に選ばれるJAバンクの展開
   1) 事業機能の強化・充実
   2) 利用者ニーズに応える金融商品の開発
   3) 農業振興に向けた金融機能の強化
   4) 専門的な相談体制の確立
2. 信頼される事業基盤の確立
   1) 安全・安心・信頼の確立
   2) 融資審査・債権保全機能の強化

共済事業
1. 総合保障による「安心」の提供
   1) 総合生活保障提案活動の強化
   2) 専門的な相談体制の確立
2. 事業基盤の確立
   1) 保有契約の拡大
   2) 短期共済の普及拡大

購買事業
1. ニーズに対応した生活資材の提供
   1) PB米の重量販売
   2) 自動車の低価格供給
   3) 燃料事業の再構築

経営基盤の強化

経営管理
1. 自己責任経営機能の強化
   1) 半経常務制の導入
   2) 経営管理機構の強化
   3) 監事監査体制の強化
   4) 経営管理委員会の検討
2. 経営の健全性の向上
   1) コンプライアンス態勢の確立
   2) 自己資本の充実
3. 経営の効率性の向上
   1) 労働生産性の向上
   2) 部門・部署毎採算の改善
   3) 設備効率性の向上
   4) 本店ビル建築計画の策定
   5) 遊休資産の有効活用

情報化
1. 情報化戦略の推進
   1) JA内情報ネットワークの充実
   2) 次期オンラインシステムへの対応

役職員
1. 意識改革の徹底
   1) 意識改革
   2) 人事制度の再点検

第5章
JA越後さんとう ～米のブランド化戦略～

1. JA越後さんとうの概要

1-1. JA越後さんとうの現況

　JA越後さんとうは，新潟県の中央部，信濃川の左岸地帯に広がる越後平野の一端に位置する三島郡出雲崎町・旧寺泊町・旧和島村・旧与板町・旧三島町・旧越路町（現在は長岡市）および長岡市成沢町を管内とする，JA三島北部，JA三島中部，JAこしじの3JAが2001年に合併して誕生した。

　JA越後さんとうにおける組織機構は，総務部，金融共済部，営農部，経済部の4部とその下に10課を設け，別途独立して監査室がある。また，本・支店については，旧JAの本所を中央支店にする構成となっており，合計10支店（中央支店を含む）を有している。（参考資料1：組織機構図）

　組合員は，表5-1に示す通り，正組合員6,792人，准組合員2,968人，合計9,760人（2008年1月末現在）である。理事定数は21人で，常勤役員は組合長と信用共済担当常務理事，営農経済担当常務理事の3人になっている。学経埋事を登用し，担当役員制を導入している。監事定数は5人で，そのうち常勤監事は1人になっている。

　営農についても，本店に営農部を置き，各中央支店に営農センターを置く仕組みとなっており，旧JAの基盤をいかす形になっている。管内の農地面

表5-1 組合員および役職員の現況

項目		16年度	19年度
組合員数（名）		9,629	9,760
	うち准組合員数	2,741	2,968
役職員数（名）	役員	25	26
	正職員	294	284
自己資本（百万円）		5,772	5,956
	うち出資金	2,769	2,738

積は，田5,414ha，畑334haの合計5,748 ha（2005年1月末現在）で，「瑞穂国」の名にふさわしい水田単作地帯である。

1-2. JA越後さんとうの事業概要

　JA越後さんとうの事業概要は表5-2に示す通りである。表5-2に示されたデータを全国平均と比較すると，極めて平均的な規模のJAであることが分かる。しかしながら，販売取扱高については全体の9割を米が占めており，米以外には大豆，麦，アスパラガスなどを生産している。以下では，事業ごとの詳細について考察しよう。

(1) 営農・販売事業

　2007年度における「米の作柄」は，全国作況指数で99，新潟県の作況指数では100の平年並みを記録している。ところが，米の消費減退と過剰作付けのため供給過剰になり，米の仮渡金が大幅に引き下げになった。しかも，産地間競争の厳しいなか，他県産米の品質・食味の向上と低価格米の需要増により，一般コシヒカリの販売に苦戦し，販売高が約37億1,081万円（2004年度対比18％減）にとどまってしまった。ただし，全面積温湯消毒種籾の使用と生産履歴記帳運動に積極的に取り組んだ結果，JA越後さんとうの「安全・安心な米づくり」が評価され，農業関連事業における収入が23億963万円（前年度比99％）で，事業総利益は5億7,987万円（前年度比95％）をなんとか確保することができている。

第5章　JA越後さんとう～米のブランド化戦略～

表 5-2　JA越後さんとうの事業概要

(単位：百万円)

年度（平成）	13年度	14年度	15年度	16年度	19年度
貯金残高	71,692	72,248	73,121	75,779	78,472
貸出金残高	11,604	10,532	9,634	9,241	13,522
長期共済保有高	581,191	573,621	560,455	550,114	513,223
購買品供給高	4,103	3,898	3,458	3,474	3,432
経常利益	−18	143	103	141	157
当期剰余金	94	84	101	16	118

受託販売品取扱実績（取扱高）

(単位：百万円)

年度（平成）	13年度	14年度	15年度	16年度	19年度
米	4,502	4,737	5,249	4,310	3,508
雑穀（麦含む）	136	118	84	95	89
野菜	51	50	62	70	60
果実	12	11	12	15	15
花卉・花木	34	29	27	27	23
畜産物	47	36	23	24	13
その他	0	12	11	9	3
合計	4,783	4,994	5,468	4,549	3,711

(2) 信用事業

　貯金については，堅調な推移を見せている。2007年度には，中越沖地震による建物更生共済金の支払もあり，前年度対比34億円（4.55％）増加し，784億円となっている。他方，貸出金についても住宅関連融資などの伸びにより，前年度対比7億5千万円（5.91％）増加し，135億円となった。

(3) 共済事業

　2007年度においては，信用共済複合渉外職員による出向く相談・提案活動に力を入れ，保障ニーズに応えた普及活動に取り組んだ結果，共済の新契約については長期共済が424億円となるなど，順調な伸びをみせている。一方，

共済保有高においては満期などの増加により、前年度対比で132億円減少し、5,132億円となっている。

(4) 経済事業

肥料・農薬については、トレーサビリティの確立や3割減農薬・減化学肥料栽培の推進に努め、統一資材の使用に取り組んでいる。また、物流センターを中心に配送の集約化・合理化に努め、生産資材価格の引き下げを実施することができた結果、生産資材の供給高は前年度対比1,505万円（1.1％）増加の13億5,721万円となっている。なお、生活資材の供給高は前年度対比1億1,577万円（5.3％）減少の20億7,489万円となっている。

1-3. 経営理念

JA越後さんとうでは、「JA越後さんとうの目指すもの」として、JAの原点『オラが農協』を基本に、"体格を大きく変えることでなく、体質を変えること"を大きな目標としている。そして、経営体質を強化し、地域に根ざしたJAとして組合員や地域住民のニーズを充足し、地域農業の振興と地域社会の活性化に対応できるJAの創造を目指すことを掲げ、以下のような経営理念を策定している。

表5-3　JA越後さんとうの経営理念

1．「環境に優しい未来農業を目指して」 　環境保全型農業の振興を通じて、安心・安全な農産物の生産と緑豊かな地球環境を守り、人と自然の調和を図り、自然やゆとりのある地域社会の創造を目指します。
2．「地域とともに、地域社会との共生」 　協同と相互扶助の精神に基づき、地域協同組合として組合員はもとより地域住民の多様なニーズに対応することにより地域とともに発展する、地域に開かれたJAとしての事業・運営方式に取り組みます。

合併前の各JAでは、経営理念がないか、あるいは経営理念があっても役職員にまったく浸透していなかった。したがって、新しい経営理念を策定し、役職員への周知を図り、その実現に向けてみんなで一丸となって取り組むようにすることで、地域のエゴイズムを排除するとともに、合併のメリットをいかせるように努めている。

1-4. 産業組合時代からの伝統

　JA越後さんとうのこしじ中央支店の駐車場敷地には，「打ち出の小槌」のマークが掲げられている古い小さな蔵がある。マークは「信」の字を「打ち出の小槌」の形に模したものである。「打ち出の小槌」のデザインは，産業組合法の制定に尽力した品川弥二郎の句「田に畑に打ち出の鋤農小槌かな」を表現している。この蔵はJA越後さんとうの前身の一つにあたる神谷信用組合で使われていたものであったが，先人の労苦をしのび，発祥の地からここへ移築することにしたのである。（参考資料2：神谷信用組合の写真）

　神谷信用組合は，産業組合法公布の4年後，1904年に設立された。地元の豪農である高橋九郎は，信濃川が1896年と1897年に2年連続して氾濫し，農民が困窮しているのを見て，どうにかして生活をよくしようと常々考えていた。当時，衆議院議員を務めていた彼は，農村出身者として，品川弥二郎が推し進めていた産業組合法の成立に力添えをするようになった。そして，「助け合って，恒心によって恒産を養う信用組合事業こそ，これに処する只一つの道なり」という理念を実践に移すことを決心するようになり，地元の賛同を得て産業組合を設立し，その初代組合長を務めることになった。また，高橋九郎は，産業組合運動の他にも三島郡で最初の耕地整理を行ったり，自邸に新潟測候所から得た天気予報を掲示する天気予報塔を建てたり，時計が普及していなかったため，午前11時と12時に鐘をならして田畑にでている農民に時を知らせる事業を起こしたりするなど，農業の環境向上にも尽力した。

　神谷信用組合は，設立5年目の1909年に産業組合中央会より成績優秀表彰，そして1913年に特別表彰を受け，早くより新潟県のみならず日本の産業組合をリードする存在となり，産業組合中央会の機関誌『産業組合』（注：『月刊JA』の前身）にもたびたび優良事例として取り上げられた。産業組合中央会初代会長を務めた半田東助も1906年に当地を訪れており，後に産業組合中央会会頭を務める千石興太郎，有馬頼寧も若い頃は研修にきていた。その他にも，産業組合中央会会頭志立鉄次郎や，農政家山崎延吉など多くの関係者の視察を受けたりしていた。なかでも1911年には，イギリス労働党の創設の基盤となったファビアン協会の中心人物であり，協同組合についても深く研究していた，イギリスの社会思想家シドニー・ウエッブとベアトリス・

ウエッブの夫妻が来日した際にも，この組合を訪れているのである。

　このような名誉ある歴史を背負っているせいか，JA越後さんとうには，農業協同組合組織としての非常に高い誇りが感取される。

1-5.「米の名門」としての復活を目指して

　JA越後さんとうの管内は，新潟県のなかでも，1，2を争う良質米の産地として古くから知られていた。1943年には旧越路町来迎寺(らいこうじ)の水田で新嘗祭のための献穀米を栽培するという名誉にも浴している。しかし，銘柄米コシヒカリの登場により，状況は徐々に変わっていく。

　JA越後さんとうの前代表理事組合長関馨隆氏は「かつては，隣接する魚沼地区の米は品質もよくなく，まったく自分たちの競争相手ではないと考えていました。昔テレビの『時事放談』に出演していた斎藤栄三郎氏が来迎寺のもち米をほめたりしたものです。しかし，コシヒカリの登場により，立場は逆転してしまいました」と語る。

　さらに悪いことに，1978年に渋海川(しぶみ)が氾濫し，水田の土が洗い流されてしまった。その対処策として，水田に盛り土を行ったところ，米の味が落ちてしまう事態になってしまった。土壌改良剤もまいたりしてなんとか対処しようとしたが，芳しい結果は得られなかった。そうこうするうち，県下一番どころか日本一の米産地は隣接する魚沼地区となった。JA越後さんとうの管内と魚沼地区は隣接しており，わずか畦一本違うだけである。ところが，JA越後さんとう管内で収穫される米は「魚沼産」を名乗れない。

　「新潟県産コシヒカリと魚沼産コシヒカリでは値段が違うのが現状です。『魚沼産』を名乗れる地域は面積的にはかなり広いので，本当は質にばらつきがあります。しかし，このブランド力にはかないません。」(関前組合長)

　もはや，単に同じコシヒカリを生産するだけでは，魚沼地区の後塵を拝するだけである。魚沼地区に追いつき，追い越すためには，米生産の差別化を図らなければならなかった。しかも，小手先の改善ではもはやダメなところまで来ていた。

2. 生産者志向の米づくりからの脱却

2-1. 米の差別化をいかに図るか

　JAの営農指導事業とは、そもそも組合員である農家の栽培技術を向上させ、品質のよい農産物を市場にだすことにより、農家が高い所得を得られるようにすることである。しかしながら、よい農産物（米）を市場にだしているはずなのに、相変わらず魚沼産に負け続けていた。

　関前組合長は、当時のことを次のように振り返っている。

　「食糧管理法当時から、いずれ米は自由競争になると思っていました。平成に入り、魚沼産米は完全にブランドが確立し、まったく歯が立たない状況になりました。『魚沼に追いつけ、追いつけ』と組合員に言いつづけましたが、これもダメでした。そこで、米屋を回ることにしました。1995年のことです。」

　そして、関氏は生産の現場から消費の現場（市場）にでて、米の流通経路や消費者ニーズについて徹底的に調べた。経済連（当時）のルートを使って米卸からも話を聞くことをはじめ、生協関係者や高島屋などのデパートの仕入れ担当者からも話を聞いて回った。その結果、安全・安心な米の生産・販売に重点を置くべきであると、今までの考え方を変えることになった。米の世界では、当時としては安全や安心という概念がまだほとんどでておらず、関氏にはむしろここのところにチャンスがあるととらえられたのである。このようにして、JA越後さんとうの米生産の目指す方向は「安全・安心」と「食味向上」であるという結論にたどり着いたのである。（参考資料3：JA越後さんとう米品質向上　88運動）

　「消費者のみなさんから『お宅の米が欲しい』と言われる産地を作ろうよというのが基本でした。」（関前組合長）

2-2. 「安全・安心」への着目

(1) 減農薬の取り組みと有機肥料の導入

　「そもそも安全や安心というコンセプトで米を売ろうなどという考えはなかった。ところが、これを実現することによって1俵（60kg）あたり2,000円の差がでると知ったのです。それが市場だと分かったのです」（関前組合長）

東京都や農林水産省のガイドラインに則った特別栽培米「スーパーコシヒカリ」を作ることが，このような有利販売を可能にするための前提条件であった。したがって，まずは米の生産者たちを連れて都庁まで勉強しに行ってきた。これらのガイドラインでは，基本的には化学肥料も農薬も慣行基準の5割以上の削減を求められた。また，有機堆肥の導入や生わらの田へのすき込みも必須であった。その有機堆肥も抗生物質の入らないものが必要であった。（参考資料4：JA越後さんとう「特別栽培コシヒカリ」（減農薬・減化学肥料栽培）栽培暦）

幸いなことに，渋海川の氾濫以降に，JA越後さんとうでは機械で撒ける堆肥を開発すると宣言し，「魚かす」や「きのこかす」などを原料としたオリジナルの堆肥を地元メーカーに作らせた経過があった。しかも，ブレンドキャスターを改良した機械で，堆肥の機械散布も可能にしていた。ただ，生わらを田んぼにすき込むことについては，生産者たちに田んぼで燃やすことを全部中止してもらわなければならず，大変な苦労を重ねることになった。実際には，JAの役職員が町の安全協会の車を借りて，管内をパトロールし，燃やしている農家がいたら，やめてもらうよう注意してまわった。そのため，JA越後さんとうの管内はいつの間にか「煙のあがらない町」といわれるほど，話題になるようになった。

(2) トレーサビリティの確立

また，「スーパーコシヒカリ」では，生産者による栽培履歴の記帳が義務化されていたので，1999年度からは農家に栽培管理日誌をつけてもらうようにした。記帳は農家がするが，年に2回，JAの全職員を動員した一斉訪問を実施し，日誌記帳の指導・点検を行っている。点検により，使用不可の農薬の使用や，許されている種類の化学肥料・農薬にしても使用限度を超えたことが判明すれば，「スーパーコシヒカリ」とは認証されない。実際，米卸のバイヤーが稲刈りもとっくに終わった10月頃にきて，生産しているAさんの田んぼを見せてくれと頼まれたことがあった。刈り取り後の何も植えていない田んぼを案内すると，そこに生えている雑草を持ち帰った。実は，このバイヤーは，Aさんの稲作のトレーサビリティが真実であるかを確認しにきたのである。減農薬なので，仮に雑草が生えていなければ，この時点で疑念を抱かれることになるという。JA越後さんとうでは，2002年度からす

べての米についてトレーサビリティの実施を行っており，より経営理念の実現に近づく形になっている。(参考資料5：栽培管理日誌の様式)

2-3.「食味向上」へのこだわり

(1) タンパク質含有量への着目

関前組合長は，より食味の高いコシヒカリを生産することにも着目した。実は，日本酒の製造過程からヒントを得て，タンパク質の含有量が米の食味を左右することが分かっていたのである。

「管内には銘酒『久保田』を生産している朝日酒造がありますが，ここの研究者であり，コシヒカリを普及した杉谷文之新潟農業試験場長の弟子にあたる国武先生から，タンパク質含有量と食味の関係についての話を聞いたのがきっかけです。タンパク質の含有量が少なくて，高く売れる米を実現するということが，当初は理解が難しかった記憶があります。」

「特に吟醸酒や純米酒を造るときには，タンパク質を多く含む糠の部分はもちろんのこと，大きさが6割くらいになるまで搗精(とうせい)したものを原料として使用します。すなわち，酒のうまみを引きだすにはタンパク質の部分を極力原料となる米から取り除かなくてはならないのです。」(以上，関前組合長)

実は，全国でかつて3,000社あるといわれた酒造メーカーで活躍している杜氏の約300名は旧越路町出身者であったといわれている。この越路の杜氏というのは農閑期である冬に杜氏としての仕事を行い，その他の時期は基本的には兼業農家として米を生産している者がほとんどである。だからこそ，管内の農家は米を作るだけではなく，米の性質もおのずとよく知っていたので，タンパク質の含有量を減らす試みについての理解は早かったのである。

(2) 科学的な水田管理～人工衛星の活用～

食味とタンパク質の関係は分かったが，それを実現するには科学的な分析が必要になってくる。水田の管理には人工衛星を使った稲作管理を行うことにした。原理は稲の葉の葉緑素量が生籾のタンパク質含有量に比例することであり，これを人工衛星で撮影することによって，水田一筆ごとの管理を可能としたものである。そして，人工衛星から得たタンパク質含有量，水田の所有者・耕作者など様々なデータを掲載した地図を作製し(参考資料6：マッピングシステムによる地図)，施肥の計画，ブロックローテーションなど，

様々な営農の場面で活用している。当時のこしじ中央営農センター長の水島和夫氏は次のように語る。

「人工衛星のようなIT技術を活用することで，収穫時期を予測することが可能になり，カントリーエレベーターへの搬入時期も予測できるようになった。今後は，よりいっそうの予測値の精度を上げることが重要です。」

現在は，玄米のカントリーエレベーターへの搬入時にタンパク質含有量による選り分け受入を行っており，それぞれの農家の玄米価格に差をつけることができる。これは全国で初めての取り組みである。そうした分別仕分けを行い，そして販売戦略を連動させることにより，様々なニーズに対応することも可能になった。これからの時代を想定したなかでの戦略であり，このことにより，地域全体としても生産レベル向上につながり，おいしい米ができるようになったのである。

3. 魚沼に負けぬブランドの確立

3-1. 超高級米の販売

JA越後さんとうでは，米の有利販売を行うために，以下のような米の分別仕分けを行っている。

① トレーサビリティ米（生産履歴記帳米）
② JA米
③ 特別栽培米
④ 有機栽培米
⑤ 人工衛星利用品質タンパク質含量区分仕分け米
⑥ 生産者登録制度米
⑦ 契約栽培米
⑧ 生産履歴未記帳米
⑨ 無登録農薬使用米

生産履歴は全農家に義務付けられ，自己点検とJAのチェックをクリアし

なくてはならない。当然，無登録農薬や失効農薬の使用と使用基準にそむいた農薬使用がなされたものは，生産者の経費負担で破棄もしくは焼却処分になる。また，コシヒカリ一辺倒の作付けを改め，早生の主力品種「こしいぶき」への転換をJAとして推し進めることとしている。

　米取引については，関前組合長が米卸の社長と直に会い，トップセールスを行うなかで価格を交渉することもあった。経済連（現在はJA全農新潟県本部）の勧めで，卸との信頼関係を築くこともできた。ただし，リスクを避けるために基本的にJA全農新潟県本部を通して決済を行うことにしている。前参事の山崎知則氏は「うちのJAの米だけ売れたらよいという問題ではありません。新潟県全体で取り組むことに意義があります」と語る。

　こういう努力を積み重ねることによって，JA越後さんとうの米は非常に高い評判を得るようになった。千葉県船橋市のデパートで旧越路町産の特別栽培米5kg袋が4,389円という高値で販売され，ついに魚沼産より高く取り扱っていたという記事が業界誌で紹介されるにいたったのである。

　今では，卸を通じて，さらに超高級米の商品開発の提案もくるようになっている。例えば，同じ特別栽培米のなかから，米の粒をそろえたものを商品化するというものがある。通常であれば1.85ミリ以上で粒をそろえるが，一回り大きい2ミリとか1.9ミリとかの米だけを分別して商品化してほしいと，有名デパートから卸のバイヤーを通じて話がきたのである。これも，JA越後さんとうが品質管理を厳しく行っているからこそ，求められたものである。

　その他，東京の原宿表参道にある新潟県アンテナショップ「ネスパス」でも米の販売はもちろん，イベントや消費者インタビューを行い，市場の動向に注視するよう努めている。同時に，マーケティングの観点から生産者の意識改革にも積極的に取り組んでいる。関氏は，「食味をあげるには，量より質になってきます。また，生産できる面積も限られているので，1俵いくらはやめて，1反いくらで販売していくこと，すなわち販売単価を上げる努力をしましょうということが発想の転換なのです」と語っている。

　ところが，やはり市場の動向というのは，いつも安泰なものではない。人気を維持する難しさも当然ある。その点について，関氏は「新潟は2年連続不作だったので，他県の米に消費者が移った感がありました。2005年度の新米について，新潟県産米に消費者が戻ってくるかどうか，とても心配でし

た。ところが，米選びについて，消費者は案外『浮気』をしないとみるようになりました。事実，量販店で新しい銘柄や産地の米をだしても，なかなかそちらの方へは，消費者は手をださそうとしない。実際に，量販店を回って米売り場を観察してみたら，そのような行動が見えたのです」と，述べている。

3-2. 地元メーカーとの協力体制構築

　また，市場販売とは別に，米の安定的な販売先を確保することは非常に重要である。とりわけ契約栽培は重要であり，地元メーカーとの信頼を築かなくてはならない。JA越後さんとうにおいては，朝日酒造との信頼関係は極めて重要といえる。単なる取引相手ではなく，相談相手でもあり，お互い地域経済の担い手として，様々な取り組みに協力してきた。「食べ物については原料に勝るものなし，岩塚製菓さんや朝日酒造さんから徹底的に教え込まれてきました。」(関前組合長)

　契約栽培においても，「たかね錦」などの酒米は生産部会の延長上にあり，等級別の様々なニーズに応えるように努力している。「従来の営農指導では，生産者の技術をあげてきたが，これからは1,000戸もいる生産者のなかでよりよいものを作っている人をピックアップするという発想がでてきました。朝日酒造などの契約栽培では，そのようなニーズがあるわけです。」(水島前センター長) こういうところから，マーケティング・マインドがJA全体にも醸成されていったのである。

　せんべいなどのお菓子を生産している岩塚製菓も重要なパートナーである。「食管法の時代に，当時の岩塚製菓の社長から『自分で作った米を自分で売る努力をしないとは，奇妙なことだね』と教育されました。」

　「岩塚製菓はセブン-イレブンなどのコンビニで『新潟県産原料米使用』をうたった商品を販売したいという考えがあったので，これに協力することとしました。」(以上，関前組合長)

　こういうことから，管内で生産されているもち米の銘柄「わたぼうし」の契約栽培につながるようになった。また，岩塚製菓の関係者の会「岩塚会」を通じて情報交換を行い，米の通販などの事業にも共同で取り組んでいるところである。このように，地元メーカーとの協力体制を構築していくプロセスのなかで学んだことが極めて多い。

「ニーズに応えた米づくりが重要です。酒屋さんであれば，酒屋さんに望まれる米。せんべい屋さんであれば，せんべい屋さんに望まれる米。これらを作っていったら，絶対に最後は主食で旨いと，そこにつながるだろうということです。だからこそ，それぞれの米（うるち米，酒米，もち米）の作付け研究会を開催しています。」（関前組合長）

4. 地域農業の再構築

4-1. 1集落1農業生産法人

　避けようのない生産調整および担い手の高齢化などの現在の農業情勢のなかで，地域農業の再構築が不可欠な状況にあるのは，すべての地域に共通していえることであろう。JA越後さんとうのこしじ地区では，1集落1農業生産法人を基本方針とし，農業生産法人を「集落農地の守り手」として支援することとした。現実的には，兼業や離農によって，所有する農地の耕作がままならないので，認定農業者に生産を委託する例は珍しくない。ところが，その場合には，認定農業者が病気やけがで動けなくなれば作業が滞るような事態が発生するリスクがある。このリスクを法人ならば回避できるということが農業生産法人のメリットとして考えられた。

　また，後継者の確保の問題も検討された。事実上，個人の農業への新規参入は難しいが，農業生産法人の社員であれば，通年雇用や給与制度，福利厚生，社会保険などの労働条件を保証でき，集落外からの人材確保が可能になるという大きなメリットがある。さらに，集落単位なので，職員数は10～20名程度の体制になり，法人の組合長が職員全員についてゆきとどいたマネンメントが可能になるというメリットも考えられた。

「今まで生産集団を育ててきたのは，生産調整を完全に複合営農の仕組みのなかに取り入れて，経営基盤の強化を図るためです。今，210町歩（ha）の面積のある一番大きい集落の生産法人を作ろうとしている。ここには三つの生産組織がありますが，これらはそのまま残す方針です。現状としては，担い手が高齢化しています。だから，その上に生産法人を作るということなのです。何人かの若手で構成された法人に農業の担い手になってもらい，今

までの生産組織のみなさんには軽作業を行ってもらい，さらにその下に草取りや水周りの作業については，集落の60歳以上の農家が担当するというものです。」

「集落の農家のみなさんが全員合意をしてくれないと，法人には応援もしてもらえません。土地利用型農業というのは協同の力がなかったらできない。合意は協同の力を一番引きだせるものです。だからこそ，みなさんの意識，すなわち集落を愛する意識，それからみんなでやっていこうという協同の意識，これらの意識を集めるのは，集落単位が一番よい。そのよさを全部だしたらすばらしい法人経営ができるのではないかと思います。」（以上，関前組合長）

現在，こしじ中央支店管内の24集落のうち21集落に農業生産法人や生産組織が設立されている。しかし，生産法人の経営安定にはまだまだJAの支援が必要になっている。

「任意生産組織から生産法人に移行したところはまだよいのですが，それでも3年もすると自分の法人で農業機械が必要になっていきます。だから農業機械化銀行を使ってもらって，トラクター，ブレンドキャスターなどを貸しだし，固定資産で経営を圧迫させない仕組みづくりが重要です。育苗センターもJAで持ちます。」

「朝日酒造は，プロ農家（との契約栽培）を希望するので，このように指名をしてもらえる，相手の求める米の作れる法人の育成が重要になります。契約栽培だと，価格が安定するメリットもあり，乱高下する市場価格に一喜一憂する必要もなくなります。」

「米のほかに，もち加工，地場産の大豆を使った防腐剤無添加のミソづくり，そば加工など，法人の冬の体制をどうするかも課題です。この副業も，法人同士が競合しない仕組みを作り，JAが調整しなくてはなりません。」（以上，水島前センター長）

それでも赤字のでる生産法人の問題点は人件費である。一定の所得を確保してやらないと人も集まらず，そのところがジレンマとなっている。一方，JAの方も法人経営が多くなり，その分，農業機械化銀行の利用が増えると，農機の購買事業が苦しくなってしまう。また，農業生産法人が地域の担い手として認められるのはいいが，難しいところもある。

「ある地区で，水路の脇の道で『蛍ロード』をやろうということで決まり，

行政の理解も得た。ところが，道端の雑草をどうするかが課題になった。蛍の保全のためには，除草剤はまけない。生産法人が耕作しているので，地元の人も自分の田んぼという意識が薄くなっている。結局，蛍の会の会員がみんなで刈り取ることにした。生産法人のこわいところは，個人が自分の利益のためにその法人を作ってしまったら，地元との協力体制がなくなってしまうということです。」(関前組合長)

4-2. 生産調整をどうとらえるか

　米産地であろうとも生産調整を避けることはできない。しかしながら，それこそ地域エゴをだして生産調整を無視すると，かえって自らの利益を減じることにつながってしまう。そこで，JA越後さんとうでは，ブロックローテーションで転作を行っており，公平性を確保している。

　「米だけ経営しているのではダメだということです。米の主産地だからといって，米ばかり作っているのでは，特に生産法人では経営がかえってうまくいきません。転作をブロックローテーションで行うことにより，機械化に対応し，大豆・麦・そばを生産してきました。現在は，利益の大きい大豆が中心となりました。」

　「大豆収穫の機械化は当JAが全国で初めて取り組んだと思っています。生産調整は当地でも割り当て制で運営しているので，なんとか機械化して，集団転作できないかという思いがありました。試行錯誤の末，田植え機やカルチベーターを改良して，直播の種まき機を実用化したら，JAこしじ(当時)でブロックローテーションを実現させることができ，転作も達成させました。この直播の機械を改良して，逆にクボタに普及版を作るよう提案しました。さらに，大宮にある農業・生物系特定産業技術研究機構と共同して，大豆の中間管理作業に使う農機の研究を行いました。」(以上，関前組合長)

　今の国の政策による農業の地域づくりは，米に加えて野菜・果樹・畜産なども扱う総合産地化である。JA越後さんとうでは販売高の9割を米に依存しているので，園芸の推進を図っていこうとしている。そして，今は利益率の高いアスパラガスの栽培に取り組んでおり，「北海道や信州ではないアスパラガスの産地ができました」と，テレビで紹介されたくらいにまで成長している。

「アスパラガス栽培を，うちは水田を利用した産地づくりの一環として組み込んだ。アスパラはかつて生産していたものの，病害でダメになったので地域にアレルギーがあったが，なんとか定着しました。販売高は1400万円位（2004年度）あります。これも春から秋の稲作の間隙をぬって法人でできるメリットがあります。反収も米よりよいくらいなので，法人の春から秋までの資金繰りに使えるのです。ところが，『野菜の豚』と呼ばれるほど堆肥が必要なので，翌年には米を（同じ農地に）植えることができないのが悩みです。」（水島前センター長）

これからの農業経営には，生産調整と転作を「脅威」から「機会」へ転じるための戦略的発想が重要になってくる。これをなんとか実現していかないと，営農の発展は期待できなくなってしまうのであろう。

4-3．全職員の意識改革

営農指導も，組合員の満足いくキメ細やかなサービスが求められている。迅速な営農指導対応を実現するために，すべての営農指導員の携帯電話番号を顔写真付きで公開することにより，出向く営農相談を実現した。午前8時から午後8時までを受付可能時間とし，組合員からの相談を受け付けている。合併が進み，組合員とJAの距離が離れていくことを食い止める役割も兼ねているといえる。「出向く営農指導と言いますが，昔は出向くのがあたり前だったのです。」（関前組合長）

営農指導員の専門性向上も重要な課題である。

「JAグループの経済事業改革では，『営農経済渉外』とかいわれているが，この中身については非常に見えづらいというか，明確ではありません。営農指導をやりながら，マーケティングのような経済行為を同時に追求することは，完全に営農指導員として専念するのとは違って，難しいところがあります。とはいえ，次年度に向けて具体化に努めているところです。」（山崎前参事）

なお，こうした営農改革は徹底した組合員との対話がないと実現できない。今は総合事業のJAを目指しているが，JAのアイデンティティを問い続け，自己実現させるために何をすべきかという教育が産業組合の時代からあった。アイデンティティを問うからこそ，営農担当以外の職員においても，営農の「心」が重要になってくる。JA越後さんとうでは，以下のような考え方に基

第5章　JA越後さんとう～米のブランド化戦略～

づき，全職員の意識改革に取り組んでいる。

「神谷信用組合の初代組合長である高橋九郎さんの頃から，『産業組合（農業協同組合）はなんのためにあるのか』ということを強く意識した教育が行われていたといいます。私自身も，『民間企業や役場の職員とは違う。体も頭も一番の人間が農協に選ばれて入ったのである』からと言われたものです。」

「営農は基本です。JAバンクとかいわれているが，だからこそ原点に帰ってもらいたい。JAは銀行ではありません。JAは農業なのです。全職員は営農指導員たれと思いますので，生産履歴（トレーサビリティ）の記帳も，カントリーエレベーターにも全員行ってもらいます。当然，土日対応もあります。」（以上，関前組合長）

「営農指導教育はデスクワークだけでなくて現地研修です。トレーサビリティ記帳のお願い，回収作業を行えば，組合員から文句を言われることもありますが，これも勉強です。」（山崎前参事）

「組合員のところに，トレーサビリティの記帳をお願いしに行くとき，職員は単なる郵便屋さんになってはいけないのです。ちゃんと話を聞いてJAにフィードバックできるかが大切なのです。」（水島前センター長）

その他，中山間地にある棚田の復活にも熱心である。「JAの管内には山地があるので，全職員棚田に入り，荒れた田を修復して，農作業を楽しみながら習得させている。米をとるためにやってきた農作業が，自然環境保全にすばらしく役だっていることを理解させるのです。」（関前組合長）

そして，JA職員には農業のみならず地域活性化のために努力するよう求めている。「地域活動になじめない人はよい仕事ができない。『村祭りには先頭で行け』とか，『村の行事はすべてリーダーシップをとれ』と，檄を飛ばしております。」（関前組合長）

5. 関響隆前組合長のリーダーシップ

5-1. 苦労続きの青少年時代

JA越後さんとう前代表理事組合長関響隆氏は，1937年10月旧越路町（現長岡市）浦という集落の農家の3人兄妹の長男として生まれた。戦前は2町

歩（ha）弱を有する自作農家で，集落では大農であったが，農地解放などで土地を手放さなくてはならず，一家の生計は極めて苦しくなった。関氏は，農作業はもちろんのこと，小学校3年生からは6月頃から9月末頃まで，川船から石や砂利・砂を背負い籠で堤防の上まで運ぶアルバイトまでして一家の家計を助けた。このアルバイトは重労働で背中が擦りむけることもあり，母親がその姿を見て泣いていたことを覚えているという。

高校進学は諦めるように言われていたが，中学の担任の先生からも大きな精神的支援を受け，周囲には勉強も将来の学費も「一切迷惑を掛けません」と宣言し，長岡農業高等学校に進んだ。高校時代は柔道部に入り，朝4時から始まる寒稽古にでるために，朝1時半に家をでて，これを3年間1日も休まなかったという。

5-2. 農協に就職し，激務に耐える

柔道でも県下で好成績をあげ，大学柔道部からの誘いもあったが，家の事情を考えて就職することとし，現在のJA越後さんとうの前身の一つである来迎寺農協に採用された。本当は農協以外から就職の内定を受けていたが，当時の来迎寺農協の代表監事であった父親から農協への就職を強く勧められたという。

農協に就職して，最初の2年間は購買事業に就いた後，販売事業のなかでも激務の米の販売主任となった。米の販売担当は関氏と若い女性職員の2人体制で，集荷時期になると朝4時に出勤しなければならなかった。

「農家は前の日の夜中の12時までに俵を結って，朝3時には倉庫の前に並んでいます。当時，9月末から10月末まで10日ごとに早場米第1期から4期までの期別が設定されていて，これにより政府買入価格も違う仕組みになっていました。ですから，検査が後回しになると，その分出荷期が後回しになり価格が安くなってしまう可能性がありました。そのような事情で，農協の担当職員が順番をしっかり確認し，決定しないと待っている間にけんかになってしまうのです。」（関前組合長）

早朝は待っている人たちの順番決め，昼は倉庫の確認や書類づくり，時間が空けば仮眠を取り，夜は銭湯がしまる午後8時までには同僚の女性を先に風呂に行かせて，戻ってきたらさらに書類作成の仕事。終了するのは深夜

1時～2時であった。「泣きながら仕事をしておりまして，こんなことが9月20日頃から，11月10日頃まで続きます。米の検査が日曜は休みだったのが救いですが，ついでに言うと時間外手当もない時代でありました。これが足掛け3年間続きました。寝る時間もろくになく，本当に，自分でもよくやったものだと思います。」(関前組合長)

5-3. 農機センター長（20年間）の経験から得たもの

　その後，再び購買事業へと異動になり，SSの担当になった。そこでは，危険物取扱責任者資格と農業機械整備技能士の資格も取得した。一方，1963年には，来迎寺農協でも労働組合結成の機運が高まり，関氏も同僚と相談し，労組の設立総会を開き，幹部に就任した。ところが，突然の人事異動で，農機・車輌センター長，すなわち管理職となったため，労組活動はできなくなってしまった。まだ26歳のときであり，その後20年間もその役を務めることとなった。

　この農機・車輌センターは当時の農協の世界では珍しい独立採算であった。今ならば，協同会社にするところであろう。しかし，センターは農協の一部門であるにも関わらず独立採算であるので，「サービスセンター」という当座勘定を設定し，資金調達で当座貸越となると，農協本体に金利を払うという仕組みになっていた。当時は，コンバインを年間33台も売る実績を上げ，農協本体から「よく稼ぐ」と認められていた。

　また，関氏はさらなる実績を求め，当時流行の家電製品もセンターで取り扱うことにした。電気はまだ電灯用にしか使っていない家もあったが，関氏は冷蔵庫を一晩で16台も販売するという記録に残る推進も行った。このような推進ができたのも，組合員と密に付き合うことにより，何が組合員の生活で足りないのか，どのタイミングでその足りないものを推進するかということを，常に考えていたからであった。

　全職員に目標を課せられる春の共済推進も，関氏は組合員と心を通い合わせる関係を心がけていたので，決して苦ではなかった。「共済の推進も，私の場合は楽しみとしていました。今日は何軒，どの家に行って共済の契約を取り，その日の最後はどの家でご馳走になるかまで計算して，一斉推進に回っていました。」(関前組合長)

ただ，職員が50名ほどしかいない農協の職場で，26歳でセンター長になり，確かな実績をあげていたことに対して，周囲から妬み嫉みを受けることもあった。当然，当時の組合長や参事から期待され，いろんなことを直接教えてもらったのも事実で，大事な行事には夜の席も含めて同席させられたり，農協のイベントで三波春夫（地元出身）さんが来たときも，接待役を務めさせてもらったりした。

　この農機・車輌センター長時代に，経済連主催のセンター長会議などで，他の農協のセンター長や経済連の担当者と交流を深めることができたことは大きな経験だった。昭和40年代には新潟県各地の農協でも来迎寺農協と同様に，農機センターが設立されていたが，当時の農協はどこも規模が小さく，専門性を有する職員もいないところがあった。そのため，他の農機会社から引き抜かれた人が農機センター長になっていることも珍しくなかった。そういう状況を見聞きすると，もともとプロパー職員である自分はまだまだ恵まれていることが分かり，精神的に苦痛ではなくなった。

　また，来迎寺農協以外の関係者と接するなかで系統組織の重要性も明確に理解することができるようになった。自分の農協だけで農機や家電の仕入れを行うことの限界や，連合会による仕入れのメリット（優位性確保とリスク回避）などといったことについて，さらには，なぜ農協が出資し合って連合会を作ったのかについて，本当の意味が理解できるようになったという。

　「JAが組合員に対して，『皆さんの営農と生活を任せてください』と言っておきながら，自分の組織である連合会を無視するのであれば，そんなことが言える道理がありません。若い頃から，農機センター長という管理職を経験したからこそ，『経済連を頼っていきましょう』と言ってきました。農協ができて，県や全国の連合組織ができたのはなぜか。経済的メリットはもちろんのこと，例えば経団連とも十二分に対抗できるほどの発言力を持つためではなかったのか。だからこそ，今の全農にはスリムになってJAのためになってほしい。全農はJAのためにリスクをとってくれるのです。系統組織（JAグループ）は『保険』である。我々単独のJAだけではどうしようもないところを，例えば信用事業ならばJAバンクシステムのように能力を結集して，事業を行っているのではないか。」（関前組合長）

　JA越後さんとうがニュー・ノザワ・フーズや伊丹産業などといった有力

な米の卸とネットワークを築くことができたのも，経済連からの紹介があったからである。結局，この連合会との付き合い方は自らのJAとの付き合い方にも通じるものがあると分かったのである。

　「単純なことですが，役員就任となればJA全面利用が第一歩でしょう。全面利用することにより，JAの長所・短所が分かってきます。その短所を修正していくことが役員の仕事だと思います。ロクに事業を利用せずに自分のJAの事業批判をする役員がいると聞くこともありますが，これは筋違いです。」
（関前組合長）

5-4．地域にいかされている

　米も生産過剰の時代になり，より効率的な米生産の実現を目指し，1982年にカントリーエレベーターを作ることになった。当時の参事と営農課長，関氏の3人で構成されるプロジェクトチームで検討を始めることになり，20年間の農機・車輌センター長としての仕事に終止符を打った。JA越後さんとうのカントリーエレベーターの発展の歴史はここから始まることとなった。

　その後は金融課長となり，時代に応じた信用事業の改革に努力した。そして，1992年に参事に就任した後は，再び営農改革に全力をあげて取り組むことになった。

　1994年には，旧JAこしじの組合長となった。「新潟県下54農協構想」に対して，まだ100以上のJAがあった。1997年には，さらに合併を行い，「越路町1JA」の目標がやっと達成できた。さらに，2001年には三島郡全域で合併が実現し，現在のJA越後さんとうが設立された。そして，関氏がその初代組合長を務めることとなったのである。

　いままでのキャリアを振り返って，関氏は次のように語る。

　「高校卒業当時，父親をはじめとして周囲の監視のなかでの仕事は嫌いと申しておりました。しかし，農協の事業活動や青年会，PTAと，地域の皆さんに親しまれ，年輪の成長とでも申しましょうか，『自分が地域社会によりいかされている』と，強く感ずるようになりました。」

6. 経営理念の実現に向けて

6-1. 自然環境保全活動の取り組み

「今までの経験により『地域とともに』の意識が強くなってきたからこそ，当JA越後さんとうの経営理念の一つに『地域とともに，地域社会との共生』を掲げています。」（関前組合長）

そして，管内の有力企業との連携もますます強化している。管内には，朝日酒造や岩塚製菓のほかに，世界的に知名度があるスポーツ器具メーカーであるヨネックスの工場もある。どの企業も地域貢献や経営品質の向上に非常に熱心であった。とりわけ，こしじ中央支店管内に位置しているヨネックスの工場が2001年に「ISO14001」を取得したことは大きな刺激となった。このヨネックスの「ISO14001」の取得に刺激され，JA越後さんとうも自らの経営理念の実現により近づくために，2003年にこしじ中央支店営農センターを対象として「ISO14001」を取得することになったのである。（参考資料7：JA越後さんとう　こしじ中央支店営農センター環境方針）

JA越後さんとうは，経営理念や環境方針を策定するにあたり，朝日酒造の経営理念を参考にしている。

「朝日酒造さんが自然環境保全活動をされており，それが元で旧越路町が環境庁（当時）から『ふるさといきものの里』すなわち『ホタルの里』の認定を受けました。私も自然環境保全は農業が7～8割を担うとの考えを持っており，朝日酒造さんと共に取り組んでおります。『こしじ営農センター』はISO14001の認証を受け，町内環境保全を，町のリーダーとして進めておりますし，自然環境保全に対し本気で取り組んでいこうとする職員の気迫が素晴らしくよくなりました。」

「私も『財団法人こしじ水と緑の会』の理事（当時）や『新潟県ホタルの会』の会長（当時）等を務めており，多忙な時ほど社会貢献の重要性について職員に話しています。これがJAのあるべき姿と考えており，今後も地域社会への貢献にはより積極的に取り組んでいくつもりです。」（以上，関前組合長）

関氏は「お祭りこそ地域を代表する風俗であり，お祭りを行うからこそ，地域の外へでた者も，帰省しようという気になる。『ふるさと＝お祭り』である。

これからのJAは，目の前の事業だけをこなすのではなく，余裕を持った経営を行わなくてはならない」と，力説している。

また，関氏は，蛍についても，次のように熱い思いを語っている。「蛍については生活指標昆虫といわれています。汚い所に住まないのは当然ですが，人里離れてきれいすぎるような所にもいないのです。都会の人に，自然環境や安全・安心というものを分かってもらうためには，蛍を引き合いにだすのが一番よいのではないかと思っています。その一環が，子どもたちを巻き込んだふるさとづくりの取り組みです。小さいうちに，蛍祭りに参加して，その時に食べた御飯とのっぺいがおいしかったなど，『ふるさと』という感覚を子どもたちにきっちり教えたいと考えています。私は，教育の蛍，農業の蛍，環境の蛍，観光の蛍の四つを目標にしています。」

6-2．これからの農業生産への抱負

合併を進めるにあたり，関組合長は「『オラが農協』の原点に立ち返ろう。合併というのは体格を大きくするのではない。中身を大きく変えていくのが合併なんだよ」と，常々みんなに訴えていたという。

「消費者の気持ちをどう農家やJAとしてとらえていくか。あるいは，農家やJAを消費者にどう理解してもらうのか。私たちのことを理解してもらわないと，日本の農業は育たない。やはり，日本の農業は，日本人から確実に理解してもらうことによって発展があります。」

「健康や安全・安心をきちっと実現すること。単に農産物を売るのではなく，自分たちのことを理解してもらうことが，大切なのです。そのことを踏まえた上で，よいものを作れば，絶対にダメにならないと思います。このような信念を持っていますので，これを貫いていきたいと思っています。」

「日本の農産物が海外と勝負して勝てるようになるには，国内市場でまず競争力があることが前提です。輸出も台湾や近年増えている中国の富裕層に対して攻略できるのではないでしょうか。日本酒と米の詰め合わせセットが輸出向けにできないかなどということを考えているところです。」（以上，関前組合長）

【参考資料1：組織機構図】　　　　　　　　　　　　　　　　平成20年4月現在

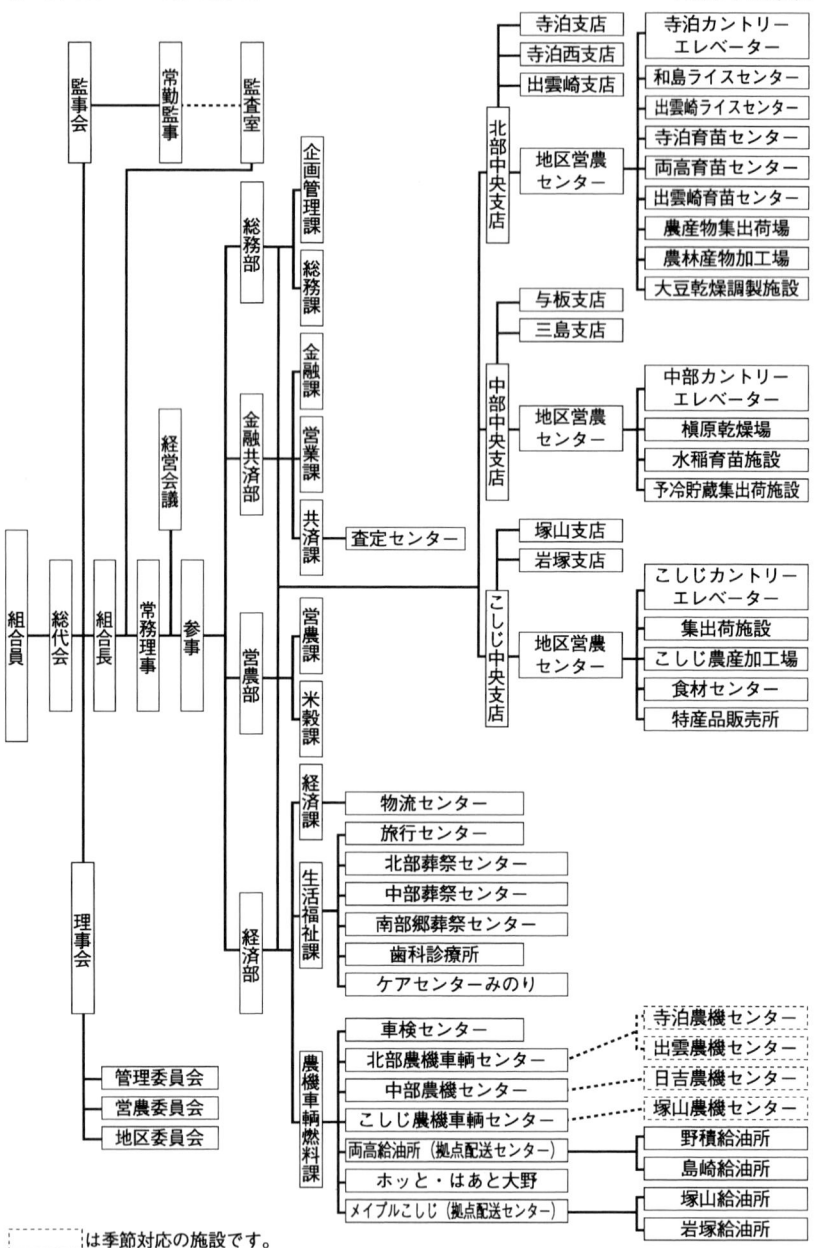

組合員 — 総代会 — 組合長 — 理事会					

主な構成：

- 監事会 — 常勤監事 — 監査室
- 経営会議
- 常務理事 — 参事
- 総務部
  - 企画管理課
  - 総務課
- 金融共済部
  - 金融課
  - 営業課
  - 共済課
  - 査定センター
- 営農部
  - 営農課
  - 米穀課
- 経済部
  - 経済課
    - 物流センター
    - 旅行センター
  - 生活福祉課
    - 北部葬祭センター
    - 中部葬祭センター
    - 南部郷葬祭センター
    - 歯科診療所
    - ケアセンターみのり
  - 農機車輌燃料課
    - 車検センター
    - 北部農機車輌センター ┈ 寺泊農機センター／出雲崎農機センター
    - 中部農機センター ┈ 日吉農機センター
    - こしじ農機車輌センター ┈ 塚山農機センター
    - 両高給油所（拠点配送センター） — 野積給油所／島崎給油所
    - ホッと・はあと大野
    - メイプルこしじ（拠点配送センター） — 塚山給油所／岩塚給油所

支店・センター：

- 北部中央支店
  - 寺泊支店／寺泊西支店／出雲崎支店
  - 地区営農センター
    - 寺泊カントリーエレベーター
    - 和島ライスセンター
    - 出雲崎ライスセンター
    - 寺泊育苗センター
    - 両高育苗センター
    - 出雲崎育苗センター
    - 農産物集出荷場
    - 農林産物加工場
    - 大豆乾燥調製施設
- 中部中央支店
  - 与板支店／三島支店
  - 地区営農センター
    - 中部カントリーエレベーター
    - 槇原乾燥場
    - 水稲育苗施設
    - 予冷貯蔵集出荷施設
- こしじ中央支店
  - 塚山支店／岩塚支店
  - 地区営農センター
    - こしじカントリーエレベーター
    - 集出荷施設
    - こしじ農産加工場
    - 食材センター
    - 特産品販売所

理事会系統：
- 管理委員会
- 営農委員会
- 地区委員会

┈┈┈ は季節対応の施設です。

※特産品販売所は，平成20年2月6日より当分の間，営業を休止しています。

第5章　JA越後さんとう～米のブランド化戦略～

【参考資料２：神谷信用組合の写真】

創立当時の事務所

神谷信用組合役員

【参考資料3：JA越後さんとう　米品質向上　88運動】

JA越後さんとうのお米の品質を向上するため，これだけは守ろう8つのポイントを作り，平成15年から「88運動」として取り組んでいます。
「到達目標」を達成できるよう，また少なくとも「最低取り組みライン」は必ず実施するようがんばりましょう。

品質向上8つのポイント

ポイント1　土づくりをしましょう

☆品質・収量のアップの基本は土づくり！

○有機物（堆肥1トン／10アール程度）又は稲わらの秋すき込みのどちらかを必ず実施。
○土質に応じてようりん・珪カルを施用しましょう。

　到達目標　：堆肥施用又は稲わら秋すき込み
　最低ライン：稲わら等は燃やさず全量すき込む

ポイント2　毎年種子更新しましょう

☆消費地では，産地を調べるためにDNA解析を行うようになってきました。種子更新を行わないと，新潟産コシヒカリとは認められない場合があります。

○種子は検査済みの種子を毎年購入しましょう。

　到達目標：種籾は毎年更新（平成17年産米よりいもち病に強いコシヒカリ
　　　　　　に切替）

ポイント3　早すぎる播種・移植は厳禁

☆地球温暖化の影響によりコシヒカリには暑すぎる条件の年が多くなっています。コシヒカリの適正出穂時期は8月5日頃を目指して，播種時期などを見直してください。

○コシヒカリの田植えは5月10日頃を目安に，最低でも5月7日以降とする。
○育苗期間は20日程度を目安に，田植え日から逆算し浸種開始日を決める。
○1箱当たり播種量は乾籾140g以上は播かない。
○代掻きは5月1日以降とする。

	浸種	播種	播種量	田植え	育苗期間	苗の葉令
到達目標	4/9以降	4/21以降	140g	5/10～25	20日程度	2.5葉

ポイント4　後期栄養の維持

☆倒伏させず，高温下での登熟を乗り切るため緩効性肥料の活用も有効です。

　○深耕による充分な作土層の確保を図りましょう。
　○緩効性肥料の活用も視野に入れ，2回目重視の穂肥施用をしましょう。
　○適正な水管理を実施しましょう。

ポイント5　全ほ場で溝切りをしましょう

☆溝切りは中干しの効果を高めるだけでなく，その後速やかな灌水が可能になる，地耐力を維持しながら遅くまで間断灌水を行えるという効果があります。

　○中干しの効果を高めるため，全ほ場で溝切りを行いましょう。
　○溝切りは8～10条おきに1本を目安としましょう。(2.5mに1本の溝切り)

　　到達目標：全ほ場で実施する

ポイント6　中干しウィークはみんなで中干し

☆中干しは過剰な分げつを抑制するとともに，その後に発根する根を深くはらせ，高温等の悪条件に強い稲本にする効果があります。

　○田植1ヶ月後（1株当たり茎数17本程度）を目安に中干しをしましょう。
　○小ヒビが入る程度まで中干しを行いましょう。

　　到達目標：中干しウィーク（6/5～11）に全ほ場で落水開始
　　　　　　　（天水田等は除く）

ポイント7　一斉草刈りウィークでカメムシ対策

☆早生を中心にカメムシによる斑点米が多発生しています。日頃から農道・畦畔の草刈り等の管理を徹底しましょう。

　　最低ライン：一斉草刈りウィーク（7/9～16）に農道・畦畔の草刈りを実施

ポイント8　出穂後25日間は飽水管理

☆美味しく安全なお米を作るには収穫の直前まで水を飲ませる必要があります。飽水管理とは「田面の足跡や溝に水が溜まっている状態」を保つ水管理のこと。

　　最低ライン：落水は出穂後25日以降とする

【参考資料4：JA越後さんとう「特別栽培コシヒカリ」(減農薬・減化学肥料栽培) 栽培暦】

○安全・安心なお米を消費者にお届けする義務があります。
○栽培方法を消費者に説明する責任があります。
○土づくりを行い,化学合成農薬・化学肥料とも地域慣行の1/2以下の使用量で栽培するものです。
　良食味米を生産するためには根の活力を最後まで維持する必要がありますので,適期に強めの中干しを行い,以降は間断灌水を行いましょう。早め・強めの穂肥と早期落水は厳禁です。
　早植は品質を落としますので5月10日以降の田植えとしましょう。

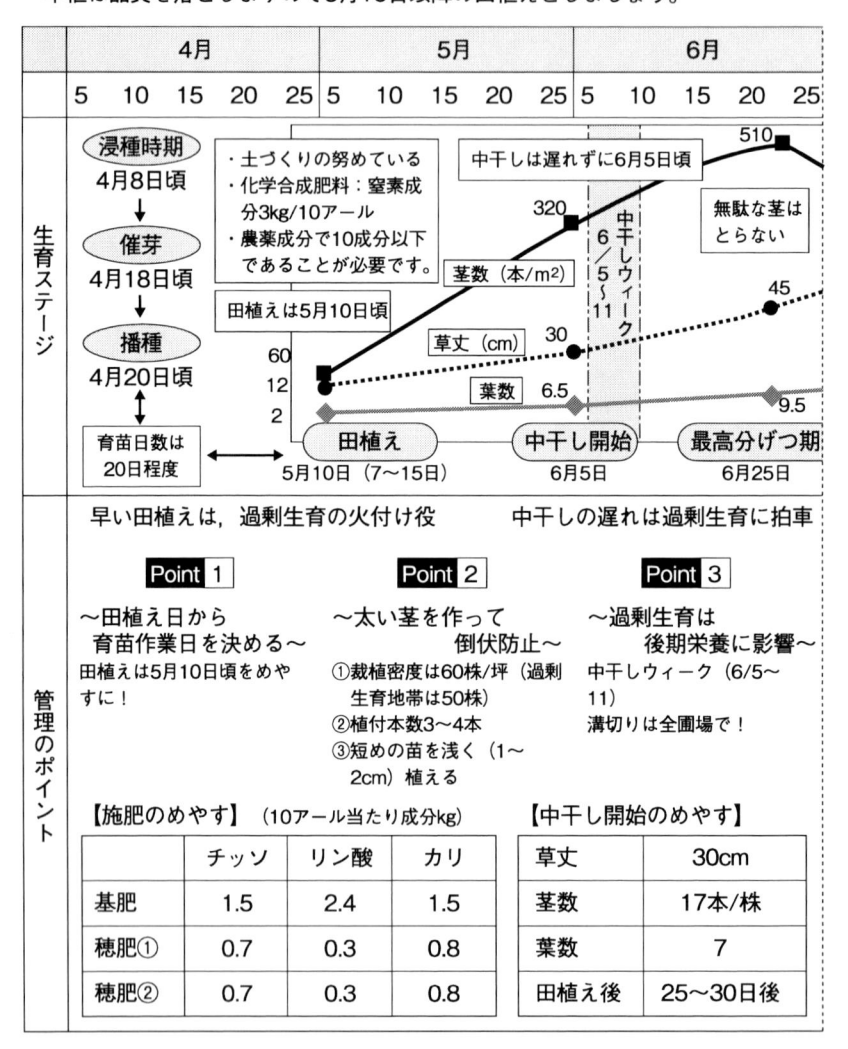

	4月	5月	6月
	5　10　15　20　25	5　10　15　20　25	5　10　15　20　25

生育ステージ

- 浸種時期　4月8日頃
- ↓
- 催芽　4月18日頃
- ↓
- 播種　4月20日頃
- ↕
- 育苗日数は20日程度

・土づくりの努めている
・化学合成肥料：窒素成分3kg/10アール
・農薬成分で10成分以下であることが必要です。

茎数（本/m²）：60 → 320 → 510
草丈（cm）：12 → 30 → 45
葉数：2 → 6.5 → 9.5

中干しは遅れずに6月5日頃
中干しウィーク 6/5～11
無駄な茎はとらない

田植え 5月10日（7～15日）
中干し開始 6月5日
最高分げつ期 6月25日

管理のポイント

早い田植えは,過剰生育の火付け役　　　中干しの遅れは過剰生育に拍車

Point 1
～田植え日から育苗作業日を決める～
田植えは5月10日頃をめやすに！

Point 2
～太い茎を作って倒伏防止～
①栽植密度は60株/坪（過剰生育地帯は50株）
②植付本数3～4本
③短めの苗を浅く（1～2cm）植える

Point 3
～過剰生育は後期栄養に影響～
中干しウィーク（6/5～11）
溝切りは全圃場で！

【施肥のめやす】（10アール当たり成分kg）

	チッソ	リン酸	カリ
基肥	1.5	2.4	1.5
穂肥①	0.7	0.3	0.8
穂肥②	0.7	0.3	0.8

【中干し開始のめやす】

草丈	30cm
茎数	17本/株
葉数	7
田植え後	25～30日後

第5章 JA越後さんとう～米のブランド化戦略～

○来　　歴：品種命名昭和31年・育成福井県農試　母農林22号×父農林1号
○特性概要：平坦部での出穂期は8月上旬，成熟期は9月下旬の中生
　　　　　　草型は中間型で，稈長は長く，細茎で稈質は柔。下位節間が伸び倒伏しやすい
　　　　　　穂発芽性は難，耐倒伏性は極弱。葉いもち・穂いもちとも弱で，紋枯病には中程度
　　　　　　粒大はやや小粒で，収量性はやや低い。食味評価は極良である

JA越後さんとう　三古農業改良普及センター

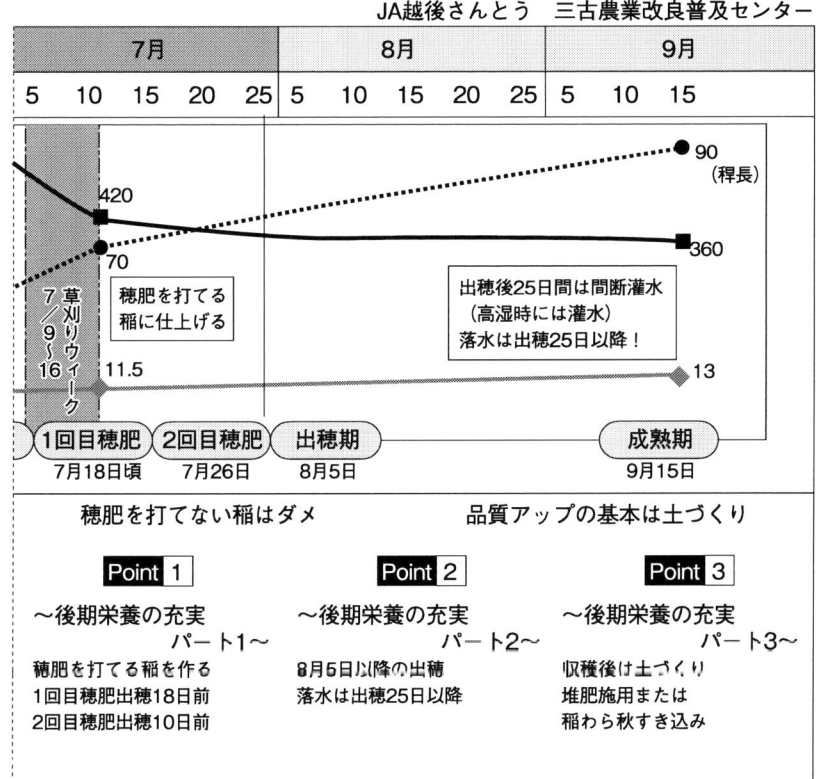

7月					8月					9月		
5	10	15	20	25	5	10	15	20	25	5	10	15

- 420 → 360（稈長）
- 70 → 90
- 草刈りウィーク 7/9～16
- 穂肥を打てる稲に仕上げる
- 出穂後25日間は間断灌水（高湿時には灌水）落水は出穂25日以降！
- 11.5 → 13

1回目穂肥　7月18日頃
2回目穂肥　7月26日
出穂期　8月5日
成熟期　9月15日

穂肥を打てない稲はダメ　　　　品質アップの基本は土づくり

Point 1
～後期栄養の充実
　　パート1～
穂肥を打てる稲を作る
1回目穂肥出穂18日前
2回目穂肥出穂10日前

Point 2
～後期栄養の充実
　　パート2～
8月5日以降の出穂
落水は出穂25日以降

Point 3
～後期栄養の充実
　　パート3～
収穫後は土づくり
堆肥施用または
稲わら秋すき込み

【1回目穂肥施用のめやす】

草丈	70cm
茎数	23本/株
葉数	11.5
葉色	31～33

【収量構成要素】

収穫(kg/10アール)	1穂籾数(粒)	穂数(本/m²)	m²籾数(百粒)	登熟歩合(%)	千粒重(g)
520	75	360	270	88	22.0

【参考資料５：栽培管理日誌の様式】

平成　　年度産米＜品種＊＊＊＊＊＊＞栽培日誌１

| 栽培者コード | ＊ | ＊ | ＊ | ＊ | ＊ | 氏名 | ＊＊＊＊＊＊ | 住所 | ＊＊＊＊＊＊＊＊＊＊ | TEL | ＊＊＊＊＊＊＊＊＊＊ | 6月上旬に回収いたします。 |

２０　　　年

水田番号		＊		＊		＊	
地名		＊		＊		＊	
地番		＊		＊		＊	
面積		m²		m²		m²	
耕耘日		（月／日）		（月／日）		（月／日）	
代掻き日		（月／日）		（月／日）		（月／日）	
田植え日及び直播日		（月／日）		（月／日）		（月／日）	
使用苗	1.自家育苗 2.購入苗 3.直播		1.自家育苗 2.購入苗 3.直播		1.自家育苗 2.購入苗 3.直播		
栽植密度		株／坪		株／坪		株／坪	
直播の播種量		kg/10a		kg/10a		kg/10a	

備考

作業名		使用した資材等の名称	資材番号	作業日（月／日）	使用量(kg/10a)	作業日（月／日）	使用量(kg/10a)	作業日（月／日）	使用量(kg/10a)
土づくり	前年稲わら等鋤き込み			/		/		/	
				/		/		/	
元肥				/		/		/	
				/		/		/	

作業名		使用した資材等の名称	登録番号	作業日（月／日）	使用量(kg,ml,個/10a)	作業日（月／日）	使用量(kg,ml,個/10a)	作業日（月／日）	使用量(kg,ml,個/10a)
耕起前	除草剤用			/		/		/	
	施用			/		/		/	
明初	水田初			/		/		/	
	除初			/		/		/	
	位中			/		/		/	

| 生産者確認 | 記載内容に間違いありません。　　　印 | 記載内容確認 | 記載内容が適正に使用されていることを記載内容により保証しました。　　印 | 生産資材が適正に使用されていることを記載内容により保証しました。　　印 | 担当者名 |

記入数字例　｜１｜２｜３｜４｜５｜６｜７｜８｜９｜０｜

142

第5章　JA越後さんとう〜米のブランド化戦略〜

【参考資料6：マッピングシステムによる地図】

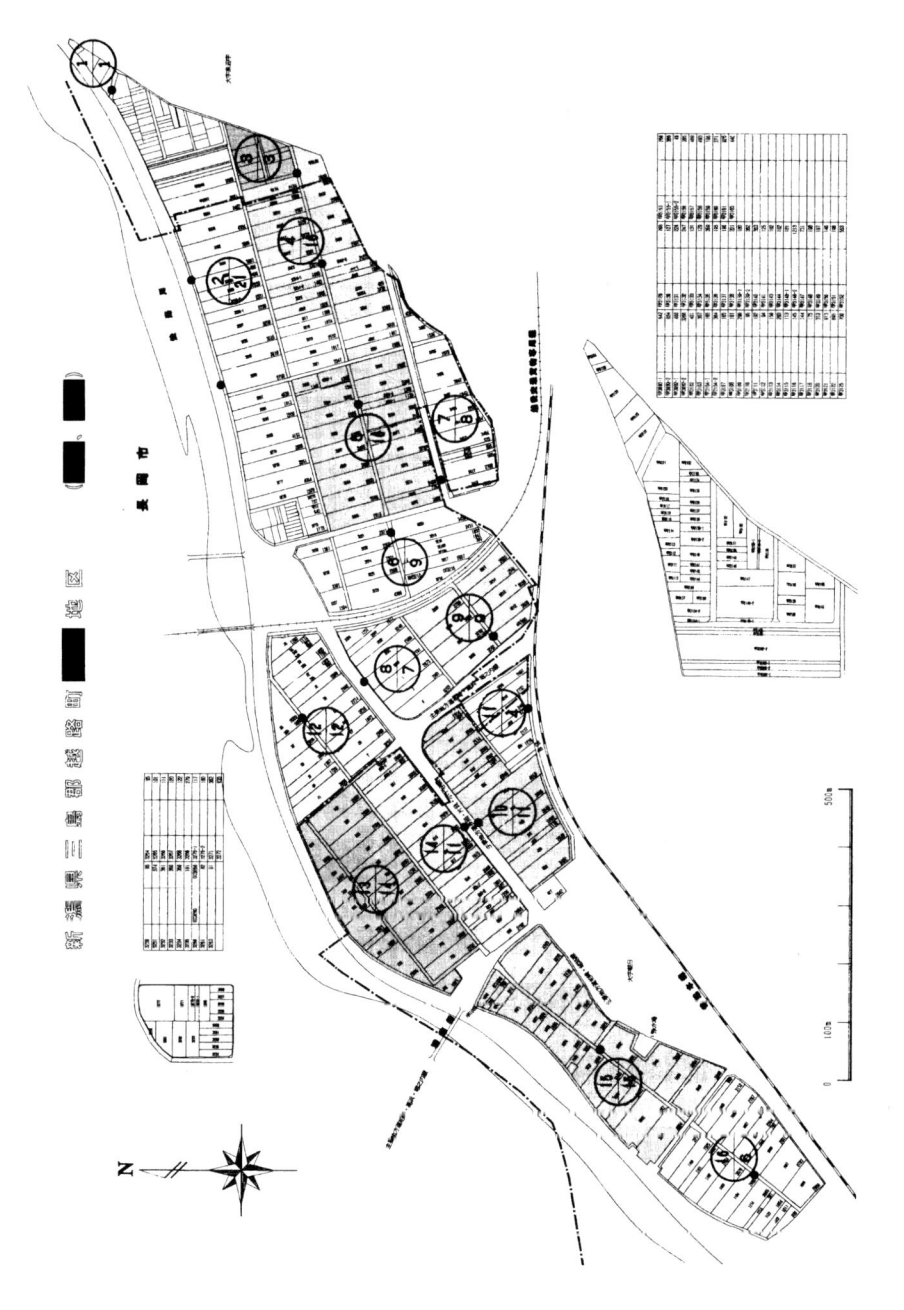

【参考資料7：JA越後さんとう こしじ中央支店営農センター環境方針】

ISO14001（環境マネジメントシステムの取り組み）

　こしじ中央支店営農センターでは，平成15年12月に認証を取得しました。環境保全型農業（特別栽培米）の推進をはじめ，省エネルギー・省資源など環境に優しい事業活動に取り組んでいます。5月の連休明けには，営農センター周辺のゴミ拾いを実施しました。
　下記の環境方針は，平成17年4月1日に越路町が長岡市と合併したため，越路町という表記を改めたものです。

・基本方針
　所在地長岡市越路地域は平成元年，環境省から「ふるさといきものの里」と認定され，ホタルの里として住民の自然環境に対する意識も高く，保護活動も活発であります。
　長岡市越路地域の 営農拠点施設である営農センターは，JA越後さんとうの経営理念「環境に優しい未来農業を目指して」と「地域とともに，地域社会との共生」を行動の基準と致しております。営農センターは社会的な役割も含め，地域ひいては地球環境の保全に地域の先頭に立って，次の行動指針に基づき積極的に取り組みます。

・行動指針
1．営農センターは，営農・生活指導，旅行，土地改良活動が環境に与える影響を評価し，目的・目標を設定し行動するとともに，環境汚染の予防に取り組みます。
2．上記活動の実現のために，環境マネジメントシステムの見直しと継続的な改善を行います。
3．環境に関する法規制および営農センターが同意したその他の要求事項を順守します。
4．省エネルギー・省資源および廃棄物の削減に取り組みます。
5．地域の環境保全活動に積極的に参画し，地域社会との共生に努めます。
6．地域資源を活用した，環境保全型農業に取り組みます。
7．職員に対し，環境に関する教育および意識向上活動を実施します。

　　　　　　　　　　　　　　　　　　　　　平成17年6月6日
　　　　　　　　　　　　　　　　　　　　　越後さんとう農業協同組合
　　　　　　　　　　　　　　　　　　　　　代表理事組合長　関　譽隆

第6章
JA紀の里 ～地産地消の実践～

1. JA紀の里の概要

　JA紀の里は，1992年10月1日に和歌山県で初めて那賀郡内の5JA（那賀町，粉河町，打田町，桃山町，貴志川町）が合併し発足した大型合併JAであり，その後2008年4月にはJA岩出と合併し，今日にいたっている。和歌山県の北部農業地帯の中央に位置し，国道24号線が東西に走り，東は伊都郡や奈良県方面へ，西は和歌山市へと続いている。また，JR和歌山線が国道と同様に東西に通じ，通勤の足として利用されている。関西国際空港からも車で1時間弱と近く，東京や福岡などへのアクセスも手軽である。中央部を第一級河川"紀ノ川"が流れ，JA管内総面積262km^{2}で，和歌山県下の総面積の5.5%を占め，総人口は約121,000人，総世帯数は約44,900世帯のエリアをカバーしている。

　JA紀の里の北部には，関西の台所と呼ばれる一大消費地である大阪府が隣接し，当JA管内は関西国際空港に最も近い果物の一大産地でもある。管内の気象条件は年平均気温15.6℃，年間降水量は1,500～1,600ミリと温暖な気候地帯である。地質は紀ノ川北岸が和泉砂岩からなり，南岸は古生層の三波系となっている。紀ノ川を主流とした豊かな水，有機質に富んだ土壌，こうした自然が年間を通じて多種多様な農作物を育んでいるのである。

　JA紀の里の大きな特徴の一つとして，この温暖な気候によって，ほぼ通

表 6-1　JA紀の里における主要産物

(単位：千円)

種類		平成16年度	平成17年度	平成18年度	平成19年度
米・麦		63,638	68,285	53,171	63,098
野菜	たまねぎ	61,502	59,708	39,962	37,899
	その他	971,500	877,620	875,705	802,693
	計	1,033,002	937,328	915,667	903,690
果実	モモ	2,224,209	2,691,052	2,469,065	2,456,022
	みかん	1,020,941	679,205	1,057,309	680,097
	カキ	2,709,718	2,344,544	2,407,572	2,745,522
	その他	2,515,714	2,504,120	2,218,847	2,459,557
	計	8,470,582	8,218,921	8,152,793	8,341,198
花き類		422,435	393,892	389,709	390,990
その他		198,537	227,694	229,097	197,192
合計		10,188,194	9,846,120	9,740,437	9,896,168

年で様々な農作物の栽培が可能であることがあげられる。表6-1に示すように，産物の中心は果実で，全体の約80％を占め，約20％がその他の野菜と米である。果実の中心はモモをはじめ，カキやみかん，八朔，キウイフルーツなどであり，野菜の中心はうすいえんどうやきゅうり，たまねぎなどである。また花きの栽培も盛んで，葉ぼたんや紅花を中心に年間を通して市場に供給している。

　JA紀の里における組合員の数は，表6-2に示すように，2009年3月の時点で正組合員は113,099人で，准組合員は6,610人である。JA紀の里の職員は384人で，理事定数は30人，監事定数は8人である。常勤理事は組合長と専務理事，経済担当学経常務，金融担当学経常務の4人になっており，代表権を持つ組合長と専務理事は組織代表が務めている。そして，2人の学経理事を登用し，担当役員制を導入している。組織機構は，主に農業関連事業，営農指導事業を扱う「購買部」「販売部」「営農生活部」，信用事業と共済事業を扱う「金融企画部」「金融共済部」，そしてスタッフ部門である「総合企画部」「総合開発室」と，六つに分けられた各支所・事業所から構成される。（参

表6-2 組合員の数および役員の構成（2007年度）

正組合員数	113,099人
准組合員数	6,610人
総代数	587人
理事定数	30人 （うち常勤4人）
監事定数	8人 （うち常勤1人，員外監事1人）
職員数	384名 （うち嘱託・準職員84名）

考資料1：組織図）

　事業構成は，信用事業，共済事業，農業関連事業，生活その他事業，営農指導事業の大きく五つに分けられる。そのなかでも，中心となる事業は農業関連事業である。表6-3に示すように，農業関連事業は事業収益の約80％を占め，JA紀の里の中心的事業として大きな役割を果たしている。事業総利益においても，信用事業と同等程度の利益を確保し，まさしく営農を中心としたJA紀の里の特徴を如実に表しているといえる。

　農業関連事業は，大きく分けて三つに分けられている。それは購買事業，販売事業，ファーマーズマーケット事業である。それぞれの第16期（2007年4月1日～2008年3月31日）の利益は，購買事業総利益が約395,700千円，販売事業総利益が約621,500千円，ファーマーズマーケット事業総利益が約180,700千円であり，ファーマーズマーケット事業の割合が少なくないことがよく分かる。一方，事業費用や人件費その他の事業管理費をみると，農業関連事業は収益を上回るコストが掛かっており，農業支援の難しさやJAの持つ根本的な経営の難しさが表れている。

　JA紀の里は農業関連事業の中心的施策として『「安全・安心」農産物推進運動の徹底とともに，農家所得の向上を目指し適地適作を基本とした作物別生産対策の実施』を掲げ，以下のような取り組みを行ってきた。

(1)「安全・安心」農産物推進運動の徹底

　　各部会による細かい生産基準の作成や，特別・有機栽培農産物の取り組み，日誌等の詳細な情報の開示

表6-3 第16期（2007年度）部門別損益計算書

(単位：千円)

区分	合計	信用事業	共済事業	農業関連事業	生活その他事業	営農指導事業	共通管理費等
事業収益①	17,267,166	1,828,032	793,257	13,711,573	913,548	20,757	
事業費用②	14,029,921	622,429	88,559	12,471,844	822,560	24,529	
事業総利益③（①−②）	3,237,245	1,205,603	704,697	1,239,730	90,989	▲3,772	
事業管理費④	2,922,850	846,964	478,272	1,242,214	176,987	178,413	
（うち減価償却費⑤）	384,011	55,846	8,182	300,663	15,211	4,110	
※うち共通管理費⑥		201,198	91,110	299,353	30,206	21,676	▲643,537
（うち減価償却費⑦）		17,269	7,820	25,694	2,593	1,860	▲55,236
事業利益⑧（③−④）	314,395	358,639	226,425	▲2,484	▲85,998	▲182,185	
事業外収益⑨	685,837	578,340	13,416	70,425	20,722	2,935	
※うち共通分⑩		27,243	12,337	40,543	4,090	3,935	▲87,138
事業外費用⑪	588,171	541,934	1,197	30,093	14,664	285	
※うち共通分⑫		2,542	1,197	3,932	397	285	▲8,452
経常利益⑬（⑧+⑨−⑪）	412,062	395,045	238,645	37,848	▲79,941	▲179,534	
特別利益⑭	1,498,209	3,641	1,649	5,866	1,151	392	
※うち共通分⑮		3,641	1,649	5,417	547	392	▲1,490,411
特別損失⑯	27,757	7,932	3,186	12,352	3,536	752	
※うち共通分⑰		6,982	3,162	10,388	1,048	752	▲22,332
税引前当期利益⑱（⑬+⑭−⑯）	397,003	390,754	237,108	31,363	▲82,326	▲179,894	
営農指導事業分配賦額⑲		72,781	49,189	78,384	17,683	▲218,038	
営農指導事業分配賦後税引前当期利益⑳（⑱−⑲）	397,003	326,888	198,875	▲37,532	▲91,226		

[注] 1. 共通管理費等および営農指導事業の他部門への配賦基準等
　(1) 共通管理費　「稼働人員割＋人件費を除いた事業管理費割＋事業総利益割」の平均値
　　※共通管理費には，生活指導事業費19,256千円が含まれます。
　(2) 営農指導事業　「稼働人員割＋事業総利益割」の平均値
2. 配賦割合（1の配賦基準で算出した配賦の割合）

(単位：%)

区分	信用事業	共済事業	農業関連事業	生活その他事業	営農指導事業	合計
共通管理費等	31	14	47	5	3	100
営農指導事業	36	21	38	5		100

(2) 組織活動の強化と作物別生産対策の徹底
　モモ，カキ，みかんなど作物に応じた生産対策と，園地巡回体制の強化
(3) 農業支援策の強化
　税務相談活動による農家のサポートをはじめ，農業体験会や学童農園など次世代の農業の担い手の活動支援

　こうしたJA紀の里による農業関連事業への一貫した支援体制が，全国でも有数の果実産地であるJA紀の里管内の農業生産やその担い手を支えていると言っていいであろう。特に，(3) 農業支援策の強化にみられる，次世代や新たな農業の担い手の活動支援においては，子どもや若者を対象とした農業体験の提供だけでなく，UターンとIターンによる新たな農業の担い手や女性農業者に対して，農業のノウハウのアドバイスや支援，協力を行っている。こうした新たな担い手の創造活動は，JA紀の里全体に活力を与え，既存の組合員にも少なからず好影響を与えていると考えられる。

2. めっけもん広場の概要

　JA紀の里の農業関連事業の一環として始められた直営のファーマーズマーケットが「めっけもん広場」である。めっけもん広場は，和歌山市街から車で小1時間ほど走った郊外の県道に面した場所にあり，売場面積967m^{2}の鉄筋平屋建一棟の建物である。郊外型スーパーと比べると立地的にも規模的にも決して恵まれていないめっけもん広場であるが，その売上は2008年で約26.4億円と，JA紀の里の中心事業の一つを担うほどの利益を上げている。売場面積あたりの売上では百貨店，量販店，スーパーを含めた全国の小売店舗のなかでも上位の実績で，京阪神地域の百貨店はおろか，東京銀座の百貨店と肩を並べるほどの販売実績である。(参考資料2：めっけもん広場　販売実績表)

　年間の総来店者数は平成20年で約80万人にものぼっており，1日平均2,600人の顧客が来店していることになる。客単価は平均3,274円と，販売物単価から考えると非常に高額である。その理由の一つとしてあげられるものが，めっけもん広場の顧客構成である。顧客の構成を見ると，地元の顧客が約45％で，それ以外の55％もの顧客が大阪や神戸，京都といった大都市部

表 6-4 めっけもん広場 月別販売高と月別来店者数

(1) 月別事業年度販売高比較表

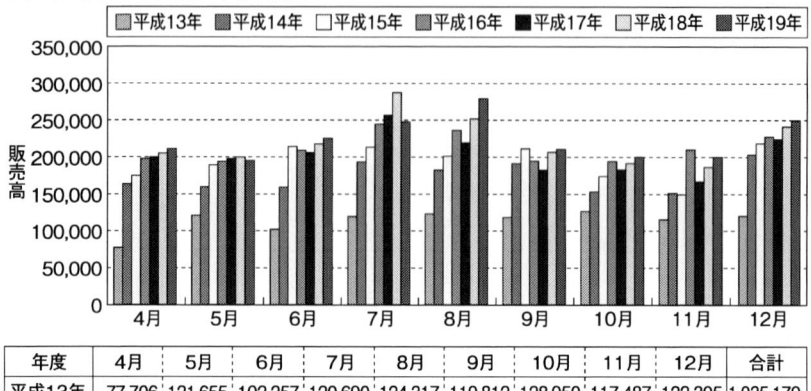

年度	4月	5月	6月	7月	8月	9月	10月	11月	12月	合計
平成13年	77,706	121,655	102,257	120,690	124,317	119,812	128,950	117,487	122,305	1,035,179
平成14年	163,496	160,550	160,516	195,003	182,817	193,494	155,622	152,587	203,455	1,567,740
平成15年	175,526	189,789	214,549	213,550	202,145	211,896	176,612	150,175	219,521	1.753.763
平成16年	196,990	193,868	209,336	244,420	236,465	194,402	196,653	211,455	227,757	1,911,346
平成17年	198,409	197,675	206,797	256,629	219,805	183,741	184,168	167,708	224,765	1,839,697
平成18年	204,533	198,615	217,941	286,271	251,689	207,418	192,978	187,474	242,463	1989,382
平成19年	209,890	195,189	225,081	247,651	277,781	211,062	200,473	201,063	249,265	2,017,455

(2) 月別事業年度来店客数比較表

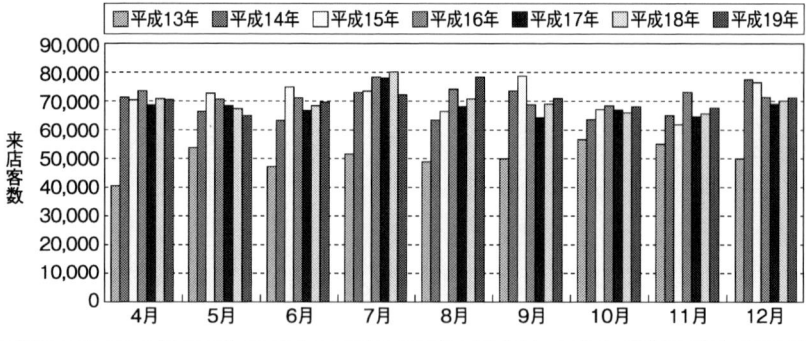

年度	4月	5月	6月	7月	8月	9月	10月	11月	12月	合計
平成13年	40,450	53,555	47,034	51,207	48,435	49,624	56,284	54,733	49,563	450,885
平成14年	70,882	66,217	63,017	73,036	63,207	73,198	63,253	64,796	77,354	614,960
平成15年	70,265	72,388	74,711	72,269	66,347	78,674	67,031	61,668	76,385	640,783
平成16年	73,420	70,601	70,895	78,254	74,111	68,611	68,173	72,748	71,074	647,887
平成17年	68,305	68,174	66,556	77,928	67,692	64,053	66,841	64,344	68,796	612,689
平成18年	70,506	67,170	68,144	80,154	70,674	68,793	65,886	65,260	70,062	626,649
平成19年	70,311	64,631	69,455	71,810	78,053	70,702	67,785	67,298	70,965	631,010

からのいわゆる「買い出し」の顧客となっている。こうした大都市部の顧客のまとめ買いのニーズを満たすことで，めっけもん広場は顧客単価の向上を達成しているのである。

JAが運営するファーマーズマーケットには大きく分けて二つのパターンがある。一つは，農業人口の高齢化や担い手不足，都市化，大規模効率化とその対応不足による農業の細分化と生産の低下によっておこる，農家の所得の低下を補うために運営される小型の直売所の延長線上にあるものである。もう一つは，都会に近い，人口密度の高いところに近いところで，そうした都会の住民を巻き込むかたちで生産者と消費者が一体となって運営するマーケットである。顧客構成や立地からみても，めっけもん広場はこうしたパターンでも後者に相当するものと考えられる。

一方，生産者に目を向けると，めっけもん広場に出店するために必要な事前登録を行っている人数は，2008年で1,571人である。その多くは高齢者や女性で，農業を専業としない小規模農家が多い。そういった人々が，毎朝とれたての果実や野菜を袋詰めし，めっけもん広場に列をなして納品しているのである。

めっけもん広場は，設立当初より以下の四つの目的で運営されている。

(1) 紀の里農業に関する情報提供（PR）および生産者と消費者の交流を通じて，農業振興と地域活性化を図る。
(2) 販路の多様化や産地間競争，輸入農産物の増加のなかで，農産物の販路拡大として，市場外流通の拡大による農産物の有利販売と農業所得の安定に務める。
(3) 農家の高齢者や女性などを対象にした少量多品目農産物の販路を確保するとともに，消費者のニーズにあった農産物の普及と生産拡大を図る。
(4) 新鮮・安心・安価な農産物を消費者に安定供給するとともに，コメ工房の設置により地場産米の積極的な直売による消費拡大を図る。

3. めっけもん広場の誕生

現在は年間26.4億円をも売上げ，大成功しているめっけもん広場であるが，しかし，広場設立までの道のりは決して平坦なものではなかった。様々な障

害や苦難を乗り越えるための多くの人々の努力が，現在のめっけもん広場の成功を形づくっているのである。

　1978年頃，当時の打田町農協が事務所の隣に100円市を開設した。新鮮で安いと評判になり，9時開店で11時には商品がないという状態が続いた。当時の関係者は，その状況を目のあたりにし，これをなんとか伸ばしていけないものかと考えていた。合併後組合長になった根来元組合長もそうした関係者の1人であり，ファーマーズマーケットをやりたいという思いが強かった。折しも，地域社会計画センターに「第二次長期計画の中間見直し」についてコンサルテーションを依頼したところ，「支所再編」「購買事業改革」「選果場再編」と並んで「ファーマーズマーケットの開設」が取り組む必要のある案件として上がってきた。

　根来元組合長の強い思いもあり，その案件のなかから，まずファーマーズマーケットの開設を検討することとなった。しかし，当時は隣接の岩出町でダイエー，ジャスコ，マイカルといったスーパーが相次いで撤退を決定しており，地域の経済状況は最悪の状態であった。こうした経済状況のなかであえてファーマーズマーケットを出店することには，数多くの反対があった。加えて，ノウハウやスキルの不足，「農家に八百屋ができるのか？」という声も数多く聞かれた。

　1999年，いよいよファーマーズマーケットに向けて動きはじめなければならない時期に根来組合長は任期満了となった。そして，新たに組合長に就任したのは理事当時ファーマーズマーケットに強硬に反対していた石橋芳春氏であった。石橋前組合長は，当時を振り返って次のように語る。

　「根来元組合長とはゆっくり話す時間がなく，理念の共有ができていなかった。今思うとすばらしい考えを持っておられたことが分かります。しかし，私は理事の時にはファーマーズマーケットの構想には反対でした。というよりも，やって成功するかしないかというのが非常に心配だった。これは，ほとんどの非常勤理事もそうだったと思います。しかし，国の補助金がついてきたのです。やむを得ず，賛成の立場になりました。役員の改選で，バトンを渡された以上，いくら反対論者でも成功させるように努力しなければしょうがないわけです。必死になってやりました。…当初は反対が過半数でした。『あんなもの（めっけもん広場）を作ってどうするんだ。最初は反対しながら今

第6章　JA紀の里〜地産地消の実践〜

度は賛成だ，なんということだ』と色々批判されました。」

　こうした逆風のなか，JA紀の里のファーマーズマーケット「めっけもん広場」は着々と誕生に向けて準備が進められた。ファーマーズマーケットの開設と運用にあたっては，先行する成功事例として関東や中部地区のファーマーズマーケットを数多く見て回った。また，他社の紹介を経て「母ちゃんだあすこ」と知り合い，店長が実際に2〜3ヶ月現地へ赴いて研修を受け，組織や運用ルール，接客方法等を学んだ。

　一方，現場を担当する職員にも多くの悩みがあった。企画を担当した菅野前営農企画部長は，当時を振り返り次のように語った。

　「一番問題だったのは，うちの産地というのはすごい多品目なのですが，それらの品物が店として揃えられるかどうかということでした。…．品目別部会だけでもたくさんあるんですが，それらがすべて出してくれるだろうか。説得してまわるしか方法がなく，2級品でもいいからだしてもらえるよう，組合員のところへ足を運びました。」

　出荷者700人を目標にファーマーズマーケットの出品を必死に推進する一方で，顧客に向けた広報活動にも力を入れた。石橋前組合長も自ら麦わら帽子に運動靴で開店3ヶ月前から和歌山駅の駅前や和歌山マリーナシティーなどでビラ配りを行った。こうした各方面への働きかけと協力の下，めっけもん広場は2000年11月にオープンしたのである。

　先の菅野前営農企画部長は，オープン当初の様子について「とにかく3日間のオープン記念から3週間ぐらいはなんとか出品してください，という話で（生産者の方々と）最初は進めたのですが…それがすごい売れたというので，心配は2〜3日で飛んでしまった」と，笑顔で語ってくれた。

　さらに，めっけもん広場に追い風となる出来事が続いたという。JAが発行する『家の光』，『農業新聞』，地元のテレビ局であるテレビ和歌山が立て続けに取材に訪れ，記事として掲載し，番組として放送してくれた。さらに，NHKの「昼どき日本列島」でも全国に向けてめっけもん広場の様子が中継された。こうした新聞やテレビといったメディアの効果により，めっけもん広場は一躍全国的に有名になった。

　「和歌山には名所が多いんです。根来寺とか，高野山とか…でも，ネームバリューは『めっけもん』のほうが高いか分からんね（笑）。」（石橋前組合長）

4. めっけもん広場の運営

　めっけもん広場に出品する出荷者は，先に見たように約1,500人もの数にのぼる。そうした出荷者は，朝収穫した果実や野菜，花きなどに決められたパッケージを施し，搬入時間である7時～8時30分の間にめっけもん広場に持ち寄る。広場から提示された価格域の範囲内で自ら値付けし，バーコード出力を行い，商品に添付し，あらかじめ決められた陳列棚に陳列を行う。搬入時は，非常に混み合い，朝5時から並ぶ生産者もいるが，運営は概ねスムーズに行われている。こうしたスムーズな運営の裏には，JA紀の里ならではの仕組みが取り入れられている。それは，ルールとして明文化された「JA紀の里ファーマーズマーケット運営規程」「JA紀の里ファーマーズマーケット運営要領」「JA紀の里ファーマーズマーケット利用取決め事項」といった一連の規程，年1回開催される「めっけもん広場出荷者大会」，それと運用の基幹システムとなっているPOSのシステムである。

4-1. ファーマーズマーケット利用取決め事項

　めっけもん広場の開設当初は，運営にあたっての明文化されたルールはまったくなかった。しかし，日々の営業のなかで様々な問題やトラブルが発生するようになった。そうした問題とその解決の繰り返しのなかで，自然発生的にできあがったのが現在の一連のファーマーズマーケットの運営規程である。大原前販売部長は運営規程について，「基本的にそんなに細かいルールはないほうがいいのに決まってるんですけれども，やっぱりどうしてもルールを作らざるをえない。運営委員会を開くと，やっぱり問題がでてきて，じゃぁルールを作りましょうと。こういうふうにルールは自分たちで自主的に作っていってもらった」と語る。

　めっけもん広場の運営規程は，極めてシンプルである。広場は出荷者と顧客をつなぐ役目という位置付けであり，出荷したものの責任は広場の職員ではなく出荷者本人が負う。バーコードに出荷者の名前が明記されているため，苦情がでた場合も出荷者に直接連絡をとり，その出荷者が顧客と直接交渉を行うという場面もある。

　こうした運営規程の背景には，出荷者同士の適度な競争意識と協力の姿勢

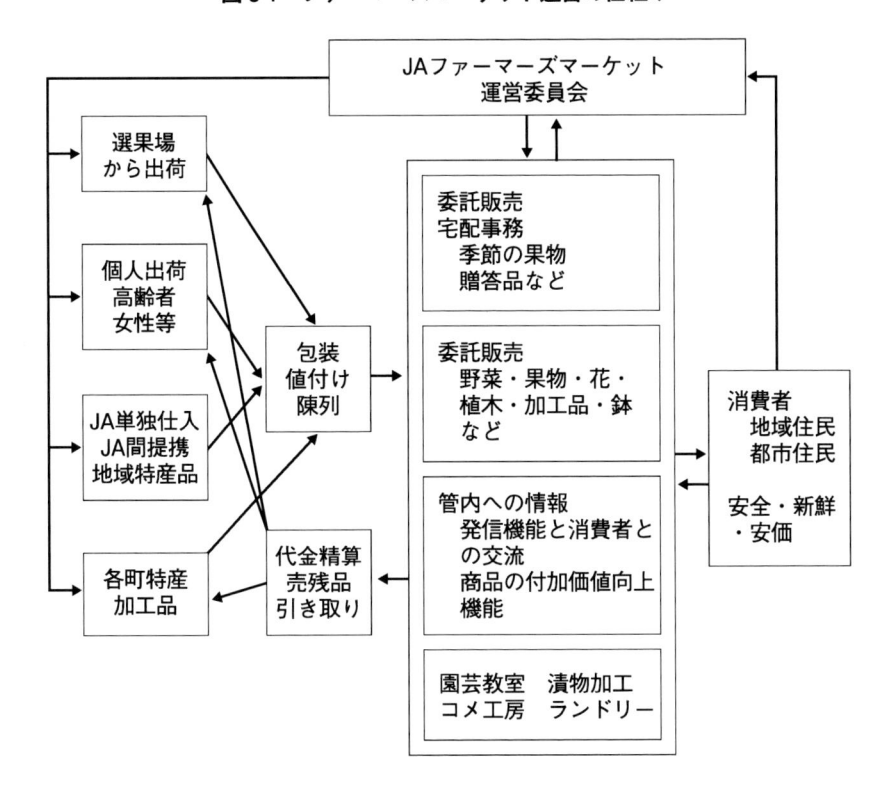

第6章　JA紀の里〜地産地消の実践〜

図6-1　ファーマーズマーケット運営の仕組み

[図：JAファーマーズマーケット運営委員会を中心に、選果場から出荷／個人出荷（高齢者・女性等）／JA単独仕入・JA間提携地域特産品／各町特産加工品　→　包装・値付け・陳列／代金精算・売残品引き取り　→　委託販売（宅配事務、季節の果物、贈答品など）／委託販売（野菜・果物・花・植木・加工品・鉢など）／管内への情報発信機能と消費者との交流、商品の付加価値向上機能／園芸教室　漬物加工　コメ工房　ランドリー　→　消費者（地域住民、都市住民、安全・新鮮・安価）]

がある。石橋前組合長は,「生産者はお互いに他人よりよいものを作ろうとちょっとした競争になる。荷造りも競争です。それで,色々と工夫をする」と指摘する。その結果,消費者にとってよりよいものが提供できるようになるのである。同時に,日々の挨拶の励行や次にみる出荷者大会などにおいての出荷者間の良好な関係構築も促進し,何かあったら協力し合う体制づくりも欠かさない。こうした競争と協力の調和が,それを促す運営規程とともにめっけもん広場を運営する上で非常に重要な役割を果たしている。(参考資料3：JA紀の里ファーマーズマーケット利用取決め事項)

4-2. めっけもん広場出荷者大会

こうした出荷者自身に責任をゆだねる運営を行っていくためには,運営規

程を厳格に遵守するよう，出荷者に常に意識してもらう必要がある。その出荷者教育の一環として行われているのが，「めっけもん広場出荷者大会」である。年1回，管内の大ホールを借り切って行う出荷者大会には，全出荷者の95%以上，すなわちほとんどの出荷者が参加する。

この大会の意義を，石橋前組合長はこう語る。

「（めっけもん広場の運営規程を）生産者大会で確認し合うということです。何回も何回も確認しあっても，じきに生産者は忘れます。ですから，毎回同じような内容のことを教育しています。」

めっけもん広場出荷者大会のなかでも，全国に例を見ない特徴的な催しとして，運営委員会が行う"劇"がある。めっけもん広場でおこる様々なトラブルを運営委員会のそれぞれの委員が演じることで，出荷者自身に規程を守ることの重要性を再認識させる。例えば，1人は自己中心的に出荷品を並べる人の役を演じ，もう1人は消費者，もう1人は職員，もう1人はきちんと規程を守る人を演じ，彼らが舞台上で実際に出荷時のトラブルを再演する。舞台の途中で劇を切り，そこで「この場合は，何が正しく，何がいけないか」を参加者全員で確認しあう。これが出荷者大会の"劇"である。

この劇の効果は，出荷者がそれを目にすることで規程の重要性を再確認すると同時に，実際にその舞台に関わった役者や裏方の人たちが，2度と演じたような行為をできなくなる，という意味でも効果的である。大体，1回の大会で60人の出荷者がこの劇に関わる。回数を重ねることで劇に関わった人数が増え，結果的に運営規程の意識は徹底化されていくのである。

このように，めっけもん広場出荷者大会は劇や催しといった楽しい祭りのような雰囲気の一方で，徹底的な出荷者教育を行う場となっている。こうした出荷者大会の様子を大原前販売部長は次のように語っている。

「めっけもん広場の方針も，この大会ででるんです。ここで聞いてなかったら，『あんた，何してんの？』と言われるんです。来ますよ。必死になって聞いてる。そうでなかったら，お祭りみたいなものです。それではだめなのです。ただ単に大会をやるだけでは終わらせてはならないのです。」

4-3. POSシステム

それまでのJA直売所の弱点は，どこまで売れるか分からないことや，品

揃えがうまくいかないことであった。この反省から，めっけもん広場では全国の直売所に先駆けてPOSシステムを導入し，販売管理を行っている。

POSシステムの構造は極めてシンプルかつ効率的である。出荷者は，出荷段階でバーコードを発行し，それを商品に貼付する。その商品が店頭にだされ，購入されレジを通過したタイミングで売上としてデータ登録される。出荷者は，自分の出荷した野菜や果物がどの程度売れているかを，電話で問い合わせる。POSシステムは電話回線に直結し，自動応答するのでオンタイムでの販売状況を確認でき，在庫が足らないようなら出荷者は追加搬入を自分の判断で行う。このシステムにより，出荷者は売れ残りをだすことなく生産品を出荷でき，また消費者は常にとれたての新鮮な野菜や果物を手に入れることができる。(参考資料4：POSシステム)

POSシステムの設計にあたって，菅野前営農企画部長は以下の点に注意したと述べている。

「遠い支所は車で15〜30分かかるのですが，引き取ってもらうのは全部農協さんがやってくれ，というわけです。そんなことはできません。できない理由として経費が高くなるとか色々ありますが，出荷者の皆さんにとって売上がどのくらいかは分かるようにしますよということでこれ（POS）をつけたんですよ。あとは内部事務。決算や精算の事務とか，そういうのすべて機械のなかでできる。開発のときはその二つの視点ですね。農協側と組合員さんの利便性，それだけです。」

このようにしてできたPOSシステムは，現在では1日に1,000本以上の問い合わせの電話に対応しており，回線も当初の1回線から4回線まで増設を行った。また，POSシステムの導入は，出荷者に大きな変化をもたらした。

「最初はね，高齢者の方達はATMかてよう使わんのに，こんなもの使うわけないって言われましたけど，やはりお金儲けですんで，皆んな，講習会やったら全部覚えました。」(菅野前営農企画部長)

こうして，全国に先駆けたPOSシステムの導入は思ったほどの障害や苦労もなく，比較的スムーズに行われた。そして，出荷者の利便性やめっけもん市場の出荷管理に大きく貢献しているのである。

5. めっけもん広場の意義と新たな試み

5-1. めっけもん広場の意義

　めっけもん広場の設立の意義について，石橋前組合長は二つの意義があるという。一つは，地域の活性化である。地場産のものを地域の農家が販売する，「売る」ことで地域に金を落とす。他の大型の量販店やスーパーとの大きな違いはここにあると主張する。

　もう一つは，生産者の「学習の場」としてのめっけもん広場の存在である。めっけもん広場では，出荷者に対して連絡事項等の郵送による配布を基本的に行っていない。代わりに，連絡事項はすべて広場内に掲示する。つまり，連絡事項を確認する場合や問題等が発生した場合には，とにかくめっけもん広場に足を運ばざるをえない状況にしてあるのである。このことについて大原前販売部長は次のように話している。

　「今までの農協の青果物だったら，各家庭へ精算書をみんな送りますよね。めっけもんは送らないんです。めっけもん広場へきて，店を見て，勉強して帰るんで，基本的にはすべてここに来てもらわないとだめですよということです。すべて掲示板に掲示したり，出荷者のポストへポスティングするようになっている。持って帰らなかったら，その人の責任になります。」

5-2. めっけもん広場の新たな試み

(1) 体験農業

　地域活性化と学習の場，この二つのめっけもん広場の意義と，新たな農業の担い手の創出という思いは，現在ある一つの新たな試みへとつながっている。それが，体験農業の実施である。

　「もっと地域の豊かな自然に触れてもらいたい」

　「もっと地域の農業と農家を知ってもらいたい」

　「食料生産に深く関わるJAとして食の大切さを伝えたい」

　こうした思いを共にする農家によって作られたJA紀の里体験農業部会は，2004年度から実際に体験農業の受け入れを実施し，現在までにのべ24回，人数にして約1,200人の人々と実際に交流を行っている。

(2) 他のJAとの交流

　めっけもん広場設立当初の問題であった品揃えについて，現在では約80％を地場産のもので販売することができているが，その他にも他の13JA（沖縄，岩手，香川，長野，兵庫，岐阜，滋賀，神奈川ほか）と提携し，それらの地域で採れた生産品を販売している。こうした他のJAとの提携のきっかけは次のようなものであった。

　「いきさつは色々あるのですが，当初コンサルテーションをやっていただいた東京の地域社会計画センターで月に1回，ファーマーズマーケットの勉強会をやった。そこで顔を合わせて，ファーマーズマーケットの考え方が一致するような，実際にものが流れるところとお互いに組織協力の一環ということで提携しましょう，物流改革をやりましょう，ということから大きな協力が始まったのです。」（大原前販売部長）

　こうした試みは，消費者にとって日頃食べられない珍しい野菜や果物が食べられ，さらに，JA間の直接取引により市場で取引される価格よりも大幅に安く，そして何よりも新鮮であることから，概ね好評である。大原前販売部長はこれについて「すべてが地場産であればお客さんが満足かというと，そういうことではない」と語り，提携先のJAからの仕入れの重要性を強調する。提携先からの仕入れによる販売品目の拡大は，消費者のニーズを満たすとともに，めっけもん広場の設立の目的である「販路の多様化と市場外流通の拡大による農産物の有利販売」を実現する上で，非常に重要な役割を果たしているのである。（参考資料5：提携JAとの取引状況）

6. 農産物流通センターの取り組み

　農業を取りまく経済環境が厳しくなるなかで，生産地の実情と消費者の変化に応えられる選果場機能の強化は，JAに共通する課題の一つである。こうした流れのなか，JA紀の里では，和歌山県下のなかでも早くから選果場の再編について検討を行ってきた。そして，販売力の向上と選果流通コストの削減，組合員の営農の安定と所得の維持向上を図るため，1拠点選果場と5品目選果場方式による選果場の統合整備に着手し，その第一次事業として2005年3月に拠点選果場として農産物流通センターの建設を行った。

表6-5 農産物流通センター取扱予定量

(トン)

作目	年間取扱予定量	最大処理能力（日量）
カキ	1,700	50
みかん	4,150	94
八朔等中晩柑	4,500	94
モモ	1,100	33
キウイフルーツ	1,000	17

6-1. 農産物流通センターの概要

　農産物流通センターは、経営構造対策事業の一環として国の補助金をもとに建設された。事業費は約30億円であり、うち補助金は約2分の1の14億円程度となっている。敷地面積は約32,000m^2、延べ床面積は17,157m^{2}で、和歌山県下でも第3位の規模を誇り、全国的に見ても大きな選果場の一つとして数えられる。取扱量は表6-5に示す通りである。カキで年間1,700トン、日量の最大処理能力は、公式には50トンとなっているが、平成17年の実績では日量75トンであった。

　JA紀の里における農産物流通センターの最大の特徴は、1年12ヶ月のなかで11ヶ月稼働する選果場であるということである。全国でも類を見ない高い稼働率であり、その点では国内最大級の周年稼働選果場といえよう。そうした高い稼働率は、非常に効率がよく、選果流通コストの削減に大きな役割を果たしている。

6-2. 農産物流通センター稼働までの沿革

　めっけもん広場と同様に、農産物流通センターの建設も決して平坦な道ではなかった。農産物流通センターの中山裕之センター長は、当時を振り返り、次のように語った。

　「まだまだ元気な生産者の皆さんがいらっしゃいまして、近くにある選果場を潰して一つにするのはなかなか抵抗があった。われわれは膝を付き合わせて議論するわけですが、ほんとうに悪者扱いで議論をしていったというの

が実情です。」

　こうした反対意見もあるなかで，変則的に9ヶ所ある直営選果場のなかの5ヶ所を第一次事業として再編整備し，農産物流通センターの完成をみた。実稼働に関しても，極めて慎重に行われた。3月からの稼働にすると，通常は夏期に収穫されるモモの選果を行うのがもっとも早い実稼働となるが，モモは日持ちが悪いため，もし何かあると，出荷農家は多大な被害を被ることとなる。こうしたことから，若干日持ちがよい秋に収穫されるカキから実稼働させることにした。きちんとしたシステムを組み上げ，運営を確立させた後に，モモを取り扱うことにしたのである。このようにして，JA紀の里農産物流通センターは，日本最大の周年稼働選果場として産声をあげた。

6-3．農産物流通センターの主な取り組み

　農産物流通センターの主な取り組みとしてまずあげられるのが，高性能選果機（光センサー）の導入である。この光センサーの導入により，品質，内容別の選果を正確に行うことはもとより，量販店などの実需者の細かな要望にも応えられるパッケージづくりが可能になった。モモに関していえば，2個入りパックや4個入りパックのみならず，ギフトパックにまで対応し，送り状を貼付し，製品としてセンターから直接発送できる。ここまで細かな商品づくり，パッケージづくりに取り組むことができたのである。

　さらに，それ以外の取り組みとして，以下の取り組みがあげられる。
(1) 生産履歴の管理（トレーサビリティ）
　従来からの共同選果品目では，流通段階での生産者個人の特定は困難であった。しかし，新たなバーコード管理システムにより，全国に流通する出荷箱から生産者個人の特定はもとより，栽培園地，生産工程まで遡及することを可能にした。
(2) 適正農業規範（GAP）
　新たな選果場の設置を契機に，改めて選果場は生鮮食料品を扱う施設であることの意識を高め，選果作業前の手の殺菌洗浄や作業服，作業帽の着用の徹底を図っている。
(3) 地理情報システム（GIS）
　センターに出荷される生産品と，事前に収集した地図データを符合させる

ことで，今まで世帯毎での傾向や一部の園地情報しかつかめていなかった品質内容が，直接生産される園地とつながることとなる。それにより，園地毎の生産対策が可能になった。例えば同じみかんでも隣同士の畑で優劣がつく場合，どのような原因があるのかをシステムで抽出することができる。それにより，いくつかある個別の生産対策を奨めることが効率よくできるようになった。また，その結果として農業の基本である適地適産を実現することが可能になり，紀の里全体の地域農業の振興に役立っている。

(4) 環境設備（炭化装置）

センターよりでる腐敗果やその他のゴミを，すべて炭にして自然の状態に帰すことで，環境にやさしい選果場システムの構築を実現している。

7. 石橋芳春前組合長のリーダーシップ
～2009年への羅針～

2005年，JA紀の里は「元気な農業，元気な地域，元気なJAづくり」を運動目標として第四次長期5ヶ年計画を策定した。農業を取りまく経済環境が一層厳しくなるなかで，あらたな指針となるJA紀の里のまさに羅針として示されたものである。この第四次長期5ヶ年計画の中心は，以下の基本方針からなる。

(1) 適地適作と安全・安心を基本とした活力ある産地づくり

消費者に視点をおいた「高品質」「安全」「安心」な農産物の安定供給や，適地適作を基本に地域の特性をいかした地域農業戦略の策定と目標の実践を強力に進め，農業産出額の維持拡大に努めるとともに，農業支援機能を一層強化するため，営農指導体制を整備強化する。

(2) 協同活動の強化による組織基盤の拡充と地域への貢献

めっけもん広場を核とした地産地消運動の拡充と食農教育を通じ，地域住民や次世代に対し，食料・農業・農村の理解促進や地域活性化への取り組みとともに，安心して暮らせる地域社会づくりのため，地域に根ざした生活活動の展開や高齢者福祉対策等地域に積極的に貢献する。

(3) 組合員の負託に応えるJA事業改革の実践

組合員の営農活動と生活の支援に，より高度な専門的な事業機能を具備し，

他業態との競争力を確保するとともに、将来にわたって地域農業の持続的発展と地域社会づくりに貢献できる力強いJAづくりを進める。
(4) 健全な経営体質の強化と活力ある人づくり
　社会環境の変化や多様化する組合員と利用者のニーズに対応し、より信頼される安全・安心のJAづくりを目指して、支所機能の再編整備、経済事業改革による事業の再構築や人員の再配置など、「選択と集中」を基本に抜本的な経営改善対策を講じる。

　こうした基本方針の背後にあるのは、現在農業に従事する生産者のサポート、そして新たな農業の担い手の育成といった、徹底した「営農」に対するこだわりである。石橋前組合長は、2005年の中国・四国地区JAトップセミナーの講演会において、以下のように語っている。
　「めっけもんの底にあるものというのは、従来の効率化や経済政策あるいは農業政策ではなくて、規格外の農産物と同時に規格外の労働力が表舞台に登場した事業です。埋もれていた労働力、おじいさん、おばあさんの労働力が表舞台に登場してくる、そのような事業だと思います。…直売所を拠点として、地域の農業・農家が活性化している姿を、ここでは見ることができます。めっけもんは一昨年、日本農業賞に輝きました。全国トップの実績も残しております。これはやはり1年や2年でできたものではないのです。20年、30年の歴史を経て消費者に受け入れられたと思っております。この活動は地域の人の本当のマインドと持続的な活動の積み重ねです。今のところ、紀の里は1,500人の登録者を軸にして、農業、農家ともに元気です。JAも元気です。地域も活性化しています。」
　さらに、新たな農業の担い手について、次のように語る。
　「紀の里の場合は、60歳定年でUターンして帰ってきた人、東京から帰ってきた人、大阪から帰ってきた人は立派な担い手なのです。それは農業就労寿命というのは短いかも分かりません。20歳から80歳までする60年間の年月から比べますと、60歳から80歳まで20年間しか就労する年月はありませんけれども、立派な担い手なのです。それに、すきやくわを捨てた腰の曲がったおじいさん、おばあさんが再びすきを持って一生懸命に再び就労してくれる。これも立派な農業の担い手なのです。それに、一生懸命に勤めている

人，土曜・日曜はゴルフに行く人，このような人も立派な担い手になってまいります。このような人がでてまいりました。新たな担い手です。

また，夏休みになると，小学生がお母さんについてくるわけです。夏休みだけ農産物を作る小学生がでてきます。トマト農家が，私はトマト農家に友達が多いのですが，行ったら小さなビニールの鉢，ポットというのですか，あれを15個ほどずらっと並べてトマトを植えているのです。これは僕の畑だと，それを作ってだしてくるのです。それに，春になりますとワラビ，ゼンマイを小学生の人が一生懸命とってきて，束ねて1束100円。このくらいだったらスーパーへ行ったら大体400円ぐらい取られますが，100円です。そのようなのが自分の金になる。おもしろい。『僕は大きくなったら農業するんだ』と坊やが言うと，そこのおやじさんが『あいつに勉強してもらおうと思って一生懸命やってんのに，農業するんやんか』と嘆くのです。私は『うれしいことやないか』と話をしたのですけれども，その人は今中学校2年生です。依然として，やはり農業をやると言っています。そのような新たな担い手。先ほど申し上げた老人が再びすきやくわを持つようになる。主人がゴルフをしないようになった。そのような多様な農業就労者がふえてまいりました。

このように，人間は変わります。それと，大卒の人がアルバイトに来るのです。めっけもんへ就職をしたいという人がでてまいります。めっけもんでアルバイトの人は採用しますけれども，正職員は農協の職員として採用します。ところが，めっけもんへ就職したいので，どうしたらいいのですかと問い合わせがじゃんじゃん来る。これも新しい担い手です。そのようなことが起こってまいります。」

石橋前組合長，そしてJA紀の里の農業への思いは，JA紀の里から発行されているリーフレット『2009年への羅針』の裏表紙にある一編の詩によってよく表されている。この詩と同様に，JA紀の里は，今後も農業を中心として組合員のための，そして地域のためのJAとしてその重要な役割を担っていくことであろう。

第6章　JA紀の里～地産地消の実践～

21世紀への願い

いま　我々を新しい風が吹き抜けようとしている
それは自由化の風であり　激しい変革の嵐である

反面　厳然として変わらない大切な価値がある
それは生命を育む農業であり　人々の協同する心である

我々は自らの持てる力を信じ　誇りを持ち
自らの足で紀の里の大地にたち
時代を先取りする知恵と努力を結集しよう

ゆるぎない農業と
地域社会と協同組合を築き上げよう
明るい将来を確かなものにしよう

我々のために　子孫のために

【参考資料1：組織図】

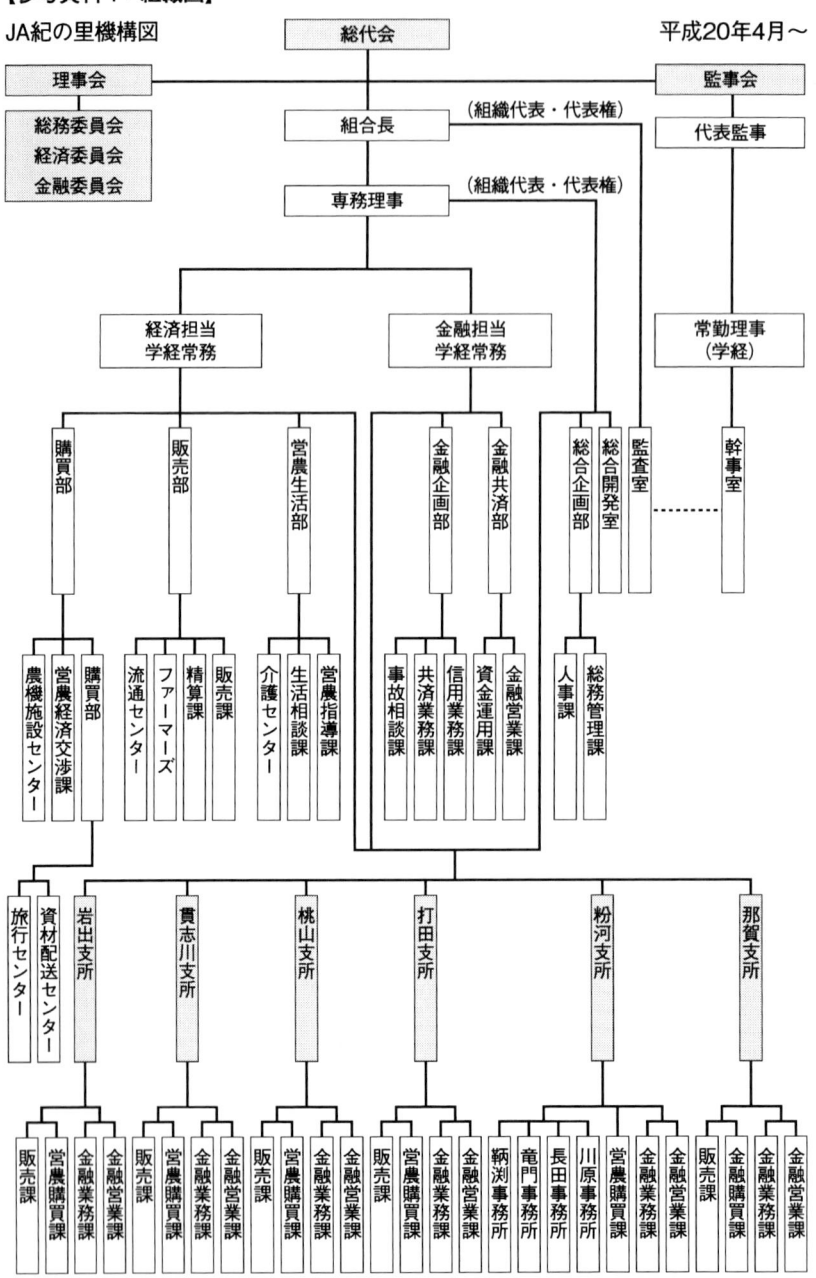

JA紀の里機構図　　　　　　　　　　　　　　　　　　　　　平成20年4月～

(組織図の内容)

- 総代会
- 理事会
  - 総務委員会
  - 経済委員会
  - 金融委員会
- 監事会
  - 代表監事
- 組合長（組織代表・代表権）
- 専務理事（組織代表・代表権）
- 常勤理事（学経）
  - 幹事室
- 経済担当 学経常務
  - 購買部
    - 農機施設センター
    - 営農経済交渉課
    - 購買部
  - 販売部
    - 流通センター
    - ファーマーズ
    - 精算課
    - 販売課
  - 営農生活部
    - 介護センター
    - 生活相談課
    - 営農指導課
- 金融担当 学経常務
  - 金融企画部
    - 事故相談課
    - 共済業務課
    - 信用業務課
    - 資金運用課
    - 金融営業課
  - 金融共済部
- 総合企画部
  - 人事課
  - 総務管理課
- 総合開発室
- 監査室

支所：
- 旅行センター
- 資材配送センター
- 岩出支所
- 貴志川支所
- 桃山支所
- 打田支所
- 粉河支所
- 那賀支所

各支所の課：販売課、営農購買課、金融業務課、金融営業課

事務所：鞆渕事務所、竜門事務所、長田事務所、川原事務所

166

第6章　JA紀の里〜地産地消の実践〜

【参考資料2：めっけもん広場　販売実績表】（2005年4月〜12月）

(単位：千円，人，%)

項目		委託品販売				仕入品販売			
		前年度	計画	実績	計画比	前年度	計画	実績	計画比
花卉	当月	31,263	33,119	28,727	86.7%	6,679	6,990	5,881	84.1%
	累計	197,878	203,013	185,652	91.4%	22,356	23,101	18,353	79.4%
野菜	当月	47,689	50,436	42,978	85.2%	14,130	14,651	19,149	130.7%
	累計	452,960	464,966	404,196	86.9%	137,075	140,626	145,169	103.2%
果実	当月	29,009	30,598	20,037	65.5%	32,194	34,008	35,493	104.4%
	累計	313,504	321,855	298,559	92.8%	212,465	218,373	224,325	102.7%
加工食品	当月	25,611	27,067	25,689	94.9%	3,740	3,915	5,906	150.9%
	累計	257,938	264,834	226,028	85.3%	36,829	37,466	57,365	153.1%
民・工芸品	当月	3,156		3,397					
	累計	4,919	5,213	4,562	87.5%				
米	当月	38		36		11,220	11,768	9,811	83.4%
	累計	38		195		99,265	101,479	78,505	77.4%
その他	当月	21,269	22,528	26,294	116.7%	299	288	285	99.1%
	累計	159,895	164,393	180,583	109.8%	2,085	2,146	1,674	78.0%
資材	当月	975	1,009	768	76.1%	485	433	314	72.4%
	累計	8,267	7,951	6,952	87.4%	5,872	6,064	7,581	125.0%
合計	当月	159,010	164,757	147,927	89.8%	68,747	72,053	76,839	106.6%
	累計	1,395,399	1,432,229	1,306,727	91.2%	515,947	529,255	532,971	100.7%
内消費税	当月	7,572	8,006	7,044	88.0%	3,274	3,431	3,659	106.6%
	累計	66,448	68,201	62,225	91.2%	24,569	25,203	25,380	100.7%

項目		前年度	計画	実績	計画比	項目		
営業日数（日）	当月	27	28	27	96.4%	登録会員数（人）	当月	19
	累計	235	238	237	99.6%		累計	1,461
1日当販売額（千円）	当月	8,435	8,458	8,325	98.4%	売上会員数（人）	当月	894
	累計	8,133	8,242	7,762	94.2%		累計	1,322
来店客数（人）	当月	71,074		68,796	96.8%	売上会員月平均額振込み金（千円）	当月	138
	累計	647,887		612,689	94.6%		累計	829
1日当平均客数（人）	当月	2,632		2,548	96.8%	1日当平均取扱件数	当月	32,039
	累計	2,757		2,585	93.8%		累計	31,199
1日当客単価（円）	当月	3,205		3,267	102.0%	にんにこクラブ会員数（人）	当月	242
	累計	2,950		3,003	101.8%		累計	11,020

[注] 1. 分類品目別販売高は，税込金額とする。
　　2. 消費税欄は，内消費税として5/105で計算する。
　　3. 登録抹消137件5月31日に処理する。
　　4. ネット販売停止，374件・1,882,600円
　　5. 11月16日からヤマト宅配を始める。
　　6. 売上会員数には，ファーマーズ分が含まれていません。

(単位:千円, 人, %)

項目		計				来店客数(1日当)	
		前年度	計画	実績	計画比	時間帯	人数
花き	当月	37,942	40,109	34,608	86.3%	10時まで	181
	累計	220,234	226,114	204,005	90.2%		
野菜	当月	61,819	65,087	62,127	95.5%	10時	341
	累計	590,035	605,592	549,365	90.7%		
果実	当月	61,203	64,606	55,531	86.0%	11時	395
	累計	525,969	540,228	522,884	96.8%		
加工食品	当月	29,351	30,982	31,595	102.0%	12時	358
	累計	294,767	302,304	283,393	93.7%		
民・工芸品	当月	3,156	—	3,397	—	1時	307
	累計	4,919	5,213	4,562	87.5%		
米	当月	11,258	11,768	9,846	83.7%	2時	338
	累計	99,303	101,479	78,700	77.6%		
その他	当月	21,568	22,816	26,580	116.5%	3時	328
	累計	161,980	166,539	182,256	109.4%		
資材	当月	1,460	1,442	1,082	75.0%	4時	231
	累計	14,139	14,015	14,533	103.7%		
合計	当月	227,757	236,810	224,765	94.9%	5時	69
	累計	1,911,346	1,961,484	1,839,698	93.8%		
内消費税	当月	10,846	11,437	10,703	93.6%	合計平均	2548
	累計	91,017	93,404	87,605	93.8%		

宅配便	区分	取扱件数		金額(円)	
		当月	累計	当月	累計
	ペリカン	3,306	27,963	2,806,313	22,271,643
	ヤマト	2,909	3,891	2,392,270	3,207,740
	ポッポ	18	152	5,800	45,040
	計	6,233	32,006	5,204,383	25,524,423

備考 年末需要期の野菜・花が不足し充実した販売ができていない。

【参考資料3：「JA紀の里ファーマーズマーケット利用取決め事項」】

平成14年1月30日

JA紀の里ファーマーズマーケット利用取決め事項

約束を守り，みんなが楽しくなる店づくりをしましょう。

1. 搬入時間
   ①朝7時から8時30分
   （追加搬入）
   ②朝10時から3時まで

2. 搬出時間（引取）
   ①午後5時から5時30分
   ②その日に取引れない場合は，バックヤードに引き下げ，翌朝9時迄に引取る。
   　（但し，ファーマーズマーケット休日前日の引取は当日の引取時間内に引取るものとする。）
   ③引取る場合は，必ずバーコードの氏名を確認して下さい。
   ④指定された品目については，ファーマーズマーケットの指定日又は曜日に引取りを行うものとする。

3. 置き場所
   ①分類された各コーナーに，順序良く置いて下さい。
   　但し，出荷物の多い場合は，職員が置き場所を変更することが有ります。
   （葉菜類・根菜類・果菜類・豆類・菌類・干し物・加工品・品種別果実・切花・ポット・鉢物）
   ②一人で多量に搬入する場合は，すこしだけ並べて残りは，平台下に持込みコンテナで置いて下さい。極端に多い量は追加搬入を基本とする。但し，品目により，売り場が混雑する場合は数量と搬入方法を制限します。
   ③後で持って来た方は，先に持って来た方の物が下にならないよう気をつける。
   ④お客様が買いやすいよう，バーコードが見えるように並べる。

4. 値つけ・規格
   ①値つけ・規格は，バックヤード連絡板の基準表の範囲で決定して下さい。
   ②生産者は，営業時間中にバーコードを貼り替えて，価格の変更をすることができます。但し，売り場での貼り替えは，禁止します。バーコードの氏名を確認し必ずバックヤードに引き下げてから貼り替えて下さい。

5. 出荷品の管理
　①本人が管理することが前提となっています。
　②切花容器は，生産者個々に用意して管理して下さい。尚，切花容器は直径50cm以内の大きさのものとします。
　③痛み等で販売することのできないものは，バックヤードに引き下げます。
　④処分については，一切自分でおこなう。
　⑤説明の必要なものは，記入して下さい。
　　　例…賞味時期，調理方法，保存方法，管理方法等
　⑥置いて行くだけでなく，売れたかどうか，又どうして残るのか，自分の目で勉強して下さい。
　⑦客からの苦情がある商品は，販売することはできません。
　⑧バーコードのはがれている出荷者不明の商品の販売代金は，運営委員会の口座に振込むものとする。
　⑨バーコードに品名が無い場合は手書きして下さい。
　⑩グラム表示の必要と思われるものは，必ず表示して下さい。
　　　例…豆類，梅等。
　⑪バーコードの貼付位置は次の通りとします。

花卉　　バーコード

大根の様に長いものは縦貼り　バーコード

バーコード　　花束

中心の上部　バーコード

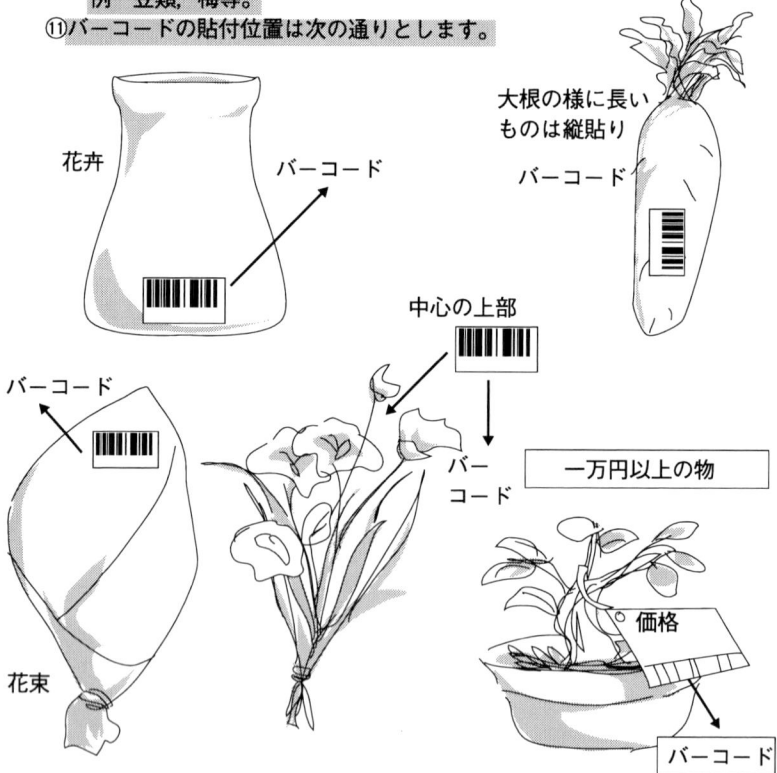

一万円以上の物　価格　バーコード

6. 衛生管理
   ①販売品の取扱いは，清潔で衛生的におこなわなければならない。
   ②加工品で保健所の許可が必要なものは，許可書の提出をして下さい。また，定められた表示が必要です。
   ③加工品でクレームがあった場合は，加工品クレーム報告書を提出し，再出荷の承認を得なければなりません。

7. 個人出荷品の制限
   ①出荷できない品目（　米類　）
   ②箱売りのできない品目（桃・たねなし柿・富有柿・みかん・八朔・清見・キウイ・イチジク・いちご・梨・ぶどう）
   ※品目により箱出荷が必要なものは，店の指定する箱を使用する。
   ③指定される品目については，あらかじめお知らせいたします。

8. その他
   ①包装資材で，ある程度必要なものは，店に用意しておりますので，レジでお買いもとめ下さい。
   ※時間外の販売は致しません。
   ②連絡方法はバックヤードの各生産者連絡BOXと掲示板で行います。
   ③店内では，お客様に感謝の気持ちを込めてにこやかに挨拶をする。
   ④駐車場や店舗のゴミ・落ち葉等自主的に拾い店舗の美化を心がける。
   ⑤搬入・搬出時は，必ずバックヤード出入口を利用すること。
   ⑥搬入・搬出時は，必ず帽子を着用すること。
   ⑦イベント等の開催時は，みんなが参加して交流を深めよう。また，販売促進をお願いする場合があります。
   ⑧毎日の搬入・搬出について，遠くの方は，グループを作って当番制で行うなど効率化をはかって下さい。

9. 禁止事項
   ①店内において生産者同志で商品のやり取りを行うことを禁止します。
   ②店内において生産者が職員への贈与は禁止します。
   ③出荷者個々での過剰販売促進は取りやめる。尚，店の認める状況と範囲であれば認める事ができる。
   ④午後5時以前の引取は禁止します。但し，やむを得ない場合は，職員立会いのもと，引き取るものとする。
   　○取り決め事項を守れない出荷者に対しては，委託申込みの解除，指定する期間の出荷停止他店より指示し，運営委員長会で検討を行い運営委員会で承認する。

【参考資料4：POSシステム】
電算処理システムの概要

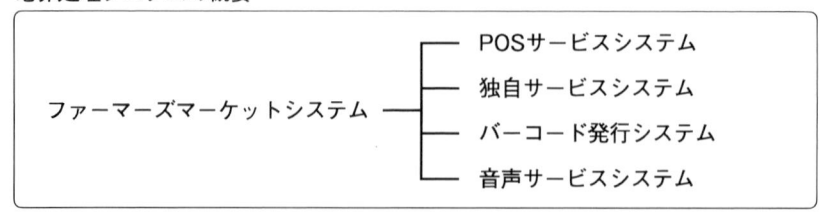

ファーマーズマーケットシステム
- POSサービスシステム
- 独自サービスシステム
- バーコード発行システム
- 音声サービスシステム

＜システムの構成＞

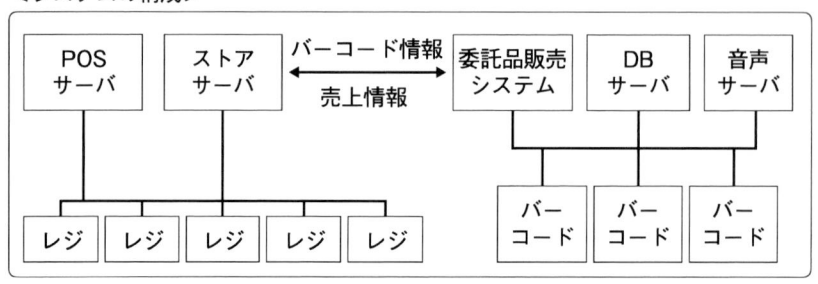

```
POSサーバ    ストアサーバ    ←バーコード情報→    委託品販売システム    DBサーバ    音声サーバ
                             ←売上情報→
  |              |                              |           |          |
 レジ レジ レジ レジ レジ                      バーコード  バーコード  バーコード
```

＜バーコード発行から精算までの流れは下図の通りです＞

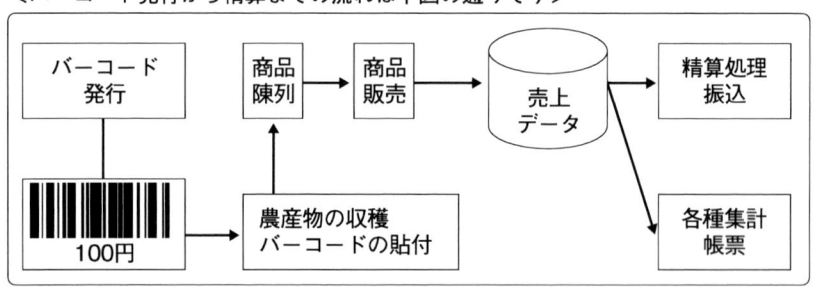

```
バーコード発行 → 商品陳列 → 商品販売 → 売上データ → 精算処理振込
     ↓              ↑                                → 各種集計帳票
 [バーコード]    農産物の収穫
   100円       バーコードの貼付
```

バーコード発行機

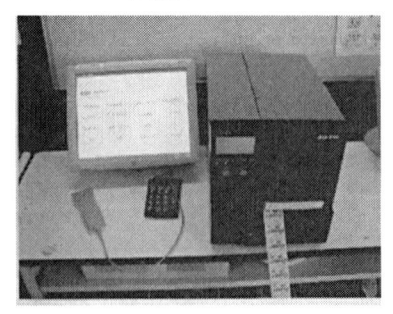

第6章　JA紀の里〜地産地消の実践〜

【参考資料5：提携JAとの取引状況】

(単位：円　％)

JA名	マーケット名	項目	出荷実績 12月末	出荷実績 年度末 下段：前年同月比	仕入れ実績 12月末	仕入れ実績 年度末 下段：前年同月比
岩手県 JAいわて花巻	だぁすこ	前年度実績	11,100,455	14,529,665	52,317,925	6,562,081
		20年度実績	6,881,710	52.0%	53,043,461	101.4%
沖縄県 JAおきなわ	うまんちゅ市場	前年度実績	10,564,244	12,318,614	21,243,103	38,963,793
		20年度実績	5,255,276	49.7%	19,634,906	92.4%
福井県 JA福井市	愛彩館喜ね舎	前年度実績	3,593,385	5,455,345	0	0
		20年度実績	3,473,740	96.7%	0	—
滋賀県 JA甲賀郡	グリーンハウス	前年度実績	2,618,875	2,820,708	11,705,393	13,583,683
		20年度実績	2,880,024	110.0%	8,994,021	76.8%
神奈川県 JAはだの	じばさんず	前年度実績	6,717,839	8,328,194	1,237,085	2,181,720
		20年度実績	4,909,929	73.1%	103,690	8.4%
長野県 JA上伊那	あじ〜な	前年度実績	192,239	222,566	20,708,265	23,750,588
		20年度実績	596,945	310.5%	11,088,629	53.5%
山形県 JAさくらんぼ	よってけポポラ	前年度実績	2,271,020	3,352,690	2,447,120	2,778,770
		20年度実績	2,118,584	93.3%	2,466,080	100.8%
和歌山県 JA紀南	紀菜柑	前年度実績	0	0	0	0
		20年度実績	384,460	—	0	—
千葉県 JA千葉みらい	しょいかーご	前年度実績	2,677,399	4,795,309	1,160,320	2,120,740
		20年度実績	4,292,730	160.3%	3,710,275	319.8%
愛知県 JAげんきの郷	はなまる市	前年度実績	0	0	0	0
		20年度実績	86,000	—	0	—
大阪府 JA大阪泉州	生活部	前年度実績	473,647	593,277	0	0
		20年度実績	411,955	87.0%	0	—
和歌山県 JA紀北かわかみ	やっちょん広場	前年度実績	702,200	2,484,200	0	0
		20年度実績	0	0.0%	168,750	—
和歌山県 JAながみね	とれたて	前年度実績	3,996,240	4,348,240	8,047,490	9,937,790
		20年度実績	7,739,630	193.6%	7,264,489	80.3%
兵庫県 JA兵庫六甲	パスカル三田 六甲のめぐみ	前年度実績	3,547,196	8,084,189	1,321,217	1,881,514
		20年度実績	3,288,304	92.7%	499,977	37.8%
福島県 あぐりすがわ岩瀬	はたけんぼ	前年度実績	1,956,099	3,181,249	919,710	980,550
		20年度実績	2,496,135	127.6%	821,370	89.3%
静岡県 JAふじのみや	う宮〜な	前年度実績	0	0	0	0
		20年度実績	935,600	—	0	—
三重県 JAいなべ	いなべっこ	前年度実績	3,127,715	3,557,631	81,449	81,449
		20年度実績	2,828,597	90.4%	77,180	94.8%
岐阜県 JAめぐみの	とれったひろば	前年度実績	9,061,008	10,451,555	4,400,013	4,400,013
		20年度実績	7,929,454	87.5%	6,040,786	137.3%
静岡県 JAあいら伊豆	いで湯っこ市場	前年度実績	0	0	0	0
		20年度実績	200,100	—	0	—
兵庫県 JA丹波ささやま	味土里館	前年度実績	0	0	0	0
		20年度実績	441,000	—	0	—
静岡県 JAいび川	大野店	前年度実績	0	0	0	0
		20年度実績	42,084	—	0	—
沖縄県 JAおきなわ食彩館	菜々色畑	前年度実績	0	0	0	0
		20年度実績	138,100	—	0	—
和歌山県 JAグリーン日高	さわやか	前年度実績	0	0	0	0
		20年度実績	39,000	—	285,000	—
山口県 JA周南	日高	前年度実績	0	0	0	70,190
		20年度実績	437,239	—	5,421,430	—
和歌山県 JAわかやま	築さい米んかい	前年度実績	0	0	15,889,050	15,889,050
		20年度実績	0	—	19,840,170	124.9%
鳥取県 JA鳥取中央	販売	前年度実績	0	0	10,263,395	11,784,250
		20年度実績	0	—	12,565,495	122.4%
長野県 JA長野八ヶ岳	販売	前年度実績	0	0	14,510,265	14,510,265
		20年度実績	0	—	12,029,033	87.0%
福井県 JA福井市	販売	前年度実績	0	0	0	70,190
		20年度実績	0	—	74,915	—
静岡県 JA大井川	販売	前年度実績	0	0	255,800	255,800
		20年度実績	0	—	301,400	117.8%
計	合計	前年度実績	62,599,561	84,523,432	167,508,200	211,803,036
		20年度実績	57,803,596	92.3%	164,652,477	98.3%

第7章
JA南さつま
～地域農業とブランド育成への挑戦～

1. JA南さつまの概要

1-1. JA南さつまの概況

　鹿児島県中央会では，JAグループの再編計画に沿って，1989年11月新農協合併構想を決議し，県下90JAを12JAに整備するべく，研究・協議を進めてきている。JA南さつまは，鹿児島県の南西部に位置し，加世田市・笠沙町・大浦町・坊津町・枕崎市・知覧町・川辺町の南薩地域2市5町を区域として，1998年3月1日に広域合併した大型JAである。2005年11月7日より加世田市・笠沙町・大浦町・坊津町が合併し，南さつま市が誕生。2市2町が区域となった。さらに2007年12月1日より知覧町・川辺町が合併し，南九州市が誕生。南さつま市（旧加世田市・笠沙町・大浦町・坊津町）・枕崎市・南九州市（知覧町・川辺町）の南薩地域3市を区域としている。

　管内の総面積は，53,342ha，総人口91,401人（2000年世界農林業センサス・2000年国勢調査による）で，平均気温18.8℃，平均月日照時間164.1h，平均月降水量222.3mmの温暖な気候に恵まれた中山間地帯である。傾斜地が多く，零細農家が多いため，農業生産性が低いことが特徴である。とりわけ，内陸部は山が多く，河川に沿って平地に水田が開けているが，1農家あたり32aと零細である。畑もシラス台地が主で基盤整備が遅れた地帯が多く，面積は

3,150haとなっているものの，荒廃地が増えつつある。(参考資料1：JA南さつま管内の農家構成)

　主な農畜産物は，かぼちゃ・メロン・ラッキョウ・温州みかん・キンカン・茶・タバコ・肉牛・肉豚・鶏卵などである。管内特産品のうち〈耕種部門〉では，温暖な気候と山間冷涼をいかしたお茶の生産が盛んで「全国品評会」において，産地賞・農林水産大臣賞を数多く受賞している。また，「加世田完熟かぼちゃ」(加世田地区)と「知覧紅」(さつまいも・知覧地区)，「きんかん春姫」(加世田地区)は，県ブランド指定を受け，一大産地を形成している。北西部地区では，温暖と干拓を利用した日本でも有数の早場米，日本三大砂丘の一つ吹上浜で育つ「砂丘ラッキョウ」，南西部地区では，広大な土地基盤整備を利用した加工大根・人参や豆類・かんきつ類，北東部地区では，水田調整作物のレタスやメロンのほか，最近は国内産大豆の作付けも奨励している。畜産部門では，「かごしま黒豚・黒牛」や「採卵鶏」を飼育生産している。このように，JA南さつまは南の食料供給基地として，2万人の組合員と共に農業振興に取り組んでいる。

1-2. 合併のプロセス

　前述したように，JA南さつまは1998年3月1日に鹿児島県の南西部地域を広域合併した大型JAである。川辺地区においては，1989年11月のJA県大会の新農協合併構想（県下90JAを12JAに整備する）をうけて，県下で先駆けて1990年3月に合併研究会を設立し，調査・研究を進めた。そして，合併研究会の調査・研究結果をもとに，1992年6月には合併推進協議会を設置し，1993年3月1日合併を目標に，合併基本事項や合併経営計画書の作成などを進めた。ところが，1992年10月に，枕崎市と知覧町の2JAが「合併は時期尚早」との理由で推進協議会から離脱してしまった。さらに，JA大浦町は12月の合併総会で組合員の理解が得られず否決されてしまい，最終的には加世田市・笠沙町・坊津町・川辺町の4JAだけが合併することとなった（第1次合併）。

　このような状況認識の下で，1996年3月には，今後のさらなる郡一円の合併について協議するため，「川辺地区農協合併検討委員会」を発足させ，「川辺地区における農業・農協の現状と課題」および「広域合併農協における組織・事業のあり方」を整理するなど，再合併に向けての調査・研究を新たに

第7章　JA南さつま～地域農業とブランド育成への挑戦～

図7-1　JA南さつまの基本構想

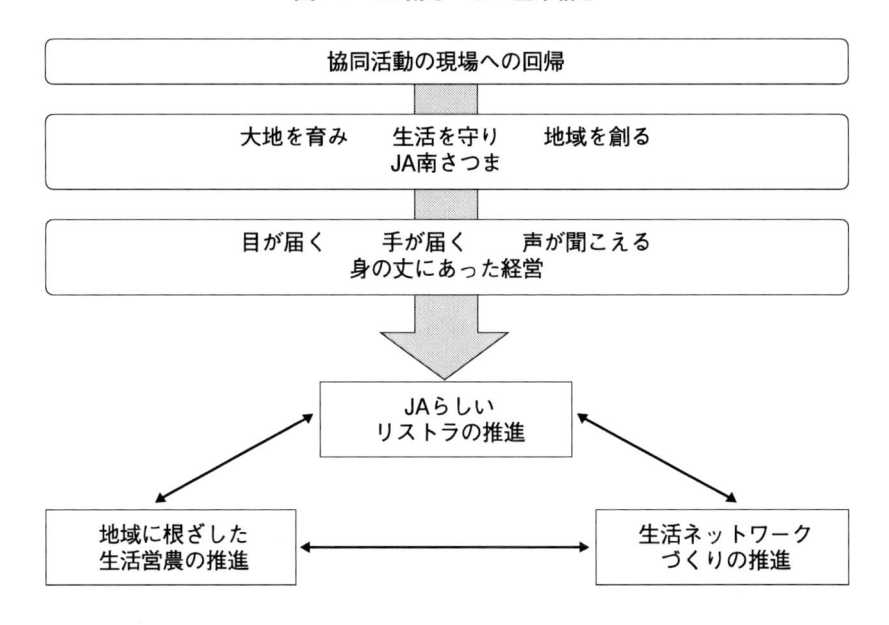

```
┌─────────────────────────────────────┐
│         協同活動の現場への回帰          │
└─────────────────────────────────────┘
┌─────────────────────────────────────┐
│   大地を育み　　生活を守り　　地域を創る   │
│            JA南さつま                  │
└─────────────────────────────────────┘
┌─────────────────────────────────────┐
│   目が届く　　手が届く　　声が聞こえる     │
│          身の丈にあった経営              │
└─────────────────────────────────────┘
                  ↓
          ┌──────────────┐
          │   JAらしい    │
          │ リストラの推進  │
          └──────────────┘
          ↙              ↘
┌──────────────┐      ┌──────────────┐
│ 地域に根ざした │ ←→  │ 生活ネットワーク│
│ 生活営農の推進 │      │ づくりの推進   │
└──────────────┘      └──────────────┘
```

スタートさせた。検討委員会では，当時JA南さつま（第1次合併）の参事を務めていた中島氏が中心となり，合併のメリットを分かりやすく整理し，「合併すれば次のようなことが期待できます」という資料を作成するなど（参考資料2：合併すれば次のようなことが期待できます），未合併のJAを説得するために緻密な計画と手順などを取りまとめた。そして，1997年5月には，合併検討委員会の調査・研究を踏まえ，枕崎市と知覧町・大浦町の各JA理事会の総意のもとに「川辺地区農協合併推進協議会」を発足させ，1998年3月1日に鹿児島県の南西部地域を広域合併した大型JAとして，「JA南さつま」が誕生することとなったのである。

この「新生JA南さつま」の常務に就任した中島氏は，図7-1に示すように，長期経営戦略の基本コンセプトと基本理念・経営理念・基本方針の4段階からなる「基本構想」を打ちだした。

まず，長期経営戦略の基本コンセプトとしては，「協同活動の現場への回帰」を取り上げた。合併により，組合員の協同活動主体としての意識および活動が低下していることや組合員と職員との関係が希薄化している現状を踏まえ，

これからのJAづくりの基本的なコンセプトを「組合員主体による協同活動への回帰」と「施設密着から人の密着への回帰」の視点から形成していくことを目指したのである。

次に，JAの基本理念としては「大地を育み，生活を守り，地域を作るJA南さつま」とした。JAの協同活動は，「農業」「生活」「地域」とは切り離せず，JA南さつまはこの三つの面で，組合員や地域住民と関わっていく必要があり，基本理念はそれぞれの関わり方を表すものにしたのである。

経営理念としては，「目が届く，手が届く，声が聞こえる，身の丈にあった経営」を掲げている。これまでの経営を再考すると「甘え，もたれあい，受け身の経営」で，地域を熟知した経営を行っておらず，非科学的な経営手法に頼っていたのではないかという疑問点が挙げられた。このことを深く反省し，①JAの果たすべき役割の明確化と行政や県連との役割分担，②協同活動や事業展開における組合員とJAの役割確認，③JAの持つ経営資源を十分に認識した適切な範囲での事業展開などについて，次の明確な基本方針に基づいて進めていくこととした。

基本方針としては，「JAらしいリストラの推進」を経営方針とし，「民主的経営の推進」「地域密着経営の推進」「効率的経営への転換」「財務体質の強化」を追及する。営農部門の事業方針としては，「地域に根ざした生活営農の推進」を掲げ，「生活営農の担い手づくり」「地域農業の核づくり」「事業の専門化および効率化」を追求する。そして，生活部門の事業方針は「生活ネットワークづくりの推進」とし，「生活ネットワークの構築」「高齢社会へ対応した事業の構築」「地域社会づくりへ貢献する事業の再構築」を図るようにした。

さらに，合併2年目を迎え，組合員と地域住民に親しまれ，信頼され，誇りにできるJAを1日でも早く作り上げるために，「ナンバーワン運動」を展開した。（参考資料3：ナンバーワン運動における各事業の枠組み）この運動は，①「地域に根ざし，競争力のある営農事業で，組合員の所得を高める運動」，②「安心と健康を提供し，高齢者も若者も住みやすい地域を作る運動」，③「運動を支えるJAの機能と経営体質を確かなものにする対策」を三つの柱とし，3ヶ年計画で推進した。

第7章　JA南さつま〜地域農業とブランド育成への挑戦〜

表7-1　JA南さつまの概要

（2006年2月末現在）

組合員	17,825人	（正11,697人，准6,128人）
農家戸数	5,973戸	
耕地面積	9,799ha	（田2,237ha，畑4,672ha，樹園地2,890ha）
役員	21人	（常勤理事3人，非常勤理事18人）
監事	7人	（常勤監事1人，非常勤監事6人）
職員	674人	（正職員451人，臨時職員223人）

1-3. 組織の現況

　組合員の現状としては，表7-1に示すように，2006年2月現在，正組合員11,697人，准組合員6,128人で合計17,825人を擁している。そして，104部会からなる協力組織を構成し，活発に活動している。104部会の内容は，農産関係部会56組織（3,423人），茶業関係部会8組織（1,173人），畜産関係部会15組織（221人），生活関係部会11組織（2,343人），信用関係部会7組織（11,324人），共済関係部会7組織（1,864人）である。

　JA南さつまの組織機構は，図7-2に示す通りである。まず，常勤理事は組織代表の組合長と学識経験者の専務理事1名，信用担当常務理事1名の3名のみであり（非常勤理事18名），組合長と専務理事の2人が代表権を持っている。参事は2人をおき，1人は畜産部と農産部と生活部を統括しており，もう1人は金融共済部と管理部を統轄している。その他，専務理事の直属の機構として，農業経営対策室と企画開発室がおかれている。

1-4. 事業の現況

　中島氏は，JA南さつまの事業概要およびこれまでの取り組み状況について，次のように説明している。

　「経済事業においては，直売所への取り組み（市内に8ヶ所）が功を奏し，販売高が220億円を超えており，共販率は60％程度を記録しています。ところが，最近は商社への流出が多くなってきているため，いかにJAの競争力を高めるかが課題となっています。」

図7-2 JA南さつまの機構図

(2008年2月末現在)

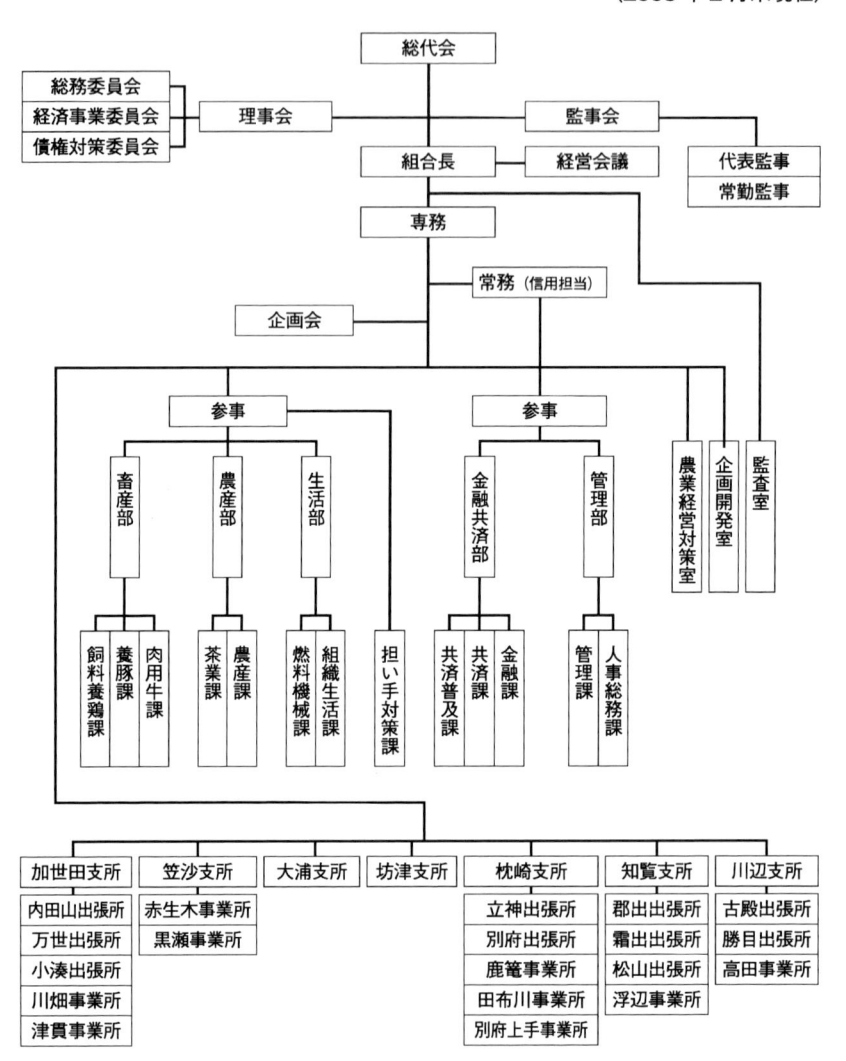

```
                              総代会
                                │
総務委員会      ┌──理事会──┤
経済事業委員会──┤            ├──監事会
債権対策委員会  │            │
                │          組合長──経営会議──代表監事
                │            │                 常勤監事
                │          専務
                │            │
                │          常務（信用担当）
                │            │
        企画会──┤            │
                │            │
        ┌───参事───┐   ┌──参事──┐
        │     │    │   │        │
      畜産部 農産部 生活部 金融共済部 管理部  農業経営対策室  企画開発室  監査室
        │     │    │     │        │
   ┌──┼──┐│  ┌┼┐    ┌─┼─┐    │
 飼料 養豚 肉用牛 茶業 農産 燃料 組織 担い手 共済 共済 金融 管理 人事
 養鶏  課   課  課   課  機械 生活 対策 普及  課   課   課  総務
  課                   課   課   課   課                    課
```

加世田支所	笠沙支所	大浦支所	坊津支所	枕崎支所	知覧支所	川辺支所
内田山出張所	赤生木事業所			立神出張所	郡出張所	古殿出張所
万世出張所	黒瀬事業所			別府出張所	霜出張所	勝目出張所
小湊出張所				鹿篭事業所	松山出張所	高田事業所
川畑事業所				田布川事業所	浮辺事業所	
津貫事業所				別府上手事業所		

「営農指導事業においては、早くから鹿児島県が展開している『かごしまブランド運動』へ積極的に取り組んできた結果、『知覧茶』をはじめ、『きんかん椿姫』と『知覧紅（さつま芋）』、そして『加世田かぼちゃ』などのブランドが育成され、取り扱いが100億円ぐらいに達しています。」

「生活事業においては、Aコープ事業を改めて鹿児島初の『近代化店舗（コンビニタイプのAマート）』を展開するなど、レストランや給油所、葬祭事業を幅広く展開しています。利用者の満足度を高めるために、何よりも従業員教育の徹底に努めております。レジチェッカーなどの場合には、県内一、二番を常に競い、全国大会に出場するほどの実力を持っています。」

「福祉事業については、以前からJAも地域の福祉事業を担っていくべきだという信念を持っていまして、ふれあい事業をはじめ、配食事業、百姓倶楽部（高齢者生きがい農業）などに積極的に取り組んでいます。とりわけ、高齢者訪問給食サービス事業は、JAの給食センターで作った給食をJAが各地域の配食センターまで配達し、そこから先は宅配協力員（ボランティア）が高齢者宅まで届ける仕組みをとっています。JA管内の地元食材を手づくり給食で届けていることや高齢者の安否確認もできることなど、実に地域に根ざしたJAらしいサービスだと思っています。」

次の節では、第10回通常総代会資料（2007年度）に基づき、JA南さつまの事業概要についてより詳しく考察することにしよう。

2. JA南さつまの事業概要

2-1. 農産部門

　JA南さつまにおいても、地域農業や農産物生産を取りまく環境はとても厳しい。農業従事者の高齢化がさらに進展し、耕作放棄地が増加しており、農業就労人口の減少や原油高騰に伴う生産コストへの圧迫など農業生産基盤の弱体化が依然として進んでいる。

　農産部門では、このような状況のなかで、関係機関が一体となって「元気のある農業、活力ある地域農業の振興」に努めるとともに、「生産者の顔が見える新鮮で美味しい、より安心・安全な農産物の提供」を図るため、直販

事業の拡充にも積極的に取り組んでいる。具体的には，ファームサラリー制度（後述）をより積極的に活用し，次代を担う経営者の育成・確保・支援に取り組むと同時に，農地保有合理化事業の活用により，担い手づくりなどへの農地集約を進めている。さらに，地域農業の中核を担う農業者および集落農業組織の設立を積極的に支援するとともに，担い手のニーズに対応しえるトータルアドバイザーの育成・配置にも取り組んでいる。

また，「戦略的産地づくり」を目指し，作物ごとに生産振興施策を作成し，各作物の生産基盤拡充を図るとともに，各生産部会を中心に栽培講習会・現地検討会・出荷検討会などを積極的に開催している。そして，「かごしまブランド」産地として，高品質で安定的な生産・出荷体制の充実化を図り，引き続き「かごしまの農林水産物認証制度」の認証を受けている。さらに，直販会員の拡大と新たな直売所の開拓を図り，直販体制の充実化にも積極的に取り組んでいる。

2-2. 茶業部門

JA南さつまにおいては，耕種部門の販売高が107.8億円を記録しており，その内の約72.4％（77億円）をお茶が占めている。野菜は18.6％，米などが4.7％，そしてみかんやキンカンなどの果樹が4.3％を占めている。他方，購買高は約30億円強を記録している。購買事業については，生産部会組織を中心に予約共同購買運動の展開によるコスト削減を図るとともに，肥料のバラ運送の拡大などにより，大規模農家に対する大口需要助成対策にも取り組んでいる。

茶業部門については，ドリンク向けの需要が増大したことと，とりわけ秋冬番茶については他府県の生産減により，終始堅調な価格で販売を進めることができている。しかも，各茶品評会への積極的な出品を続けた結果，全国で知覧町が産地賞の4連覇を果たし，確固たるブランドを構築している。

このような状況のなかで，茶業部門では長期振興計画に基づき，新・改植（ニーズに対応した品種の選定）の推進を行うとともに，生産履歴の正確・迅速な処理と農薬使用基準の遵守など，安全・安心への取り組みをより積極的に進めている。さらに，各茶工場への巡回指導を強化し，茶市場情報の収集・分析・活用を通して共販率向上に努めるとともに，各種イベントでの宣伝販

売やダイレクトメール，インターネットによる販売促進にも力を入れている。

2-3. 畜産部門

　畜産事業を取りまく環境は，原油の高騰によりバイオエタノールの需要が急増したため，2006年10月以降は国際的な穀物価格の上昇につれ，配合飼料価格も上昇し，非常に厳しい状況にある。また，食品の偽装表示や中国産キョーザへの異物混入事件などにより，消費者の「安全・安心」への関心と国産品志向が益々高まっている。

　畜産部門では，このような環境の変化に対応すべく，各農場の防疫に細心の注意を払い，各種疾病などの未然防止に向けて部会を中心に各農家が徹底した取り組みを実施するように指導を強化している。また，農政活動を実施するとともに，部会活動を通じた各種研修会および農家現地検討会などを開催し，農家の経営技術向上に努めている。

　畜産部門の販売高は，国内の食の安心・安全への取り組みがさらに強化されたことや消費者の国内産畜産物に対する信頼感が高まったことにより，枝肉相場が高値を維持し，畜産全体で94億6,371万円の計画に対して103億9,961万円の実績をあげ，目標値を大きく上回ることになった。

　他方，購買事業については，原油価格の高騰などを原因とする飼料原料の価格上昇がトウモロコシに加え大豆や小麦にまで波及し，飼料価格が平成18年10月からトンあたり約2万円超値上がりしたため，畜産農家は経営収支が圧迫され，大変厳しい状況に追い込まれてしまった。このような状況下で，粗飼料の共同購入や予約購入による系統飼料の利用率向上に積極的に取り組み，農家の生産コストの抑制や取り扱い数量の拡大に努めた結果，取扱高は31億7,275万円の計画に対して，36億9,900万円の実績を残すことができた。

2-4. 生活部門

　生活部門については，①生活事業，②燃料機械事業，③指導事業の三つの事業に分類して取り組んでいる。まず，生活事業においては，JAと組合員との結びつきを深める生活活動として，また一般消費者へ食の安全・安心を提供する活動として，県内産農畜産物の「地産・地消運動」を積極的に展開している。とりわけ，2007年度からはお茶のペットボトル「夢ほたる」を

経済連とタイアップして新たに開発・販売も始めた。なお，電化ショーを年2回開催しており，住宅事業や旅行事業，葬祭事業などにも取り組んでいる。さらに，組合員と都市住民のふれあいの場として，観光農園を含めた総合的なサービスを提供するとともに，協同組合間運動の一環として「清流素麺（JAとなみ野）」や「ねぷたりんご（JA津軽みなみ）」などを展開している。

燃料機械事業においては，農機管理システム（マドンナ）を全農機具センターに完備し，農機部品の迅速な発注と在庫管理に努めているとともに，大規模農家や農業生産法人への対応を強化するために今後は経済連との共同運営を検討している。また，自動車事業は県下統一展示会やJA南さつま展示会を開催し，ネットオークション・システムを主体に多様化する顧客ニーズに応えられるよう努めるとともに，自動車整備センターは民間車検センターとして車検整備の充実化を図っている。さらに，給油所とLPガスは「安心・安全・敏速な供給」をモットーに各種講習会や研修会に積極的に参加するなど，サービスの向上に努めている。2007年度の生活購買事業の実績は23.2億円を記録している。

指導事業においては，①生活組織の育成，②健康管理・高齢者福祉活動の強化，③次世代の育成などに取り組んでいる。まず，生活組織育成としては，JAが行政や地域と連携して「食農教育出張講座」などを実施している。管内の小学校や幼稚園・保育園ではお米の料理教室など体験学習を実施しており，とりわけアグリスクール「ちゃぐりんフレンドクラブ」では子ども達が収穫したさつまいもで「からいも団子」を作り，食の伝承にも取り組んでいる。また，JA南さつま女性組織協議会が中心となり，JA運営への参画と組織活性化にも積極的に取り組んでいる。女性組織ならではの「家の光クッキングフェスタ」を開催するとともに，JA広報誌のなかに「きらっと☆おごじょの活動」コーナーを設け，各支所の女性部の活動を紹介するなど，仲間づくり活動を積極的に展開している。

健康管理活動では，行政と連携をとり，JA鹿児島県厚生連の巡回検診や人間ドックの検診活動に積極的に取り組み，2007年度には人間ドックを507名が，巡回検診を1,437名が受診しており，受診結果に基づいた個別栄養指導や保健指導，生活習慣に関する学習会を実施している。また，助け合い組織では各地域でミニ・デイサービスを実施し，地域高齢者の生き甲斐づくり

活動や高齢者の元気づくりの支援にも取り組んでいる。

次世代の育成活動では，アグリスクール「ちゃぐりんフレンドクラブ」で，管内の小学生（会員49名）とその保護者を対象に，家の光三誌『ちゃぐりん』の記事を活用した食農教育に取り組んでいる。その他にも管内の小・中・高校を対象に，行政をはじめ漁協などと連携して様々な催し物を企画し，子ども達に農業体験を通して農業への関心を高めるとともに，食の大事さや自然の偉大さ，命の大切さを伝えようと積極的に取り組んでいる。

2-5. 信用・共済部門

信用・共済事業を取りまく環境が一段と厳しくなってきているなか，信用部門では店舗再編を実施し，「出向く体制」として渉外活動に力を入れサービス向上に努めている。調達部門の貯金増強に向けては，公金貯金推進や各種キャンペーンを実施するとともに，年金振込口座獲得推進も実施し，前年度より37億円増の残高1,186億円を収めている。他方，運用部門の貸出金については住宅ローンの増加を図るため，JAバンクローンセンターならびに住宅関連提携業者との連携を深めた結果，前年度比で106.4％の実績を収め，残高199億円を記録している。

共済部門では，組合員や地域住民への「ひと・いえ・くるま」の総合保障を積極的に展開した結果，長期共済においては（満期の増加などにより）保有純減という厳しい状況のなか，長期共済新契約高は514億8,155万円（達成率102.9％）の実績となり，長期共済保有高は6,934億円を記録している。年金共済においても，公的年金の受給額が減少するなど将来への見通しが厳しいなか，3億3,551万円（達成率108.2％）の新契約を獲得している。（参考資料4：「貸借対照表」，参考資料5：「損益計算書」）

3. 地域農業（加世田方式）への取り組み

3-1. 受託農業経営事業への取り組み

1989年4月に，中島彪氏は生活事業での長いキャリアにピリオドをうち，経済部長に昇進することになった。加世田市農業協同組合で初代の経済部長

表7-2 加世田市の農家動向

		1980年	1990年
(1) 専兼別農家戸数	総農家戸数	3,384戸	2,060戸
	専業農家	1,116戸	909戸
	兼業農家	2,268戸	1,151戸
(2) 経営規模別農家戸数	1.5ha未満	3,301戸	2,070戸
	1.5ha以上	83戸	73戸
(3) 経営耕地面積	総面積	1,960ha	909ha
	田	697ha	303ha
	畑	822ha	383ha
	樹園地	437ha	315ha

［出所］『月刊JA』1992年9月号，p.48

になったのである。ところが，周りからは「(中島氏は) 生活事業しか能のないやつだから」と，よく言われた。生活事業のキャリアが長い中島氏だが，経済部長ともなると営農分野も守備範囲となるからであった。中島氏は，このような周囲からの批判をバネにして，「よし，おれは1年間で営農事業でも足跡を残してやる！」と奮起するようになったという。

当時，加世田市では農業者の高齢化が著しく進み，後継者不足が深刻化していた。そして表7-2に示すように，耕作放棄地の顕在化という地域農業の危機が現実の問題として表面化していた。総農家戸数を見てみると，1980年には3,384戸を記録していたのが，10年後の1990年には2,060戸に激減していることが分かる。なお，それに伴い，経営耕地面積も1,960haから909haへと，1980年度の半分以下に激減してしまっているのである。

そこで，中島氏が切り札として目をつけたのが，受託農業経営事業であった。JAが農地所有者から農地を借り受けても，それを貸し付けて耕作してもらう受け手がいなかったり，あるいはJAが窓口になり農作業の委託を仲介したものの農作業を受け負う農家がいなかったりする場合，JAが農家から農地を借り受け，地域の話し合いのもとにJAの施設とJAが雇用したオペレーターを使い，JAが委託農家にかわって農業経営を行う。そして，オペレー

ターを将来的な地域農業の担い手として育成しようという事業である。

しかし，受託農業経営事業は制度創設以来20年が経過していたにも関わらず，①農業経営の損益は委託者である農家に帰属するため，委託者の取り分が安定しないことと，②損益の計算方法が煩雑であることなどが指摘され，あまり利用されなくなっていた。それを，中島氏は「受託農業経営事業積立金」という独自の基金を創設し，委託者の取り分が不安定であるという制度の問題点を克服し，事業を実効性のあるものにした。この方式により1989年11月より3団地で事業を開始させ，全国初の実質的なJA直営の農業経営をスタートさせたのである。

中島氏は当時のことを次のように回顧している。

「経済部長になったとき，農業面で何ができるのかというのを勉強しなくてはいけないということで，関連法令をずっと読んだわけです。JAでも農業経営ができる法律（受託農業経営事業）があるのだというのを知りました。けれども，中身を見ると，簡単に言うと経営のリスクがすべて地権者に及ぶことになっている。これでは貸せる人はいない。それならそのリスクをJAがとるというのはどうだろうかというのが『加世田方式』の発想の原点だったのです。そして，規程類を自分で書いて県に提案した。そうしたら，そのようなものは法律上できませんと一発ではねられた。でも現場に合わない法律は意味がないですからね。『それでも，私はやりますよ』と，県に言ったわけ。そうしたら，県もたじたじ。黙認しました。」

「その後，1年間で営農事業をものにしたわけですから，県や中央会の人たちもびっくりしたと思います。そのかわり勉強もしましたよ。『それは今の法律にはないから，加世田方式だ』などと名前をつけられました。」

1991年には，「加世田方式」は全国に知られる事例となった。当時の農林水産省の農政課長が加世田市農業協同組合に調査に入り，中島氏から「加世田方式」の実情を聞くと，農政課長は「法律は使う人のためにあるのだから，法律を変えましょう。今年の9月に国会に提案します」と，伝えたと言う。そして，これがきっかけで「農業経営基盤強化促進法」として法制度が整備され，あわせて農協法が改正（2003年）され，JAの行う事業として「農業経営」が明記されることとなった（農協法第11条の15の2）のである。

図7-3 JA加世田における受託農業経営事業の仕組み

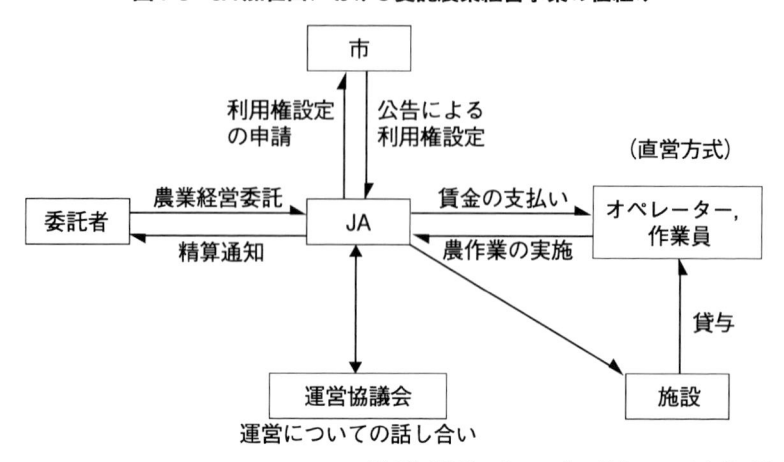

[出所]『月刊JA』1992年9月号, p.50より修正作成

3-2. 受託農業経営事業の仕組み

　このようにして，JA加世田では1989年より，国の補助事業である地域農業推進対策事業「農作業受委託等利用調整推進事業」（1992年より「農作業受委託宅等推進モデル事業」）を導入し，地域農業の振興を積極的に進めるようになった。図7-3は，JA加世田で進められている「受託農業経営事業（直営方式）の仕組み」である。

　JA加世田に，農地または収穫作業等の大型機械を必要とする農作業の委託があった場合で，受け手が見つかった時には，農地保有合理化促進事業・農作業受委託促進事業を活用し，受け手（農家）の経営規模の拡大を進めることによって，中核的な担い手を育成するようにする。他方，受け手が見つからなかった時には，受託農業経営事業を活用し，JA加世田がオペレーターとして新規就農者を雇用して農業経営を行い，農地の荒廃を防ぐとともに，このオペレーターを将来的な地域農業の担い手として育成するようにする。なお，事業の実施に際しては，農地の面的集積を図るため，地権者の同意を得た上で，土地改良事業を行って農地の団地化を進め，同時に効率的な作業条件の整備にも力を入れている。

　さらに，JA加世田では受託農業経営事業に「損益管理」という独自の考

え方を導入することにより，委託者の取り分が不安定であるという制度上の問題点を克服している。損益の帰属はあくまで委託者にあるものの，「受託農業経営事業積立金」という独自の基金を創設することにより，「損益管理」を行い，委託者の取り分を一定なものとしているのである。具体的には，①2年サイクルで団地ごとに精算を行う，②販売総額が経費と委託料を上回った場合は「受託農業経営事業積立金」にその一部を留保するようにする，③販売総額が経費と委託料を下回った場合は「受託農業経営事業積立金」から補填するようにする，④「受託農業経営事業積立金」に留保分がなくなった場合は，受託農業経営事業運営協議会の議を経て，JA本会計から補填を行うといった「損益管理」を導入した。このような方式によると，損益の帰属は委託者にあるという制度上の原則を維持しつつ，JAに農業経営を委託した農家が安定した収入を得ることができるようになることから，県や国からも注目されるようになった。そして，JA加世田が独自に創り上げた「加世田方式」として，全国のJAに認知されるようになったのである。

3-3.「ファームサラリー制度」の設置

さらに，新たな担い手としてUターン者や新規入植者を受け入れる場合に，それらの新規就農者の経営基盤をいかに確保するかについても検討を積み重ねた結果，「月給制度」の導入に踏み切ることとなった。農業の担い手を確保・育成するために，脱サラとは逆に，農業分野へ安定的な給料制度の導入を図ったのである。就農初期の生活支援に加え，制度そのものの定着と普及をねらうものでもあり，「ファームサラリー」と名付けられた。

そして，JA南さつまでは地域農業振興協会の下で検討を重ね，2003年4月1日川辺郡内の2市5町と連携し，管内で農業経営を目指す新規就農者の育成・確保と地域農業の振興を目的として，農業人材育成事業（ファームサラリー制度）を発足した。将来の農業の担い手として農業技術の習得を希望するものに対して就農支援をしていくための制度を整えたのである。その内容は表7-3に示す通りである。

3-4.「有限会社グリーンファーム南さつま」の設立

その後，2001年度に策定した中期3ヶ年計画書のなかで，JA自らが出資

表7-3 ファームサラリー制度の内容（支援額と期間）

区分			支援の額	支援期間
研修期間	後継者		月額 70,000円	概ね12ヶ月を基本とし、24ヶ月を限度とする。
	新規参入者		月額150,000円	
新規就農後	後継者	単身者	月額 70,000円	12ヶ月を限度とする。
		配偶者を有する者	月額120,000円	
	新規参入者	単身者	月額150,000円	
		配偶者を有する者	月額200,000円	

する農業生産法人を設立して，遊休農地の解消や地域で生産される特産品の生産維持拡大に努めることも新たな農業振興上の施策として位置付けられるようになった。国の構造改革においても農地法の改正（一部の法人が農地取得可）や農業特区（株式会社の農業参入など）の認可など，農業分野にも市場原理の施策が展開されるようになり，このような状況を先取りするためにも，農業生産法人の設立を急ぎ，できるだけ早く事業展開を試みたいという思いであった。

そして，3年後の2004年5月28日第6回通常総代会において，有限会社による農業生産法人（出資総額2,000万円，うちJA1,990万円，A農家5万円，B農家5万円）の設立が正式に承認され，2005年3月1日より「有限会社グリーンファーム南さつま」が事業を開始するようになった。（参考資料6：グリーンファーム南さつまの概要）

「有限会社グリーンファーム南さつま」は，売上げを順調に伸ばし，2007年度の決算では，売上高4,400万円，経常利益65万円を計上しており，わずかではあるが黒字をだすまでに成長している。

4. 地域に貢献するJAを目指して

4-1. 地域貢献活動の概要

JA南さつまでは，前述したように，地域に根ざした生活事業の展開を目指し，

第7章　JA南さつま～地域農業とブランド育成への挑戦～

鹿児島県では初めての「近代化店舗（コンビニタイプのAマート）」を8ヶ所も設けており，レストラン・給油所・葬祭事業など幅広く展開している。

　JA南さつまでは，JAは農業者を中心とした地域住民の方々が組合員となって，相互扶助の精神を共通の理念として運営されている協同組合組織であり，地域農業の活性化に資する地域金融機関でもあると定義している。よって，当JAの資金は，その大半が組合員からの「貯金（2004年度貯金残高1,053億）」を源泉としており，貸出（貸出金残高164億円）においても，その約80％は資金を必要とする組合員への貸出（130億円）が占めており，残りの20％は地方公共団体（16.5億円）や他の農業者および事業者（17.8億円）への貸出が占めている。まさしく地域の金融機関として，農業の発展と健康で豊かな地域社会の実現に向けて，事業活動を展開しているのである。

　また，JAの総合事業を通じて各種金融機能・サービス等を提供するだけでなく，地域の協同組合として，農業や助け合い活動を通じて社会貢献にも努めている。まずは，文化的・社会的貢献の一環として，地域の小・中・高校生の職場体験や視察を積極的に受け入れるように努めている。体験農業や農産物流通の仕組みの見学など，学校教育にも積極的に協力しており，食農教育の一環として「ちゃぐりんフェスタ」を開催し，米を中心とした食の大切さの学習会もJA自らが開催している。さらに，各支所でも実情にあわせて「農業祭」を開催しており，地域のイベントである「ねぷたまつり」や「さつま黒潮きばらん海」にも積極的に参加している。

　さらに，利用者のネットワーク化にも積極的に取り組んでいる。年金友の会では，会員によるゲートボール大会やグラウンドゴルフ大会を実施し，会員相互の親睦と健康増進を図り，組織の発展に努めている。なお，高齢者の生き甲斐づくり活動として，助け合い組織「にじ」の会では，ホームヘルパー会員の資質向上を図るため，各種研修会を実施し，研修の成果をいかした高齢者ミニ・デイサービスの開催に努めている。

　情報提供活動にも力を入れている。毎月1回は，JA広報誌『JAだより』を発行し，地域情報の紹介や農業技術の伝達と普及に取り組んでいる。また，JA独自のホームページを開設し，組合員と地域住民の営農と生活の向上のため，情報提供を行っている。

4-2. 高齢化の進展と福祉事業への取り組み

　JA南さつまにおける福祉事業への取り組みの背景には，中島前組合長の熱い思い入れがある。中島氏は次のように語っている。

　「私は当時から福祉事業にも，すごく興味があって，JAは福祉事業を積極的に展開すべきだという信念を持っています。1983年加世田市農業協同組合で店舗・生活課長の時代に，軽費老人ホームの設立に向けての取り組みを提案したのです。」

　「具体的には『軽費老人ホーム』として高齢者が自分の家と同じような暮らしができる施設を作り，家庭菜園などをしながら，必要なときには自宅にも帰れるようにし，高齢者自身がお金をだして入居するかわりに，入居中はJAが生活の面倒を見るという構想でした。財源は国の助成制度を活用する。県の社会福祉協議会や県庁にも出向き根回しもしっかりしました。休日を使って自費で先進事例の視察までしました。」

　ところが，中島氏の計画は，当時は県にはもちろん全国にも例がなかった。前例がないとの理由で実現は見送られてしまった。「あのときやっておけば…」と中島氏は悔いるが，福祉事業展開への熱意は冷めやらず，別な形で結実することになる。JA南さつま常務理事時代（第1次合併）1996年に同JAの高齢者福祉計画の一環として加世田市からの業務委託という形でスタートした「高齢者等訪問給食サービス事業」である。

　JAの給食センターで作った給食をJAが配食ステーションまで配達し，そこから先は，宅配協力員（ボランティア）が高齢者宅まで届ける。JAらしい特徴は，JA管内の地元の食材を使った手づくりの給食であることと食事の配達だけでなく配達先の高齢者の安否確認まで地域のボランティアで行うということである。地域での取り組みを基本にしたJAらしい給食サービス。その着想はAコープ万世店長時代にさかのぼる。

　「Aコープの店長時代に，1年に1回，婦人部の皆さんに弁当を作ってもらい，80歳以上の方にお配りしましょうという運動を展開したのです。そうしたら非常に喜ばれた。これを定着させることはできないかなあというのが発想の原点です」と，中島氏は言う。

　しかし，実現するにはやはり財源の確保と事業仕組みの確立が必要であっ

た。中島氏は色々考えたあげく，行政を巻き込むという選択肢が思い浮かんだが，当時はJAと行政との関係は必ずしもよくなかった。そこでまず市役所の担当課長に頭を下げて日参した。

「よく今でも言っているのが，『人間の頭というのは，下げれば下げるほどいいのだから，決して高く持つな』ということ。それから当時職員には『行政には，お願いすることがあれば，どこでもおれは頭を下げに行く』と言っていましたから，足繁く通った。そうすると相手も私を無下にできないですね。相手が年下だと分かっていても，とにかく頭を下げて回った。」（中島氏）

やがて中島氏の誠心誠意と，計画の真意がようやく相手にも伝わることとなる。行政も福祉の観点から考えれば，在宅の高齢者の健康管理をする責任がある。それをJAが肩代わりして給食サービスとあわせて地域の方々の協力を得てボランティアで安否確認をする。行政の目的と協同組合としてのJAの理念が一致し，道は開けた。給食センター建設や配送用車輌といったハード面での助成が得られることになったのである。

「ただ，物売りという考え方が先に立つと，事業は成功しないですね。やはり協同組合というのはそうではない，商売でやっているのではないというのが分かっていただければうまくいく」と，中島氏はJAらしい事業展開の大切さを強調する。そして，中島氏は1996年度長期経営計画のなかで，行政や県連など関係機関と一体になって，「安心して生涯を過ごせる環境」を整備することを目指し，高齢者福祉事業への積極的な取り組みを打ちだすようにした。

加世田市が実施主体となり，JAが市から直に食事サービス全体の委託を受ける「民間業者委託型」の形態をとった。JA南さつまが果たす機能としては，「原材料の調達」「調理」「配食」「衛生管理」などである。

事業の仕組みとしては，週6日以内で1日2食（昼食と夕食）以内とする「生活支援型」を考えた。施設はAコープの一部（80坪の内30坪）に食事サービスセンターを設置し，そこを拠点として事業を展開するようにした。メニューは，管理栄養士が1週間単位で作成し，内容は御飯とお汁・土菜・その他の4点になっており，これを配膳セットで配食する。原材料の調達は，すべて隣接するAマート店から仕入れることにする。このようにして，JA南さつまでは1994年5月からJA管内の地元の食材を使った手づくり給食を実

施するようになったのである。

　事業の推進体制は，常勤1名（JA職員），パート調理員7名，パート事務員1名，そして配食にはJA女性部・民生委員・嘱託員・一般ボランティアなどの「宅配協力員」178名で構成していたが，2008年4月からは宅配協力員の高齢化と後継者不足により，給食センターの職員が利用者宅まで個別配送するようにしている。利用者は概ね65歳以上の虚弱な高齢者や重度身体障害者で，調理・買い物などの困難な者となっており（登録者数171名，利用者数150名），1回の配食数は1日平均昼食が67食，夕食が106食に達している。

　年間の事業収支としては，行政の協力を得ながら，JAの負担にならないよう努めている。福祉事業においては，収支のバランスを無視してはならないが，収支よりも地域におけるJAのイメージが向上するなどの効果が期待できる。JA南さつまでも，福祉事業への取り組みに対する組合員および地域住民の評価が非常に高く，利用者は全員がJAの口座を開設するなどのメリットがでている。

4-3.「百姓倶楽部」と「ファーマーズマーケット」への取り組み

　「JA南さつま」では，2001年から健常高齢者を中心にした少量多品目の農業生産事業に取り組み，高齢者に生きがいと収入を与えることのできる仕事づくりに成功している。

　高齢者農業は，農村における高齢化社会の進展に対応するためにも，農業振興のためにも不可欠な要素となっている。近年，農業後継者不足や担い手の減少など，農業を取りまく環境は極めて厳しい状況にあり，今後もこの傾向は益々加速化していくものと予想される。これまでの農業振興は，大型産地の育成による産地の形成や規模拡大による「農家経営の安定」を中心に推進されてきており，これらはこれからも継続して推進するものと考えられる。

　しかし，65歳以上の高齢者のうち，約8割以上は「元気な高齢者（健常高齢者）」であることを忘れてはならない。全国各地においても，この健常高齢者を中心にした少量多品目の農業を地産地消という形で推進し，高齢者に生きがいと収入を与える仕事づくりに成功した事例が少なくない。また，JAが残りの約2割の要介護認定者に目を向け，公的介護保険事業認定業者

第7章　JA南さつま～地域農業とブランド育成への挑戦～

の認定を取得しても，ホームヘルプ免許者を養成しボランティア活動を行うにしても，現在は未だJAに事業統括ノウハウが十分に蓄積されているとはいえない。JAとしては，むしろ「元気な高齢者」に「農業」を中心とした関わり合いを展開し，その関わり合いのプロセスのなかで高齢者との信頼関係を醸成した後に，要介護者になった時にはJAが家事手伝いや介護などで支援を行えるような体制をとることが望ましい。「JA南さつま」では，このような考え方に基づき，「農と共生の地域社会づくり」を目指し，中期3ヶ年計画書のなかに，高齢者生きがい農業（百姓倶楽部）への取り組みを取り上げることにしたのである。

　同時に，百姓倶楽部の受け皿として，「ファーマーズマーケット」への取り組みにも着手した。ファーマーズマーケットの運営はJAが引き受け，売り場の確保や売上管理を農家ごとに行い，農産物の販売精算事務を担当することにした。また，JAは販売戦略を具体的に実施して販売促進のための集客方策を工夫するよう努め，百姓倶楽部を積極的に支援することにした。その一方で，商品企画や値付け，商品棚揃え，余剰野菜および販売金額の管理などについては，農家が納入業者となり，すべて自己責任で行うようにした。納入業者で「農産物直売店運営協議会」を構成し，運営方針や栽培農産物の選定をはじめ，商品管理から販売運営にいたるまで話し合いによって行い，諸課題について解決していくことにしたのである。

　「JA南さつま」が高齢者農業を進める上で，最も力を入れたことが「営農指導」であった。高齢者農業では，販売によって収入を得ようとする農家から趣味的な農業まで納入業者の幅が広いが故に，営農指導も幅広い活動が求められていた。しかも，いくら高齢者とはいえ，収入を得ようとするなら「売れる商品づくり」への取り組みを怠ってはならなかったからである。したがって，JA南さつまでは，JAの営農指導員と高齢者の販売農家のなかから「○○名人」を依頼し，営農指導アドバイザーとしての役割を果たしてもらい，営農指導の充実化を図るようにしてきた。

　この百姓倶楽部の活動は，今でも続いており，管内12ヶ所の直売所を通して，年間約2億5千万円以上の販売高を記録している。

5.「ブランド育成」への挑戦

「JA南さつま」では，前述したように，鹿児島県が展開している「かごしまブランド運動」へ早くから積極的に取り組んできており，その結果，「知覧茶」をはじめ，「知覧紅（さつま芋）」と「きんかん春姫」，そして「加世田かぼちゃ」などのブランドが育成され，その取り扱いが100億円ぐらいに達している。

そのなかで，ここでは「かごしまブランド」第1号に指定された「加世田カボチャ」に焦点を合わせ，ブランド育成への取り組みと努力について考察してみることにする。

鹿児島県には日本一の農産物がたくさんある。カンショやラッキョウ，黒ウシ，黒ブタの生産量はもとより，米や茶，みかん，タケノコなど，全国一早く出荷される産物が目白押しである。ところが，生産面で確固たる地位を占めているのに，知名度においては消費者との関係がどうしても希薄であった。そこで，もっと「鹿児島」を知ってもらい，名指しで買ってもらえるようなブランドにし，また産地としての意識高揚を促して，名実ともに日本一の「食の拠点」を目指すことを狙いとして，「かごしまブランド」運動を展開することになった。

1989年には，知事を会長，県農協中央会会長を副会長とする「かごしまブランド推進本部」が設置された。まず，初年度には鹿児島の農産物に関する情報を収集分析し，ブランド化推進への課題をまとめた。翌年度からは具体的な基準づくりや販売戦略，産地育成などに取り組んだ。

県が保証するブランドである以上は，当然，その基準はかなり高く設定されている。「安定した生産と供給，高い品質」を満たすことや県内外からの高い評価を受けていることなどの条件をクリアできた指定産地の優れた品目だけにブランドマークの使用が許される。指定を受けた産物については，市場関係者を招いた懇談会の開催や消費地での宣伝広告の支援など，県から強力な後押しが行われるが，しかしいったんブランドの指定を受けたとしても，要件を満たさなくなったらすぐ解除されてしまうことになっている。

そして，この運動が3年目を迎えた1991年5月に，加世田カボチャが「かごしまブランド」第1号に指定された。JA南さつま（旧加世田市農協）では，1976年から高品質の完熟カボチャづくりに取り組んできた。とりわけ，

第7章　JA南さつま～地域農業とブランド育成への挑戦～

土づくりを基本に，糖度の高い大玉で果肉の厚いカボチャを作るよう努めた。生産基盤となる土づくりでは，管内の畜産農家と契約して堆肥の安定確保に努めてきたが，1986年にはJAが堆肥センターを設けて一元化を図った。牛糞と鶏糞の要素バランスのとれた堆肥が何よりの自慢であり，味の差別化をもたらす源泉になるという。栽培はJAの指導のもと，ハウスやトンネルを利用した年2回の作型で，完熟とするために，交配（授粉）管理から着巣，茎の仕立てなどを徹底し，品質のばらつきがでないように努める。加えて出荷時には厳しい品質検査を行い，品質には万全を期する。こうした努力が実を結び，市場から高い評価を受ける「加世田カボチャ」が育つのである。

　ところが，生産者の高齢化などによる作り手の不足が深刻な課題となってきた。生産者の中心が60歳ぐらいで県平均よりも高い。生産組織の整備と強化を急がなければならなくなったのである。そこで，中島氏（当時参事）は他JAに先駆けて経営や農作業の受託事業を導入することを考え，平成元年に前述した「農協自らが農業経営に乗りだす仕組み（加世田方式）」を創りだした。個人の規模拡大による産地確保ではなく，組織的に地区内の全員がカボチャ生産に関わっていく仕組みを確立しようとしたのである。その結果，管内のカボチャ作付けは60haで，約450戸の農家が関わるようになり，安定供給が確保できるようになった。

6. 中島彪前組合長のリーダーシップ

6-1. 発想の源は「時流を勉強すること」

　常に時代を先取りするアイデアマンの中島氏であるが，いったいその豊かな発想はどこから生まれてくるのだろうか。

　「大事なのは熱意，やろうとする意志です。意気込みがあれば，勉強するし，絶対に成功する。決して私がいい発想を持っているのではありません。それから職員にも言っているのですが，『時流をしっかり勉強しなさい』ということ。時流が分かれば，将来こうなるという方向性が大体見えてくる。そうするとJAとして何をしなければならないかが浮かんでくるはずです。」

　そして，中島氏は職員の育成・教育については「私の信念は，自分の働く

場所に，自分の足跡を残すことです。色々な事業を展開するとき，足跡を残せばそれが職員の教育になるのだと考えています。『彼（中島氏）があれだけできたから自分にもできるんじゃないか』と職員が感じるムードづくりが大事なのです。それは決して押しつけることではないのです」と語る。

6-2．JA合併はトップの決断

中島氏の参事・常務時代は，JA合併（JA南さつまの第1次合併，第2次合併）に奔走した時代でもある。

「『合併の秘訣というのは何ですか』とよく聞かれるんですけれども，私は『トップの決断』だと思います。合併するのだというトップの決断があれば，合併の必要性を説き，いい方向にリードできるはずです。決断がなければ，デメリットばかり言って歩く。自分のエゴでやれば，絶対に合併はできない。ある自治体からぜひ合併についてお話をしてくれとの要請があって，ある会議にでましたが，ここはだめだと雰囲気ですぐ分かりました。」

「まず，財務内容の悪いJAには必ず経営基盤をしっかり固めるんだというトップの姿勢がない。また，逆に財務内容の良好なJAには，なぜ財務内容の悪いJAを引き受けなければならないのかという意識がある。しかも，総代会資料を見ると，退職給与引当金が30％程度しかないのに利用高配当や出資配当をしている。内部留保もしていない。聞けば『内部留保をすれば，組合員が離れる。組合員にサービスするのがJAの務めだから，まず利用高配当と出資配当は絶対的な条件だ』と言っていました。こんなトップではだめだとすぐ分かったのです。」

「剰余金がでたら，組合員・職員・経営（者）の三者で分配するのがJA経営の原則ではないですか。決して合併前のうちのJAの財務内容がよかったわけではない。しかし，それなりの熱い思いをもって取り組んできたから，みんなが合併を認めてくれたのですよ。」（以上，中島氏）

6-3．役員は経営全般を考える

よく職員から参事の時代と常務の時代とでは，人間がまったく変わったと言われる中島氏。役員に就任してどのように意識が変わったのだろうか。

「厳しい参事だったのですよ。みんなピリピリするぐらい。それが常務理

事になったとき，私が職員に対して言ったのですよ。私はもう職員のトップじゃないよ。だから職員の仕事に対していちいち指示しない。それは私の下の参事の仕事であって，私は経営全般のことを考えるだけだからね。」(中島氏)

さらに，中島氏は経営トップの組合長に就任すると，迅速な「不祥事の報告」を徹底する。「『専務・常務がいて参事がいるのだから，最終決断をするのは組合長である私だ。よいことは遅れていいが悪いことはできるだけ早く情報をあげてほしい。それにはしっかり対応する。』と，職員にはよく言っていました。まずは報告です。同様の理由で例えば不祥事等で対外的に中央会や県庁に報告に行くのは私です。県庁も『組合長がわざわざ来ないでいい』と言いますが，経営トップである組合長の私が報告に行くから信頼が得られるのです。」

6-4. JA経営は「バランス」が大事

ところで，経営者としての中島氏はJA経営をどのように考えているのだろうか。

「やはりバランスですね。職員と役員のバランス。事業のバランス。バランスを大事にしなくてはいけない。職員だけが強くなってもいけないし，役員だけが強くなってもいけない。事業も一つだけが強くなってもいけない。」

例えば，役員が職員に対して事業実績を上げるように業務命令で叱咤すれば，必ず職員の頑張りに見合うボーナスを対価として支給する。役員が一方的にポジション・パワーのみで業務命令をふりかざすのではなく，必ず職員の労をねぎらい報いるのだというバランス感覚。これが中島氏の信念でもある。

また，事業のバランスということでみると，JA南さつまの事業別の損益は，信用・共済・購買・販売事業のいずれでもほぼ規模・収支ともにバランスのとれた構成になっている。購買事業のなかでも生活事業は多岐にわたるのが特徴である。なお，主要な部門は，事業本部制的な考え方から特別会計で場所別（レストラン，給油所，葬祭事業，給食センター等）に収支管理がなされており，しかもすべて黒字を記録している。

6-5. 組合員の目線で地域を考えよう！

「JAは組合員があっての組織ですから，どのような判断が組合員のためになるかが，大事な視点です。判断材料を集めるためには，上部団体が県・全国段階にあり，JA南さつまでも顧問弁護士・公認会計士をつけているのだから分からなければ相談する。自分だけで判断できないときは，迷わずに人に聞くという勇気が大事だと思います。『聞くはいっときの恥，知らぬは一生の恥』。うまくいけば，いっときの恥で済むわけでしょう。うまくいかないでひっくり返った場合は，一生の恥になりますからね。だから職員にも言います。『分からんことは聞きなさい』と。」

「それから，これからの役員はやはり真摯に，協同組合理念，JAの存在意義をしっかり勉強しておかないといけません。今まではJAの役員を名誉職のように考えていらっしゃる方が多かったでしょうが，組合員の目線で地域農業をどうするか，地域との共生をどう図っていくのかを，常に考えながら行動していくことが大事だろうと思います。」（以上，中島氏）

第7章　JA南さつま～地域農業とブランド育成への挑戦～

【参考資料1：JA南さつま管内の農家構成】

(単位：ha，戸)

区分	総土地面積	耕地	総世帯数	総農家数	販売農家数	自給的農家	専兼別農家数（販売農家）		
							専業	兼業	
								第1種	第2種
枕崎市	7,488	1,730	11,208	1,230	626	604	345	136	145
南さつま市（除く金峰町）	21,105	2,459	15,649	1,669	821	848	384	141	296
知覧町	12,019	3,120	5,217	1,157	820	337	391	186	243
川辺町	12,735	2,160	6,151	1,357	676	681	317	83	276
川辺地区計	53,347	9,469	38,225	5,413	2,943	2,470	1,437	546	960

(単位：ha，戸)

区分	経営耕地規模別農家数							
	販売農家							
	0.3ha未満	0.3～0.5	0.5～1.0	1.0～1.5	1.5～2.0	2.0～2.5	2.5～3.0	3.0ha以上
枕崎市	19	92	158	129	56	55	21	96
南さつま市（除く金峰町）	56	235	276	82	52	25	19	76
知覧町	11	114	180	107	69	60	36	243
川辺町	16	197	241	68	41	21	15	77
川辺地区計	102	638	855	386	218	161	91	492

［注］「農家」は，耕地面積10a以上または農産物販売金額15万円以上の世帯
　　　「自給的農家」は，耕地面積30a未満かつ農産物販売金額50万円未満の農家
　　　「販売農家」は，耕地面積30a以上または農産物販売金額50万円以上の農家

【参考資料2：合併すれば次のようなことが期待できます】

1. 築く豊かな我が郷土
－営農・生活指導の充実－

- **営農指導体制の確立**
  作目（畜種）別に生産から販売まで一貫した専任指導体制を確立します。また，営農指導推進者等を活用し迅速な対応につとめます。
- **後継者育成の強化**
  リーダー養成研修や後継者育成研修をおこない後継者を育てます。
- **相談機能の充実**
  年金・税務・法律・交通事故・財産運用等相談窓口を設け，専門相談員が相談に応じます。
- **高齢化社会への対応**
  助け合い活動をもとにした，ホームヘルパーによる「老人ホームヘルパーサービス事業」の検討および「公的介護保険制度」への対応について，系統一体となって取り組みます。
- **生活活動施設の充実**
  家電センター，葬祭斎場の設置等を検討し，生活関連施設の充実をはかります。

2. 助け合う力の結集
－組織農業の育成－

- **営農集団の育成**
  高生産性農業の推進や生産団地の育成につとめます。
- **作目別生産部会の育成**
  生産部会の再編・育成をはかり共販体制を確立します。
- **農作業受委託等の実施**
  農業管理センターの設置や機能強化，第3セクター方式による「農業公社」設立に向け積極的に取り組み，農用地の利用調整や農業機械の共同利用，農作業の受委託などをおこないます。
- **関係機関との連携強化**
  市町，農林水産事務所，農業改良普及所等関係機関と一体となって，戦略作目の振興と大規模農家への対応強化や中核農家の育成につとめます。

3. ひとつになった出荷体制
－銘柄の確立－

- **大量販売**
  農産物の大量取扱いにより有利販売につとめます。
- **高品質・均一規格**
  規格を統一し，市場の評価を高めます。
- **集出荷施設の充実**
  集出荷施設の充実・機械化により出荷経費の節減，生産者の労働軽減をはかります。
- **販売力の強化**
  消費者ニーズにあった産地銘柄を確立し，販路を拡大します。

第7章　JA南さつま～地域農業とブランド育成への挑戦～

4．大量取引による物流の合理化
－購買品取扱の利便性－

- 大量取引
  購買品の仕入機能を一元化し，物流コストを低減させます。
- 購買店舗の充実
  品揃えを充実し，土日・祝祭日に対応できる店舗の設置を検討します。
- 大口利用者への対応
  大口利用者に対する供給割戻制度等の充実につとめます。

5．高付加価値生産
－農畜産物加工貯蔵施設の整備－

- 加工体制の整備・拡充
  農畜産物の付加価値を高め，有利な販売をおこなうため加工施設の充実をはかります。
- 施設の効率的・多角的利用
  施設を効率的に活用し，生産・流通のコストの低減につとめます。
- 貯蔵・保冷施設の整備・拡充
  適時に市場対策をおこなうため集出荷・貯蔵施設を整備します。

6．迅速な情報の提供
－情報化への対応強化－

- 営農情報の迅速な提供
  生産部会を通じて最新の情報を迅速に提供します。
- 市場情報の収集・分析
  市場の情報を分析し，有利な販売につとめます。
- 農家の経営分析
  パソコンによる農家の経営管理を支援する体制を強化します。

7．信用力の向上
－経営体質の強化－

- 事務の迅速化
  事務の簡素化，スピード化をはかります。
- 職員の資質向上
  優秀な人材の確保と職員の能力開発につとめます。
- 財務体制の強化
  内部留保をはかり経営基盤の強化につとめます。

【参考資料3：ナンバーワン運動における各事業の枠組み】

組合員が誇れるJAづくり　　　　　　　　　　　　県下で

地域に根ざし，競争力ある営農事業で、
組合員の所得を高める運動

地域の実態に応じた農業の仕組みづくり（農業の基盤強化方策）

1. 新農業基本法に対する新たな農業の仕組みづくり（行政との連携強化）
2. 営農類型の見直し
   ①水田・畑作・中山間地等の地帯別
   ②大型専業農家・兼業農家等の農家階層別
3. 農地の流動化と中核農家の育成
4. 農業後継者の育成
5. 生産者組織の再編整備・強化
6. 兼業農家・高齢農家対策の強化
7. 農業生産法人に対する対応
8. 農業公社設立に向けた調査・研究
9. 環境保全型農業への取り組み強化

組合員の所得確保・経営安定を目指した物づくり（部門別農業振興方策）

1. 重点品目の推進・面積拡大による産地形成
   ①一品目3億円以上の取組み
   ②新規作物の導入研究
2. こだわり商品（質）の追求
3. 畜産事業方式の再構築による生産基盤拡充
   ①肉用牛生産事業による子牛導入基盤確立
   ②養豚経営実験事業の再編
4. 営農指導体制の整備
   ①営農指導員の資質向上対策
   ②営農指導員の適正配置による効果的指導
5. 広域施設の整備による事業体制のスリム化
6. 販売力の強化（直販事業を含む）
7. 広域ブランドの品目拡大

運動を支えるJAの機能と

財務体質・経営効率を高める対策

1. 業務のムダ・経費ロスの発見と改善対策の実施
2. 情報システム化の促進による事務の合理化
3. 効率的資金運用方法・体制の整備
4. 業績責任の明確化と目標管理の徹底による事業量・収支の確保
5. 適正な評価・処遇制度の整備と職員の能力向上対策
6. 既存施設の有効活用と厳密な経済試算による計画的取得
7. 店舗機能の見直しと不採算・不稼動資産の整理
8. 不健全資産の発生防止と整理流動化対策
9. 目標経営比率の達成による自己資本比率の向上対策

第7章　JA南さつま～地域農業とブランド育成への挑戦～

1番のJA　　夢のもてる地域づくり

安心と健康を提供し，高齢者も若者も住みやすい地域をつくる運動

組合員が満足する魅力ある商品・サービスづくり
（営業力・商品力強化方策）

1. 全戸訪問運動の展開による信用事業基盤の強化
2. 農家組合員のニーズを踏まえた営農生活関連資金の融資拡大
3. 生命と財産を保全する共済事業の強化
   ①渉外体制の拡充とリフォーム運動の展開
   ②効率的・効果的な一斉推進体制の構築
4. 総合事業の特性を生かした魅力ある商品・サービスの提供
5. 既存施設の事業採算の確保と施設整備
6. 組合員のニーズに基づく購買推進活動の強化

安心して暮らせる生活ネットワークづくり
（組合員との結びつき強化方策）

1. 高齢者の暮らしを支援する事業の推進
   ①ホームヘルパー・助け合い組織の育成
   ②高齢者向け相談機能の強化
2. 健康管理活動の強化
3. 仲間づくりによる社会参加の促進
   ①女性部活動による支援
   ②ＪＡが核となった目的別組織の育成
   ③遊休施設等を活用したふれあい活動
4. 都市・農村交流による消費者との連携

経営体質を確かなものにする対策

ナンバーワン運動の推進
○ナンバーワン運動による仕事の改善
○我が家のナンバーワンづくり

誇れる事業機能と明るい職場をつくる対策

1. 要員体制のスリム化・精鋭化
   ①適正要員配置基準に基づく要員の再配置
   ②退職者の補充抑制等による要員削減目標の実現
2. 効率的な組織機構への段階的移行
   ①本所・支所機能の見直し
   ②部署の統廃合と段階の短縮化
   ③支所・出張所の機能再編に伴う統廃合
3. 内部統制機能の充実
4. 職員行動基準の設定等による規律ある職場風土づくり

【参考資料4:貸借対照表】

科目	金額		
(資産の部)			
1. 信用事業資産			111,248,624,271
(1) 現金		523,233,178	
(2) 預金		89,456,702,743	
系統預金	88,494,767,422		
系統外預金	961,935,321		
(3) 買入金銭債権			
(4) 有価証券		1,451,709,260	
国債	1,451,709,260		
(5) 貸出金		19,992,516,129	
(6) その他信用事業資産		288,324,307	
未収収益	281,514,776		
その他資産	6,809,531		
(7) 貸倒引当金		△463,861,346	
2. 共済事業資産			74,590,959
(1) 共済貸付金		73,685,031	
(2) 共済未収利息		905,928	
3. 経済事業資産			6,123,823,609
(1) 受取手形		25,665,431	
(2) 経済事業未収金		3,391,662,546	
(3) 経済受託債権		11,080,536	
(4) 棚卸資産		679,089,741	
購買品	387,258,969		
その他の棚卸資産	291,830,772		
(5) その他の経済事業資産		2,580,416,186	
うち預託家畜	2,502,610,740		
(6) 貸倒引当金		△564,090,831	
4. 雑資産			1,123,858,461
うち貸倒引当金		△243,054,283	
5. 固定資産			6,483,149,779
(1) 有形固定資産		6,464,232,143	
減価償却資産	11,923,524,544		
減価償却累計額	△8,911,577,761		
土地	3,452,285,360		
建設仮勘定	0		
(2) 無形固定資産		18,917,636	
6. 外部出資			3,115,108,605
(1) 外部出資		3,127,343,500	
系統出資	2,724,737,000		
系統外出資	369,706,500		
子会社等出資	32,900,000		
(2) 外部出資等損失引当金		△12,234,895	
7. 長期前払費用			35,909,625
8. 特別会計			545,378,002
9. 繰延税金資産			276,422,317
10. 繰延資産			0
資産の部合計			129,026,865,628

第7章　JA南さつま〜地域農業とブランド育成への挑戦〜

平成20年2月29日現在　（単位：円）

科目		金額
（負債の部）		
1．信用事業負債		119,030,191,101
（1）貯金		118,648,924,867
（2）借入金		13,889,759
（3）その他の信用事業負債		367,376,475
未払費用	112,691,021	
その他の負債	254,685,454	
2．共済事業負債		739,439,951
（1）共済借入金		73,685,031
（2）共済資金		278,750,551
（3）共済未払利息		905,928
（4）未経過共済付加収入		384,572,472
（5）その他の共済事業負債		1,525,969
3．経済事業負債		1,065,546,763
（1）経済事業未払金		962,711,951
（2）経済受託債務		65,903,584
（3）その他経済事業負債		36,931,228
4．設備借入金		351,921,000
5．雑負債		541,734,477
6．諸引当金		1,117,078,538
（1）賞与引当金		181,572,425
（2）退職給付引当金		935,506,113
7．繰延税金負債		0
8．再評価に係る繰延税金負債		563,662,205
負債の部合計		123,409,574,035
（純資産の部）		
1．組合員資本		5,202,019,790
（1）出資金		4,029,427,000
（2）資本準備金		689,709,790
（3）利益剰余金		635,027,000
利益準備金	625,000,000	
その他利益剰余金	10,027,000	
特別積立金	495,000,000	
（うち目的積立金）	(150,000,000)	
当期未処理損失金	484,973,000	
（うち当期損失金）	(510,021,540)	
（4）処分未済持分		△152,144,000
2．評価・換算差額等		415,271,803
（1）その他有価証券評価差額金		22,460,353
（2）土地再評価差額金		392,811,450
純資産の部合計		5,617,291,593
負債及び純資産の部合計		129,026,865,628

【参考資料5：損益計算書】

平成19年3月1日から平成20年2月29日まで　　　　　　　　　　　　　　　　　（単位：円）

科目		金額
1．事業総利益		3,669,836,937
（1）信用事業収益		1,341,032,825
資金運用収益	1,225,410,782	
（うち預金利息）	(736,548,709)	
（うち有価証券利息）	(16,843,093)	
（うち貸出金利息）	(472,018,980)	
（うちその他受入利息）	(0)	
役務取引等収益	49,102,233	
その他事業直接収益	0	
その他経常収益	66,519,810	
（2）信用事業費用		662,999,860
資金調達費用	271,006,456	
（うち貯金利息）	(264,867,593)	
（うち給付補填備金繰入）	(4,511,311)	
（うち借入金利息）	(1,589,529)	
（うちその他支払利息）	(38,023)	
役務取引等費用	0	
その他事業直接費用	0	
その他経常費用	391,993,404	
（うち貸倒引当金繰入額）	(138,015,802)	
（うち債権償却準備金繰入額）	(0)	
（うち貸出金償却）	(0)	
【信用事業総利益】		678,032,965
（3）共済事業収益		1,118,086,542
共済付加収入	1,079,068,807	
共済貸付金利息	2,256,701	
その他の収益	36,761,034	
（4）共済事業費用		114,901,895
共済借入金利息	2,256,701	
その他の費用	112,645,194	
（うち貸倒引当金繰入額）	(0)	
【共済事業総利益】		1,003,184,647
（5）購買事業収益		13,090,321,109
購買品供給高	12,649,066,560	
（購買手数料）	(0)	
修理サービス料	43,504,199	
その他の収益	397,750,350	
（6）購買事業費用		11,986,630,837
購買品供給原価	11,507,507,511	
購買品供給費	175,313,461	
修理サービス費	4,664,044	
その他の費用	299,145,821	
（うち貸倒引当金繰入額）	(104,119,820)	
（うち債権償却準備金繰入額）	(0)	
（うち貸倒損失）	(0)	
【購買事業総利益】		1,103,690,272
（7）販売事業収益		21,558,085,880
販売品販売高	21,180,844,259	
販売手数料	228,773,264	
その他収益	148,468,357	
（8）販売事業費用		21,009,959,542

第7章　JA南さつま〜地域農業とブランド育成への挑戦〜

科目	金額	
販売品販売原価	20,902,497,419	
販売費	12,813,173	
その他費用	94,648,950	
（うち貸倒引当金繰入額）	(0)	
【販売事業総利益】		548,126,338
（9）農業倉庫事業収益	0	
（10）農業倉庫事業費用	0	
【農業倉庫事業総利益】		0
（11）加工事業収益	263,333,786	
（12）加工事業費用	244,932,350	
【加工事業総利益】		18,401,436
（13）利用事業収益	491,954,637	
（14）利用事業費用	305,975,228	
【利用事業総利益】		185,979,409
（15）その他事業収益	869,299,950	
（16）その他事業費用	651,922,611	
【その他事業総利益】		217,377,339
（17）指導事業収入	8,804,149	
（18）指導事業支出	93,759,618	
【指導事業収支差額】		△84,955,469
2．事業管理費		3,775,027,690
（1）人件費	2,785,206,516	
（2）業務費	219,219,526	
（3）諸税負担金	143,597,802	
（4）施設費	589,457,216	
（5）その他事業管理費	37,546,630	
【事業損失】		105,190,753
3．事業外収益		154,563,772
（1）受取雑利息	7,620,875	
（2）受取出資配当金	52,083,500	
（3）賃貸料	1,190,000	
（4）雑収入	93,669,397	
4．事業外費用		89,959,416
（1）支払雑利息	1,172,446	
（2）寄付金	1,022,238	
（3）雑損失	87,764,732	
【経常損失】		40,586,397
5．特別利益		153,460,443
（1）固定資産処分益	1,307,834	
（2）一般補助金	147,444,000	
（3）貸倒引当金戻入益	4,708,609	
6．特別損失		592,969,834
（1）固定資産処分損	50,510,879	
（2）固定資産圧縮損	147,444,000	
（3）減損損失	230,114,065	
（4）その他特別損失	164,900,890	
【税引前当期損失】		480,095,788
法人税・住民税及び事業税		35,230,000
法人税等調整額		△5,304,248
当期損失金		510,021,540
前期繰越剰余金		12,915,679
土地再評価差額金取崩額		12,132,861
当期未処理損失金		484,973,000

【参考資料6：グリーンファーム南さつまの概要】

グリーンファーム南さつまの概要

1. 設立の趣意

　　農業の担い手確保については，地域の農業振興上の大きな課題であり行政やJAはファームサラリー制度等のあらゆる施策を講じているがその確保については非常に厳しい状況にある。
　　JAでは，平成13年度に策定した中期3ヵ年計画書の中で，JA自らが出資する農業生産法人を設立して，遊休農地の解消や地域で生産される特産品の生産維持拡大に努めることも新たな農業振興上の施策と位置づけをした。
　　国の構造改革でも，農地法の改正（一部の法人が農地取得の可）や農業特区（株式会社等の農業参入等）の認可等，農業分野にも市場原理の施策がなされてきている。この状況を踏まえ，中期3ヵ年計画の重点施策でもある農業生産法人の設立，事業開始が急がれる処であるので，設立するものである。

2. （有）による農業振興方策のねらいと効果
   1. 農地の荒廃防止策
   2. 農地保有合理化法人としての機能強化策
   3. 担い手の育成策
   4. 地域農業生産高の維持策
   5. 新しい雇用機会の発生策
   6. 購買・販売事業への寄与策
   7. 共同利用施設等の稼働率向上策
   8. 新規作物等の牽引策

3. （有）の経営理念と事業方策
   ＊経営理念
   　　地域に根ざした農業生産法人として農村の環境や景観を保持しながら，1農業者としての役割を発揮し，「安心・安全な食料」を供給する役割と地域の経済に寄与することを経営理念とする。
   ＊事業方策
   　　露地野菜や地域特産品および畜産の副産物を利用し自然循環型の経営を行う農業生産法人としての事業を展開する。

4. 具体的な実践計画（案）

　　身の丈の経営を基本に行い，労務の円滑な体系を基に，食料の生産を行う。各部門とも，独立採算制を基本にした経理システムを導入して，経営の管理を行う。
　　JAの行う販売事業についても，全面的な利用を行い，今後，あると思われる直販事業等への参入も歩調を合せ協力して行く。

5. 出資金

　　出資総額　2,000万円（JA　1,990万円，A農家　5万円，B農家　5万円）

第7章　JA南さつま～地域農業とブランド育成への挑戦～

6. 経過報告
    (1) 平成16年3月17日　プロジェクト会　名称・定款・諸規定等協議
    (2) 平成16年4月1日　総務委員会営農事業委員会合同会議
        有限会社による農業法人設立について
        設立の趣旨・（有）による農業振興方策のねらい・（有）の経営事業方策・具体的な実践計画（案）・出資計画（案）・JAからの出向計画（案）・作付け計画（案）・収支計画（案）・機構要員体制業務内容計画（案）・など承認
    (3) 平成16年4月9日　第2回理事会
        有限会社による農業法人設立について，総務委員会営農事業委員会合同会議の内容を承認
    (4) 平成16年5月28日　第6回通常総代会
        「有限会社グリーンファーム南さつま」（仮称）の設立と外部出資について承認
    (5) 平成16年6月10日　プロジェクト会　設立の時期・設立発起人など協議
    (6) 平成16年8月10日　県との協議
    (7) 平成16年10月15日　理事会　役員体制などについて
    (8) 平成16年12月1日　登記申請
    (9) 平成17年3月1日より事業開始

7. 経営規模（案）

年度	久木野団地				万世団地		勝目団地	
	露地		KPHハウス		露地		露地	
17年	ラッキョウ	61a	ピーマン	27a	ラッキョウ	75a	レタス	40a
18年	ラッキョウ	116a	ピーマン	27a	ラッキョウ	195a	レタス	60a
19年	ラッキョウ	132a	ピーマン	27a	ラッキョウ	232a	レタス	60a
20年	ラッキョウ	132a	ピーマン	27a	ラッキョウ	300a	レタス	60a
21年	ラッキョウ	132a	ピーマン	27a	ラッキョウ	300a	レタス	60a

8. 収支計画（案）

（単位：千円）

	項目	平成17年度	平成18年度	平成19年度	平成20年度	平成21年度
収入	ピーマン販売高	8,716	10,402	10,402	10,402	10,402
	ラッキョウ販売高	8,248	16,239	18,842	18,842	18,842
	レタス販売高	832	1,927	1,927	1,927	1,927
	白ネギ苗販売高	1,110	1,104	1,200	1,200	1,200
	農作業受託料	3,649	4,020	4,000	4,000	4,000
	その他収入	631	2,501	250	250	250
	収入計	23,186	36,801	36,621	36,621	36,621
費用	農業直接経費	14,896	25,368	25,368	25,368	25,368
	事業管理費	11,204	11,187	11,187	11,187	11,187
	費用計	26,100	36,555	36,555	36,555	36,555
差引損益		△2,914	246	66	66	66

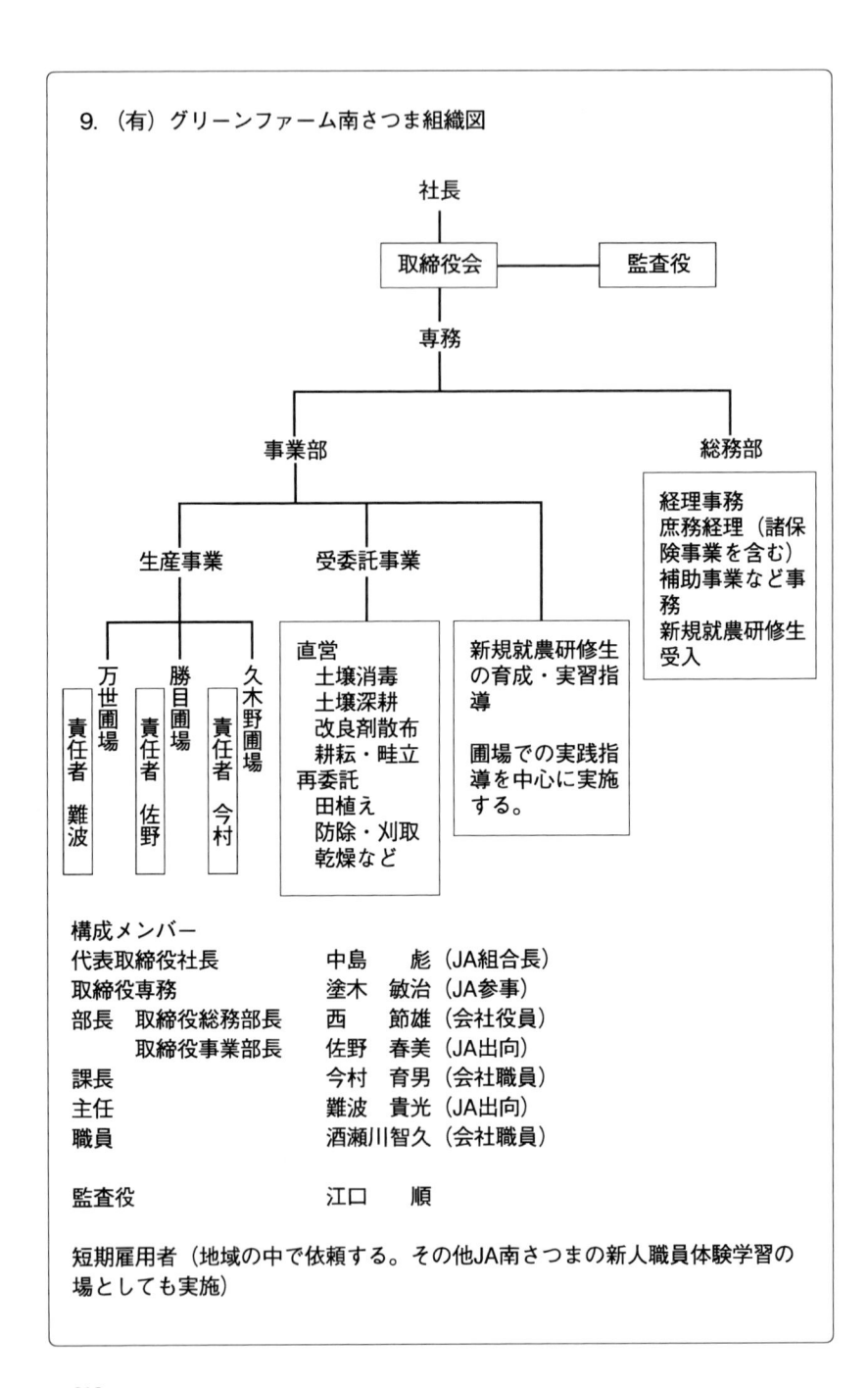

9.（有）グリーンファーム南さつま組織図

```
                        社長
                         │
                  ┌──────────────┐
                  │   取締役会    │────│  監査役  │
                  └──────────────┘
                         │
                        専務
         ┌───────────────┴───────────────┐
        事業部                          総務部
         │
    ┌────┴────────────┐              ┌──────────────────┐
  生産事業         受委託事業          │ 経理事務          │
    │                │                │ 庶務経理（諸保    │
                                      │ 険事業を含む）    │
                                      │ 補助事業など事    │
                                      │ 務                │
                                      │ 新規就農研修生    │
                                      │ 受入              │
                                      └──────────────────┘
```

生産事業:
- 万世圃場　責任者　難波
- 勝目圃場　責任者　佐野
- 久木野圃場　責任者　今村

受委託事業:
- 直営
  - 土壌消毒
  - 土壌深耕
  - 改良剤散布
  - 耕耘・畦立
- 再委託
  - 田植え
  - 防除・刈取
  - 乾燥など
- 新規就農研修生の育成・実習指導
  - 圃場での実践指導を中心に実施する。

構成メンバー
代表取締役社長	中島　彪	（JA組合長）
取締役専務	塗木　敏治	（JA参事）
部長　取締役総務部長	西　節雄	（会社役員）
取締役事業部長	佐野　春美	（JA出向）
課長	今村　育男	（会社職員）
主任	難波　貴光	（JA出向）
職員	酒瀬川智久	（会社職員）
監査役	江口　順	

短期雇用者（地域の中で依頼する。その他JA南さつまの新人職員体験学習の場としても実施）

第8章
JA十日町 〜地域に同化するJAを目指して〜

1. JA十日町の概要

　JA十日町管内は，新潟県の最南端，信濃川の河岸段丘に位置する十日町市，川西町，中里村，上越寄りの東頸城郡松代町，松之山町の1市3町1村におよぶ。中心にあたる十日町市は，「雪ときものとコシヒカリ」で表現されるがごとく，冬は2メートルを超す豪雪地であり，四季の変化，豊かな自然環境のもと，伝統ある絹織物と農業を基幹産業として発展してきた。また，松之山町には草津，有馬と並ぶ日本三大薬湯の一つ松之山温泉郷があり，情緒豊かな町として知られている。

　冬には，男性は出稼ぎにでかけ，女性は絹機織で副収入を得ていたため，「妻有郷(つまりごう)」といわれた。しかし，絹織物産業の衰退により，地域産業は衰退の一途をたどり，地域の空洞化が進んでいった。そのため，「商工農一体」となった地域振興を積極的に進めている。1996年秋には当間高原リゾートがオープンし，1997年3月には地域と首都圏を結ぶ幹線鉄道としてほくほく線が開通するなど，交流人口増加による地域活性化と若者が定着できる活きづく地域づくりを目標に取り組んでいる。

　JA十日町は，1998年3月1日にJA十日町市・JA中里村・JAしぶみの3JA(1市2町1村)の広域合併により誕生した。その後，2001年3月にはJA新潟川西が加わり，十日町圏を一つにしたJAとなった。(参考資料1：十日町農

業協同組合の沿革）

　2007年度の組合員数は、正組合員が9,059人（個人9,040人、法人19組織）で、准組合員が9,109人（個人8,786人、その他団体323組織）となっており、減少傾向にある。また、役員数は、常勤理事4人（組合長含む）と非常勤理事24人、監事6人（常勤監事1人）、そして職員数は328人になっている。2008年5月総代会からは、「組合員の意思反映と専門的執行体制」の両立を図るために、経営管理委員会制度と担当役員制を導入している。そして、子会社の取締役には経営管理委員が就任し、JA理事はJA経営に専念する形態をとるようになっている。（参考資料2：組合員および役員・職員の状況、参考資料3：2008年度機構図）

　肥沃な耕地と豊かな水資源、特有な気候などの自然条件に恵まれ、「魚沼米」の高品質産地として稲作を中心に、畑作や特産、畜産などの農業振興に努めている。近年は高齢化社会への対応のために社会福祉法人を設立し、デイサービス事業に積極的に取り組んでいる。また、協同会社ラポート十日町においては、冠婚葬祭事業・レストラン事業・旅行事業・リース事業・Aコープ事業等と多角的に経営し、地域住民の生活の柱を担っている。

　2007年度の経営実績については、JA十日町単独の経常利益は5億7,391万円（対前年比82％）となっており、事業取扱高および事業総利益の減少傾向に歯止めがかからない状況が続いている。連結決算においては、連結経常利益7億8,865万円、連結当期剰余金10億9,221万円、連結総資産1,510億4,664万円で、連結自己資本率は21.16％となっている。（参考資料4：JA十日町「財務・成績の推移」）

　2007年産米の集荷実績は、加工用米を除き、379,229袋/30kgとなり、出荷契約対比100％を達成し、1等級米の比率も前年同様の90.6％を記録した。一方、米の販売状況は、主要卸に対しては相対契約を中心に販売してきており、在庫を抱える卸は2007年産への切り替えを1ヶ月ほど遅らせたため、年末の贈答需要期にかけての販売が落ち込む結果となった。

2. 尾身昭雄前組合長のリーダーシップ

2-1. 営農指導から総務部長へ

　JA十日町前組合長尾身氏は，1982年に，48歳で総務部長に抜擢された。尾身氏は，家畜人工授精士の資格を持つ営農指導員として，入組してからずっと営農畑で仕事をしており，当時は営農課長であった。営農畑から管理畑の部長への昇進は異例のことであった。当時の組合長は，営農と生活購買事業に熱心な方だったため，尾身氏が営農指導を通じて，地域の様々な方と付き合いが深いことをよく知っていた。組合長はその人間関係を買って，総務部長へ大抜擢したのである。確かに，当時，尾身氏は，組合員で知らない人はいない有名人であった。

　JA十日町の管内は，冬に雪が2メートルも積もる豪雪地帯のため，昔から米単作地帯であった。これまでも，多くの新規作物が導入されたが，何をやっても失敗であった。野菜には寒さが厳しすぎ，果樹は棚が雪でつぶれてしまう。営業課長だった尾身氏は，様々な新規作物を導入し，成功と失敗を繰り返すなかで，産地化できる作物を育て上げてきた。例えば，ビールのホップを導入した。アサヒビールと提携して16町歩を整備し，大成功した。現在は，外国産ホップとの競争に負けて撤退したが，撤退時も，農家に負債は残らないように工夫をして，農家組合員に喜ばれた。

　また，養豚では農協で豚舎を作って種豚を先進地から導入した。加工トマトでは，組合員を組織化して団地を作った。「雪下カンラン（秋に収穫せず雪の下においたままにし，春に収穫するキャベツ）」を栽培し，冬に20人ぐらいの人を集めて竹篭を作らせて，キャベツの容器にして春に出荷した。最も産地化に成功したのは「きのこ」である。30年前に長野県からしめじを持ってきて栽培を始めたが失敗し，次にエノキで産地化に成功した。最初は，尾身氏自らが，リアカーでエノキを売り歩いた。時には店頭で煮て試食してもらうなど，現場での苦労を繰り返した。その結果，地域の試験場や大学を巻き込むことができ，20年間で一大産地に育ったのである。販売取扱高でみれば，5億円から始まって最高で40億円までいった。

2-2. 他のJAとの比較から始める

　総務部長に抜擢された尾身氏は，組合長の期待に応えるため，会計・財務・人事労務等とにかく勉強した。営農畑から急に異動してきた部長に対して足を引っ張る古参もいるなかで，JAを円滑に運営していくためには，経営管理について一つ一つ勉強していくしかなかった。勉強した内容を自分のJAに当てはめていくために，他JAとのデータ比較を行い，学んだ経営理論と実際の自分のJAとの違いを分析していった。そうすることにより，自分のJAの本当の姿を認識することができてきた。その認識を職員で共有化していくために，部門別労働生産性を分かりやすい表にして職員と検討したりしながら，データに基づき，おかしいと思ったことは職員と議論して，必要があれば改革していった。

　まず，尾身氏が取り組んだ課題は，職員の労働条件の改正であった。「役場並び」と聖域化していたJA職員の労働条件にメスをいれたのである。当然，労働組合の抵抗は強かった。尾身氏は，毎夜のように労働組合の座談会に入り込み，徹底的に議論し，2年をかけて就業規則や給与規程，教育基本方針を改正した。

　尾身氏は，初めて学経の専務理事になったときの挨拶で次のように述べている。「職員として農協に就職して35年という過去を振り返って見たときに，総務部長の5ヶ年，参事としての5ヶ年はまさに『光陰矢のごとし』の感があります。営農課から総務部へと異色の分野に異動し，1年生というよりすべてが初体験の世界でした。過去10年間は農協にとっても，私にとっても大激動期の時代でありました。1年生から始めた経営の『いろは』，勉強すればするほど疑問がでてきました。農協の内部で解決するということではなく，他の農協と比較することから始めてみたら，ようやく我が農協の経営内容が見えてきました。まず，農協がよくなるためには，職場，職員の風土，体質改善が第一であるということであり，タブー視されておった就業規則，給与規程，教育基本方針の改善から取り組みました。労働組合，各部会ごとに説明会を開いて激しい議論を戦わせて2年目にしてようやく改正することができました。当時の労組幹部の皆さんには大変なご迷惑をかけ，よく理解していただけたと感謝申し上げます。改革とは難しいものだとつくづく感じさせ

られました。」

2-3. 有価証券事件への対応

　尾身氏が総務部長の時に，JAの存続を危うくする大事件が発生した。有価証券事件である。当時，JAの有価証券運用は経理課長が1人で担当していた。総務部長になった尾身氏は，経理課長に，「証券会社の人間を紹介しろ」と言ったが，なかなか会わせてくれない。そのため，次の人事異動で，経理課長をある支店の支所長に異動させた。ところが，元経理課長が有価証券運用の仕事をすべて支店に持っていってしまった。すぐに組合長に相談したが，すでに元経理課長が，「有価証券の運用は難しいので，自分が継続してやります」と説明にきたという。そこで，有価証券運用について精査したところ残高が不釣合となる。それも億単位で数字が合わない。しかし，役員に言っても，「おまえが不勉強だから分からないのではないか」ということになってしまう。

　そこで，経理課の課長補佐に調査させたところ，やはり不正が見つかった。大変な額の不正事件になることは明白であった。当然，役員が退任する，しないという話でJAは混乱の極みになった。尾身氏は，当時の組合長と役員に「今，やめるのは簡単です。しかし，今後の農協のことを考えて，ともかく挽回してからやめてください」と，進言した。それを受けて，組合長以下役員はとりあえず退任せず，問題解決のために尽力することとなった。

　事件発覚後の調査で，結局7億3千万円の損をだすことになった。地域を揺るがす大事件である。職員も動揺する。そこで，尾身氏が中心となり，農協経営刷新強化対策に取り組んだ。尾身氏は，県内JAの平均値との比較をはじめ，部門別損益の把握，10年後のシミュレーションなどで職員に数字で分かりやすく訴え，JA十日町の現状を認識させた。そして，全職員に10年後のJAの姿を考えてもらう機会を与えるとともに，「事業管理費比率を85％以下に抑えること」を第　の目標として掲げ，実践することにした。

　明確な目標のもと，役職員が一丸となって経営改善に取り組んだ結果，有価証券事件の影響は3年間でほぼ解決することができた。ちなみに，それ以降，JA十日町では事業管理費比率が85％を超えたことはない。

2-4. 中期計画・長期ビジョンの策定

　その後, 尾身氏は, 総務部長から参事に就任した。有価証券事件は解決できたが, JAの決算は2年続けて事業損益ベースで赤字をだしていた。そこで, 尾身氏は,「事業利益がだせない組織は終わりである。大変な時代になった」と, 痛感した。そして, コスト削減だけではなく, 中長期的な経営計画が必要なことを実感したのである。尾身氏は正月休みの3日間に, 日頃考えていた今後のJAの方向性を, 自分でタイプを打って書き上げた。それが第一次中期計画の「たたき台」となる。この「たたき台」をもとに職場で議論を行い, JAの中期計画が策定されることになった。

　その計画の根底に流れる基本理念に,「地域への同化」というコンセプトがあった。JA十日町管内は, 絹織物の盛んな町だったため, 4,000戸近い農家の女性が「機織り」で副業収入を稼いでいた。出織組合の事務局もJAで行っていた。しかし, 絹織物産業の衰退により, 地域経済は低迷し, 農家組合員も「機織り」が必要なくなったため農家所得が激減した。そのため, 地域は危機的な状況となり, 地域のリーダー達には, 商工農が一体となって地域を守っていかなければ, 地域は持たないという危機感が生まれていた。もちろん, 尾身氏も地域のリーダーとして, 危機感を共有していた一人であった。

　尾身氏は,「JAグループでは, 地域協同組合や地域と共生という言葉を使っているが, 共生ではなく『同化』だと思います。地域のなかで地域と一緒になる。地域が一つにならないと地域は発展できないし, 農協の経営も支えてはいかれない」と言う。

　その後, 尾身氏は専務に就任すると, すぐに准組合員加入運動を始め, 7,000人だった組合員を, 3年間で1万人を超えるまでに増加させた。また, 生活事業では正組合員のみでなく, 地域住民をターゲットにした事業展開をしていった。そして, JA十日町は中期計画に基づき, より積極的に事業活動を展開するようになった。同時に, 中期計画と併行して, 表8-1に示すように, JA十日町の10ヶ年の長期ビジョン「JA十日町新世紀ビジョン」を提示し, 役職員および組合員との共有化を図るように努めた。

第8章　JA十日町〜地域に同化するJAを目指して〜

表8-1　「JA十日町新世紀ビジョン（序章編）」

〈現状認識〉
　JA十日町管内の一部の地域では，高齢化率が40％近くに及んでおり，また，人口は現在の管内5市町村で約4,500人も減少している。これらの影響により，農家の担い手不足，農地の耕作放棄が拡大し，営農意欲の減退へとつながっている。
　さらに，経営内部では，信用事業は低金利時代により収益性の悪化を招き，また経済事業においては競争激化により収益性の確保が難しくなってきている。これらの諸課題を解決するためには，地域が失いつつある自信を取り戻し，活性化する取り組みを，地域ぐるみで実行していくことと，JA内部においては，役職員一人ひとりの資質の向上により，信頼を確保していくことが大切になっている。
　これからの農業・農村・JAは，自分達だけでなり立つものではなく，地域・都市住民や地域産業と連携して，対外的競争力を強め，初めて成立するものである。地域との共生をさらに進め，地域と同化する取り組みにより，お互いが相乗効果を発揮できる。

〈三つの柱〉
①組合員・地域住民の方々の喜ばれるJA事業のあり方
②広域化した管内で，組合員・地域住民の方々に喜ばれ，かつ，効率的な施設整備
③経営指標目標の明確化
　（事業総利益4,500百万円，要員450名体制，労働生産性1,000万円）

〈主な新規事業等〉
・本店建設・車輌センター建設・会社化実施・営農センターの設置・JAグリーン
・加工場，直売所・物流センター整備・高齢者の農業支援・熟年健康センター構想

3. JA十日町の事業概要

　現在，JA十日町では，長期ビジョンに基いて事業活動に取り組んでいる。特に，新規事業を次から次へと展開しており，全国でも特色あるJAとなっている。

3-1. 営農経済事業

　JA十日町管内は，信濃川沿いの段丘地で，春から夏にかけては天気のよい日でも朝霧がかかる。その地域条件をいかした栽培方法を培うことにより，「魚沼産コシヒカリ」のブランド化に成功しているのである。しかし，組合員の平均耕地面積は，0.5haと他の地域に比べ零細であり，多くの組合員は，現在も，冬は関東から静岡の太平洋側にボイラー技師等として出稼ぎにでかけている。もちろん，彼らの多くは夏の間は農家組合のリーダー的な役割を果たしている。このような厳しい状況のなかで，JA十日町は，「地域農業総合戦略（営農振興中期3ヶ年計画）」に基づき，営農事業を展開しているのである。

(1)「スリーホワイト（コシヒカリ，エノキ，カサブランカ）作戦」

　JA十日町は，産地マーケティングの確立のために，販売額が大きくブランド力もある米と，県内シェア60％のエノキ茸，近年生産量が増加してきた切花（カサブランカ）の「三つの白」を基調とする農産物の生産・販売に力を入れている。

　特に米については，JA十日町では食管法から食糧法に変わるなかで，魚沼地区のJAと協議しながら，自主流通米価格形成機構に働きかけて，魚沼産コシヒカリを別立てで上場した。時代を読んだ販売戦略としての上場であった。もちろん，それは均質な米を生産するために魚沼用肥料を作るなど，キチンとした営農指導の上に立ったものであり，米卸業者からの評価も高かったという裏付けもあったからである。そして，狙いはずばりあたった。それまでは「新潟コシヒカリ」として他地域のコシヒカリと一緒に販売されていたが，「魚沼産コシヒカリ」として独立上場すると，自主流通米価格センターの全銘柄のなかで最高値で取引され，一気に最高峰ブランドとしての評価が確立された。

第8章　JA十日町～地域に同化するJAを目指して～

　現在も,「魚沼産コシヒカリ」は高値で取引されているが,魚沼地区のJA同士で過剰な競争がおきている。そこで,魚沼地区の11JAで作る「魚沼米対策協議会」の戦略会議では,魚沼というブランドの信頼を守るために,地域一体となった生産・販売に取り組むよう努めている。これは,同地区では1998年から肥料を統一するなど栽培方法や技術開発では協力するようになったものの,各JAが独自の名を冠した魚沼産コシヒカリをばらばらに販売してきたため,偽装表示の標的にもなりやすく,生産量を超える"魚沼産"が出回っているのではないかという批判がでたからである。こうした反省も踏まえて,11JAが大同団結して地元のJA施設で精米・袋詰めして,本場の産地が保証する正真正銘の魚沼産ブランドを売りだしていくという計画を立てようとしているのである。

(2) 法人化の支援と新たな悩み

　JA十日町では,生産組織の活性化のために外部コンサルタントを導入するなどして,本格的に農家組合員の法人化を支援している。米作農家については50町歩単位の法人化を支援しているが,なかなか進んでいないのが実態である。組合員の耕地面積が小さいため,50町歩の農地を集約するためには,100戸程度の組合員をまとめることが必要になるからである。

　法人化まではいかないが,小集落単位に組織化した農家組合組織は44組織あり,管内の水田の3割程度をカバーしている。これは,第一次構造改善事業の時代から尾身氏が取り組んできた成果であるが,そこから法人化していく組織はほとんどないのが実態である。米の販売価格は高いが零細規模の農家組合員が多いため,冬は出稼ぎというライフサイクルが定着している組合員が多いことも一因かもしれない。認定農家も200戸程度で,他の地域に比べて少ない。JAの事業取扱高から見れば,米は約3,000戸で53億円の取扱高であり,「集落」で農地を守っているというのが実態となっている。

　きのこ農家は,規模を拡大するには家族経営では限界があるということをよく分かっているため,法人化が進んでいる。一戸一法人が基本であり,1法人で平均20～30名を雇用している。農事組合法人は認可に時間がかかるため,有限会社が多く,JAに協力してくれる税理士3人が財務面の個別指導をしている。JAの事業取扱高から見れば,現在17法人で38億円の取扱高となっており,1法人で億単位の投資を要するリスクが高い事業となっている。

農家組合員が法人化して経営規模が大きくなると，当然JAに求めることも変化してくる。法人化を支援して，経営に成功する法人がでてくることはよいが，その法人にJAがメリットを与えられなくなるとJAを通さなくなる。一方，経営の悪い法人や農家には，JAに助けてもらいたいと頼られる構造になっている。職員もJAの職場に魅力がなければ，JAが自ら育てた法人に引き抜かれてしまう。実際に，きのこ農家を育成した営農指導員の1人はそのまま法人の役員となった。優秀な営農指導員が逃げないような職場を作っていくことも重要な課題になっている。

(3) いかにJAの力を維持するか

　このような変化のなかで，JAが力を発揮していくためには，大規模農家のニーズを満たす体制をとらなくてはいけない。そのためにJAは，マーケティグ力をつけ，農作物のブランド化を積極的に図るとともに，物流等のコスト削減にも取り組まなくてはならない。

　そこで，1991年に生産資材の注文一元化による配送システムを構築したが，現在の本店隣の配送センターは手狭なため，効率的な配送一元化のために新たな物流センターの設置を検討している。外部コンサルタントの調査結果では，日本通運の配送センターの隣地が効率性の高い立地と診断されており，日本通運に全面的にアウトソーシングするか全農系にするか検討している。

　物流センター以外にも生産資材のコスト低減のためには，思い切った決断が必要かもしれない。尾身氏は次のように語る。

「昔，十日町の灯油の消費者物価指数は他の地域に比べて明らかに高かった。そこで，経済連ではなく，他の業者から仕入れた。多くの圧力があったが，見事に消費者物価指数は下がった。これがJAの仕事ではないか。商売ではないか。民間の大手ホームセンターが進出してきて，どこのJAでも困っている。全農を義理人情で利用しなければならないため，競争に勝てないからだ。今後は，赤字までだしてやる必要がないからやめてしまえという話にもなるかもしれません。兼業農家の方には，大手のホームセンターと提携して，JAがホームセンターの優待券を組合員に配るほうが喜ばれるのかもしれません。」

3-2. 生活関連事業

　JA十日町では，合併当時はJAの生活事業を協同会社とJAで半々ずつ受け持っていた。ところが，長期ビジョンのなかで「JAの生活事業は株式会社で」という方向付けを明確に打ちだした。これは，「利用者によりよいサービスを提供するには，株式会社化が最適であり，また総合JAのなかでは競争を肌で感じにくく，会社化によって社員が危機意識を持つことが組合員サービスの向上につながる」という理由からであった。

(1) 協同会社「ラポート十日町」

　JA十日町では30年も前に，当時の組合長の先見の明で株式会社を設立して，生活総合センター「十日町市農協福祉会館」を開設した。当初は，結婚式場，集宴会場，Aコープ1店舗からスタートした。その後はJAよりAコープ（現在20店舗）と葬祭事業を引き継ぎ，新たに旅行センター，リース事業，生花店，レストラン，ファーストフード店などを開業し，現在にいたっている。

　2001年に改築を契機に，地域の若い人に受けがよい名前に変えることにした。市民に名前を募集したところ，200人から応募がきて，新しい名前が「ラポート十日町」に決まった。結婚式場はチャペルを導入し都会的なセンスで仕上げた。そのため，若い人や農業に関係のない人も結婚式場を利用するようになり，今は十日町市内の冠婚葬祭の約85％がこの施設を利用するほど地域に定着している。

　旅行センターは，1991年まではNツアーが運営していたが，Nツアーでは新婚旅行に行く人が少ないため，日本交通公社と提携した。大変な軋轢があったが，日本交通公社に直談判して提携をお願いした。そのため，「ラポート十日町」にはJTBの看板がかかっており，組合員以外の一般客もJTBの看板を見て入ってくるようになっている。

　リース事業は，JA十日町の設備投資等のリース引き受けから営業を開始して，現在はJAや民間企業をあわせて約400件の物件をリース貸与している。生花店，レストラン，ファーストフード店は，妻有ショッピングセンター内に花とレストランの店としてオープンした。生花店は，地域の園芸農家の即売場を提供したり，生産した園芸品の入出荷場の役割を果たしたりしており，700坪のガラス温室も休日は一般のお客でいっぱいとなる。レストランは年

間約12万人が利用している。ファーストフード店はショッピングセンター内のジャスコ店内に出店している。(参考資料5：協同会社「ラポート十日町」の経営状況)

「(株)ラポート十日町」は，商工会議所のメンバーであり，商店街との関係も深く地域に密着した会社となっている。なお，ライオンズクラブには，「ラポート十日町」の常務がメンバーになっている。「(株)ラポート十日町」の経営について，小原前支配人は次のように語ってくれた。

「農協福祉会館を名称変更したのは，若い人の農協はださいというイメージを払拭するためだった。現在のお客様は組合員関係5割，地域住民5割程度である。地域住民のお客さまは農協を意識しないが，組合員さんは株式会社化しても農協として認識してもらっているようだ。商工会も20年前は会合にでると『農協さんはでて行ってくれ』と言われていましたが，今では大変仲良くやっています。尾身組合長は現場の私に『お前に任せておけば大丈夫』と，ほとんど任せてくれていました。」

(2) 車輛事業の協同会社化

2002年9月より，車輛事業も株式会社化して，「(株)ぴっとランド」を設立した。さらに，2003年3月には農機具部門や燃料，電気事業も株式会社に移管した。車輛事業の場合は組合員だけではなく，一般のお客を対象に販売していくためには，高級車を取り扱わないといけない。しかし，農協の看板では高級車はセールスにならない。そこで，名前を「ぴっとランド」と変更し，車輛・農機具・給油所といった関連施設を，約3町歩の土地に集中した。4,000名以上の会員を持つ給油所利用者カードを軸に事業展開を進めている。

当初は，農機事業は生産資材の大事な一部のため，JA本体で営農事業と連携を強めながら実施していく予定であったが，検討の結果，車輛・農機具は同一敷地内で一部施設を共有して業務を行っていることや組合員も一体として考えていることから，分離することは業務効率を阻害するだけでなく，組合員に混乱を招きかねないという判断から会社への移行を決定した。

職員は原則，すべて転籍とした。そのほうが，職員に「自分の給与は自分で稼ぎだす」という意識が芽生えやすく，会社化の効果がより上がってくると考えたからである。労働条件は転籍時点のJAの給与表をそのまま引き継ぎ，今後，業務形態に添った給与形態に変えていくこととした。労働時間は，年

間を通して変形労働時間制を導入することにより，職員が働きやすく，かつ顧客の利便性が向上する営業体制にもっていくこととした。なお，固定資産についてはすべて賃貸とした。

　新会社の経営方針は，以下の通りである。

「組合員，お客様から信頼，親しまれた『JAのよさ』に加え，地域一番店としてお客様の立場に立った，永く愛される心のこもったサービスを提供することにより，地域社会に貢献することを信条に全社員一丸となり事業展開を行います。」(参考資料6：協同会社「ぴっとランド」の経営状況)

3-3. 高齢者福祉事業

　JA十日町では，全国に先駆けて高齢者福祉事業に取り組んできた。デイサービスの簡易版である県単独事業のデイホームから始まり，現在は社会福祉法人を設立して，デイサービスセンターや在宅介護支援センター，ホームヘルプサービスを運営している。デイサービス施設の建設のためには，福祉事業推進積立金を造成し，5年間で1億円を積立て，その積立金を取り崩すことで建設費用に充てた。

　尾身前組合長は，「組合員の高齢化はもう20年以上前から分かっている。将来の方向まで見極めて対応していかなければなりません。社会福祉法人を作らないで，JA本体で高齢者福祉事業に取り組むほうがよいという意見もありますが，農協だからといってそのカラに閉じこもってはいけない。『農協は農協』では困ってしまう。農協といえども社会福祉法人を作れば，農協が面倒をみなくても市役所や隣近所の社会福祉法人が面倒をみてくれるし，うまくいく。農協が手をだしてはならない分野もある。厚生連病院と協調すべき時には協調する。例えば，介護保険事業では，ケアマネージャが必要になっているが，農協にはその人材がいないので，厚生連から派遣してもらう。老人保健施設は厚生連に運営してもらう」と，JA本体での取り組みには慎重な姿勢をみせている。

4. 地域への貢献

4-1. 民間病院の透析センターへの協力

　JA十日町では，厚生連に関係のない民間の医療法人のために，昔の県連ビルを改装して，人工透析施設として賃貸している。施設を貸すことには，多くの反対があったが，尾身氏が「地域の透析患者の70％以上が農協の組合員です。組合員のためです」と説明し，実行に移されるようになった。

　財団法人小千谷総合病院附属十日町診療所の瀧澤事務局長（当時）は，「この施設が開所する前の1984年までは，この地域には透析施設はなく，管内の透析患者は長岡まで通院するしか方法がなかった。とりわけ，ここは豪雪地帯のため，高齢者などのような交通手段のない患者さんは入院するしかなかったのです。その意味では，JAのご協力でここを開所できて我々も喜んでいますが，一番喜んでいるのは患者さんでしょう」と言う。

4-2. 地元企業の育成

　また，元織物工場協同組合が設立した電算センターを，地域の電算センターに発展させるために，行政と一緒にJAも出資を行い，「(株)オスポック」が設立された。現在は，地域の優良企業として地域雇用の場を創出している。株式会社オスポックの村上専務（当時）は，次のように語る。

　「尾身組合長が参事の時に，商工会の事務局長と織物協同組合の専務と当時市職員だった私の仲間で，地域を考える勉強会を作り頻繁に情報交換を行った。そこでは『いかにして地域を活性化するか』について自分の立場を越えて議論できた。尾身氏は，『商工農一体で取り組まなければ地域はもたない。地域では，自分で動かないと意味がない。ぶつぶつ言う前に動くことが大事だ』といつも地域の若い者をひっぱってくれた。」

　なお，JA十日町では，地域社会のために無線事業も展開している。「地域無線事業」は，管内1市3町1村内の連絡を低コストでカバーするため，JAが実施主体として運営しており，地元消防署に無料で提供している。JAが主体となって複数の行政区を巻き込んで「地域無線システム」を実施するのは全国でも珍しい例であろう。

4-3. 商工会議所との連携

　JAが広範な事業を展開すればするほど、地元商工業者の反発を買うことも多くなると予想される。しかし、JA十日町では、商工会主催のイベントへ協賛したり、協同会社が商工会メンバーとなったりするなど、地域の商工業者との融合を図ってきている。若い頃から、尾身氏と付き合いのある商工会議所の村山専務（当時）は、次のように語る。

　「十日町では1982年には5,000近い事業所があったが、1997年には3,000事業所程度になってしまった。単純に計算すれば、5日に1店舗がつぶれている計算になる。地域が停滞しているのに、JAがどうだ、商工会がどうだ、役所がどうだと垣根を作ってもしょうがない。垣根を作らず、同じ目線を持って地域全体がよくなる取り組みをしていかなければ、地域はますます衰退してしまう。『ラポート十日町』が進出するときも、当初は商業者から反発があったが、今では集客力のあるマチの中心施設として商店街の活性化に貢献してくれている。地域の金融機関として救ってもらった商業者もいる。これからも、地域・住民とともに歩むJAをさらに実現してほしい。」

5. JA十日町の経営管理

5-1. 支店・店舗の統廃合

　JA十日町では、早くから、部門別損益管理を徹底して行っており、生活関連事業は別会社化していて独立採算制を取っている。収支計画の策定にあたっては、事業管理費比率を85％以内に必ず抑えようと努めている。

　支店の統廃合はこれからの取り組みになっている。営農センターへの営農・経済機能を集約することにより、小さな支店には地域とのふれあい機能しか残っていないため、ただちに廃止したい支店はいくつもある。しかし簡単に統廃合はできないので、長期計画のなかで地域性を考慮して行っていく必要があると考えている。

　生活購買店舗は、協同会社へ移管しており、協同会社として方針をだしている。その方針は、店舗の統廃合は組合員・地域住民の利用度に応じて決め

るという方法である。まず，各店舗の統廃合となる取扱高の基準を公開して，その取扱高に到達しない店舗は統廃合することを全組合員に公表する。そのかわり，本店の店舗と同じ品揃え，価格とする。その結果，現在のところ，取扱高は増えているという。

尾身前組合長は，「長期的には統廃合していくしかないと思うが，統廃合するのは採算が取れないからであり，採算が取れれば統廃合する必要はなくなる」と語る。

5-2. 人事制度

(1) 全国に先駆けフレックスタイム制を導入

JA十日町では，1989年から渉外職員を対象にフレックスタイム制を導入している。尾身氏（当時の総務部長）は，次のように言う。

「フレックスタイム制は，自分の行動を自分で管理することです。営農指導員など，平日の昼間に仕事をしようと思っても組合員さんがいないわけです。兼業農家ばかりなのですから，土日か朝・夜ということになります。渉外担当者もそうです。組合員，利用者が便利になるように合理化したわけです。『出勤簿』もやめてしまいました。それだけで経費が50万円もかかっていた。10人や20人の職員を管理できない管理職ならばやめてしまえという考えです。」

(2) 能力主義人事制度から成果主義型へ

1999年度には，能力主義人事制度を導入した。その内容は職能資格制度，人事考課制度，事業推進考課，目標管理制度，能力開発制度の五つを柱としている。事業推進考課では，事業推進の成果を公正に評価することにより，賞与および年度末手当への反映を図るようにしている。ところが，近年になって「自分は一生懸命やっているのに，評価されない」という声も聞こえてくるようになった。

そのため，現在の制度での運営上の課題を整理し，外部のコンサルタント会社の智恵を借りながら，今は成果主義型の新たな人事制度の導入を検討している。

(3) 教育制度

JA十日町では，毎年，標語を掲げ，意識の統一を図っている。例えば，2001年度は「すてきな笑顔と元気な挨拶」であった。このように，特別難

しい言葉を使わず，みんなが理解でき，心が一つにまとまれることが大切である。
　また，JA十日町では，職員教育基本3ヶ年計画を策定して，実践している。

① JA十日町グループのコンプライアンスの実践
② 管理職および監督的役割のある職員の研修会の開催
③ 全利用に向けた取り組み
④ 基本動作の徹底
⑤ 毎月第1土曜日は「職場内教育の日」とする

そして，尾身前組合長は人材育成について，次のように語っている。
「悪いところばかり指摘するのが今の農協職員の悪いところです。いいところを見て，自分にプラスになるように取り入れればよくなる。農協職員は慎重すぎで，石橋を叩いてもわたらないというところがあります。悪い教育をしてしまったのではないでしょうか。私は，自分の経歴のなかで自分が育つと思っている。他力本願ではだめなのです。自分の力でやっていきなさい，ということでしょう。優秀な人の言葉や仕事を盗むのはよい。それを自分なりに消化して自己完結することです。人の真似ばかりしても将来に悔いが残ります。その時代にあった臨機応変な能力がないといけません。」

6. 改革の実践プロセス

6-1. 改革を実践するための仕組み

　JA十日町では，長期ビジョンに掲げた目標を実践していくために，以下のような仕組みを作っている。

(1) 事業方針の徹底

　JA十日町では，事業方針の徹底のために，毎年正月の第1土曜日に必ず全職員450人を集めて役職員大会を開催している。そこで，尾身前組合長が30～40分間の方針演説を行い，その内容を企画課が文書化して全職員に配布する。そのペーパーに基づき，議論をしながら，職員は来年度の事業計画

を立てていく。

(2) 計画の具体化・重点化

JA十日町では，日頃疑問に思うことをそのままにしないで改善計画に結びつけることを目的に「なぜなぜ運動」に取り組んでいる。これは10名程度の職員で臨時プロジェクト（例えば，「これからのJAを考える会」）を立ち上げ，改善課題を3ヶ月くらいで検討させるやり方である。

また，JA十日町では，事業計画の重点化のため，各部門からの提案を三つ以内に絞らせ，確実に1年間で達成させるようにしている。

(3) 計画と連動した人事考課

JA十日町では，計画策定の責任を持たせるため，管理職には決算後実績に対するコメントを書かせている。また，計画未達成の場合は必ず改善計画を提出してもらうようにしている。

6-2. トップダウンによる強力な実践

JA十日町の改革は，尾身前組合長の提案から始まることが多い。尾身氏は「思いついたら即始めましょうというのが私の信条です。私は，やろうと一言言うだけです。あとはすべて役職員がやってくれる。最近は，若い人も色々提案してくれる。それを決断するのは私の仕事です」と語る。

このような尾身氏について，当時の管理職は次のように語っている。

「尾身前組合長は，いつも忙しそうにしており，どこで新しい発想を生んでいるのだろうと不思議に思います。職員の使い方はうまいです。おだてるところはおだて，ダメなところは叱ります。」（当時，総合企画部長の田村氏）

「尾身組合長に感心するのは，新しい発想を持っているところだ。ショッピングセンターが進出してきたときでも，組合長はそれを脅威と感じないで，まず相手をみて一緒にやることを考えています。とにかく，色々なアイデアが豊富で，しかも，行動が速いです。そのぶん，朝令暮改もありますが…。」（当時，総合企画室課長の重野氏）

新しい発想をどこから仕入れてくるのかという問いに対して，尾身氏は「情報をどう早く稼ぐか。インターネットもよいが，やはり足で稼ぐ情報が大事だ。人間関係の醸成が大事です。地元出身だから，昔からの知り合いがたくさんいるでしょう。常に，地域の異業種の方と商売抜きでお付き合いしてい

ます。JA以外の方から色々な地域の情報を聞くと，本当の地域が見えてくる。どこでも今は資料を取り寄せられるので，そこから自分の土地に合うものだけ取り入れていくようにしています」と，答えてくれた。

なお，現在の強力なリーダーシップについては，「先輩から教わったことが多いです。小林元組合長は生粋の農業者上がりで豪快です。彼が私に勇気を与えてくれた。その前の樋口組合長は知恵を与えてくれた。まったく違うタイプの2人ですが，とても強い影響を受けました」と，語ってくれた。

7. 今後の取り組みについて

7-1. 営農指導の強化

営農事業をより強化するために，2003年度からは営農生活部に新たに4名のプロダクトマネージャーを配置した。プロダクトマネージャーとは，生産から指導，販売にいたるまで一貫して担当する職員で，消費者のニーズを組合員に的確に伝えることにより，消費者が望んでいる農作物を作り，それをマーケティング戦略によって販売していくという役割を果たす。

農業生産の維持発展のために，JAとして果たすべきことをしっかりやっていくための新しい施策といえる。

7-2. JA十日町グループの推進

現在，JA十日町では，二つの協同会社とJAを合わせて「JA十日町グループ」と総称して，協同会社の事業はJAの生活部門を担う大事な一部であると位置付けている。なぜなら，JA事業は多種多様にわたっており，少数の常勤役員ではすべてを掌握しきれなくなっており，日常業務を株式会社に委ね，JA本体では経営資源の再配分や事業評価に専念することによって，より効率的な事業運営を可能にして，組合員サービスの向上にも資することになるからである。そのため，協同会社の専務取締役はJAの非常勤理事が務めるようにするとともに，本店総括部署が協同会社の企画会議に出席するなどしてグループガバナンスに相違が生じないようにしている。また，JAと協同会社で共通の研修会を開催するなどして，職員内部にも意識の乖離がないよ

うな方策をとっている。

7-3.「地域との同化」の実現

　さらに，JA十日町は「地域との同化」を進めている。これまで地域を守ってきたのは女性だったという基本に立ち返り，現在は「女性正組合員500名増員と女性総代100人運動」に取り組んでおり，確実に達成できる見込みとなっている。

　また，地域広報の強化のため，地元紙のOB記者を採用し，広報誌を専任で作成してもらっている。これは，JA内部からだけではなく幅広い視野から見て，組合員レベルで何が問題となっているか，いち早く情報を得て的確に広報してもらうためである。このように，JA十日町では，必要に応じて，地域の異業種からも人材を集め，地域との同化をより積極的に実現しようとしているのである。

　最後に，尾身前組合長は次のような信念と抱負を語ってくれた。

　「みなさんJAは自己完結すべきであると言います。しかし，JAは地域から打ってでることはできません。自分のエリアで生きていかなければなりません。今の農家組合員だけでは縮小傾向にあるばかりです。地域を巻き込み，JAが地域の核になっていかなければなりません。そのためには，管内の住民全員に准組合員になってほしいのです。コマに例えると，組織は鋼鉄のように強くしっかりとした縦の軸で結ばれていること。その軸を回すには，地域の輪がなくてはなりません。地域に広がるJAづくりをしていけば遠心力がついて，JAはいつまでも回り続けると確信しています。」

第8章　JA十日町〜地域に同化するJAを目指して〜

【参考資料1：十日町農業協同組合の沿革】

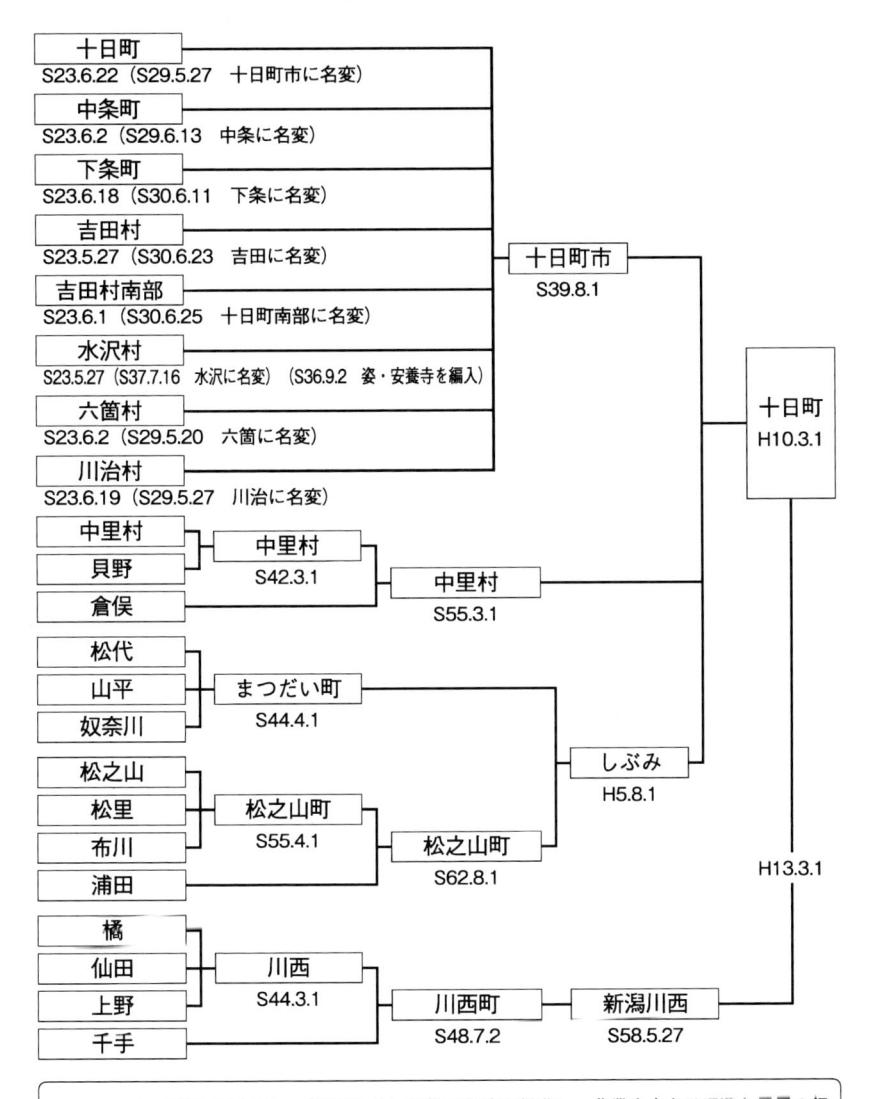

```
十日町
S23.6.22（S29.5.27 十日町市に名変）
  中条町
  S23.6.2（S29.6.13 中条に名変）
    下条町
    S23.6.18（S30.6.11 下条に名変）
      吉田村
      S23.5.27（S30.6.23 吉田に名変）
        吉田村南部
        S23.6.1（S30.6.25 十日町南部に名変）      ┐
          水沢村                                   ├─ 十日町市
          S23.5.27（S37.7.16 水沢に名変）（S36.9.2 姿・安養寺を編入）   S39.8.1
            六箇村
            S23.6.2（S29.5.20 六箇に名変）
              川治村                                                        ┐
              S23.6.19（S29.5.27 川治に名変）                              │
                                                                            │── 十日町
      中里村  ┐                                                             │   H10.3.1
      貝野   ├ 中里村 ─── 中里村                                           │
      倉俣   ┘  S42.3.1    S55.3.1                                          │
                                                                            │
      松代   ┐                                                             │
      山平   ├ まつだい町                                                  │
      奴奈川 ┘  S44.4.1          ┐                                         │
                                 ├ しぶみ                                  │
      松之山 ┐                   │  H5.8.1                                 │── H13.3.1
      松里   ├ 松之山町 ── 松之山町                                       │
      布川   │  S55.4.1      S62.8.1                                       │
      浦田   ┘                                                             │
                                                                            │
      橘    ┐                                                              │
      仙田  ├ 川西 ── 川西町 ── 新潟川西                                ┘
      上野  │  S44.3.1  S48.7.2    S58.5.27
      千手  ┘
```

JAとは…　1947年11月19日、「農民の共同組織の発達を促進し、農業生産力の増進と農民の経済的社会的地位の向上を図り、併せて国民経済の発展を期する（第1条）」ことを目的に、農業共同組合法が公布され、同年12月15日から施行されています。JAの目的は、利潤の追求を本旨とする株式会社とは根本的に異なっています。
　　JAとは、Japan Agricultural Co-operative（ジャパン・アグリカルチャル・コーペラティブズ）の略で、1992年から新しい農協像を表す愛称として使われています。

【参考資料2:組合員および職員の状況】

－組合員の状況－
イ　組合員数

(単位:組合員数)

資格区分		前期末	当期加入	当期脱退					当期末	増減
				持分全部の譲渡	資格喪失	死亡又は解散	除名	計		
正組合員	個人	9,108	126	30	19	145	0	194	9,040	△68
	法人 農事組合法人	2	1	0	0	0	0	0	3	1
	法人 その他の法人	16	0	0	0	0	0	0	16	0
准組合員	個人	8,694	246	25	9	120	0	154	8,786	92
	農業協同組合	0	0	0	0	0	0	0	0	0
	農事組合法人	4	0	2	0	0	0	2	2	△2
	その他の団体	321	3	3	0	0	0	3	321	0
合計		18,145	376	60	28	265	0	353	18,168	23

備考　19年度末正組合員戸数　　8,269戸
　　　19年度末准組合員戸数　　5,844戸

ロ　出資口数

(単位:口)

	前期末現在	当期末現在	増減
正組合員	2,725,935	2,748,482	22,547
准組合員	371,750	370,725	△1,025
処分未済持分	2,131	4,983	2,852
計	3,099,816	3,124,190	24,374

摘要：　(1) 出資1口金額　　　　　　　　　1,000円
　　　　(2) 当期末払込済出資総額　3,124,190,000円

－職員の状況－
職員数の増減

(単位:人)

区分	前期末	当期増	当期減	当期末		
				男	女	計
一般職員	290	31	21	166	134	300
営農指導員	26	0	0	26	0	26
生活指導員	2	0	0	0	2	2
計	318	31	21	192	136	328

備考：期末職員数には期末退職者は含みません。

第8章　JA十日町～地域に同化するJAを目指して～

【参考資料3：2008年度機構図】

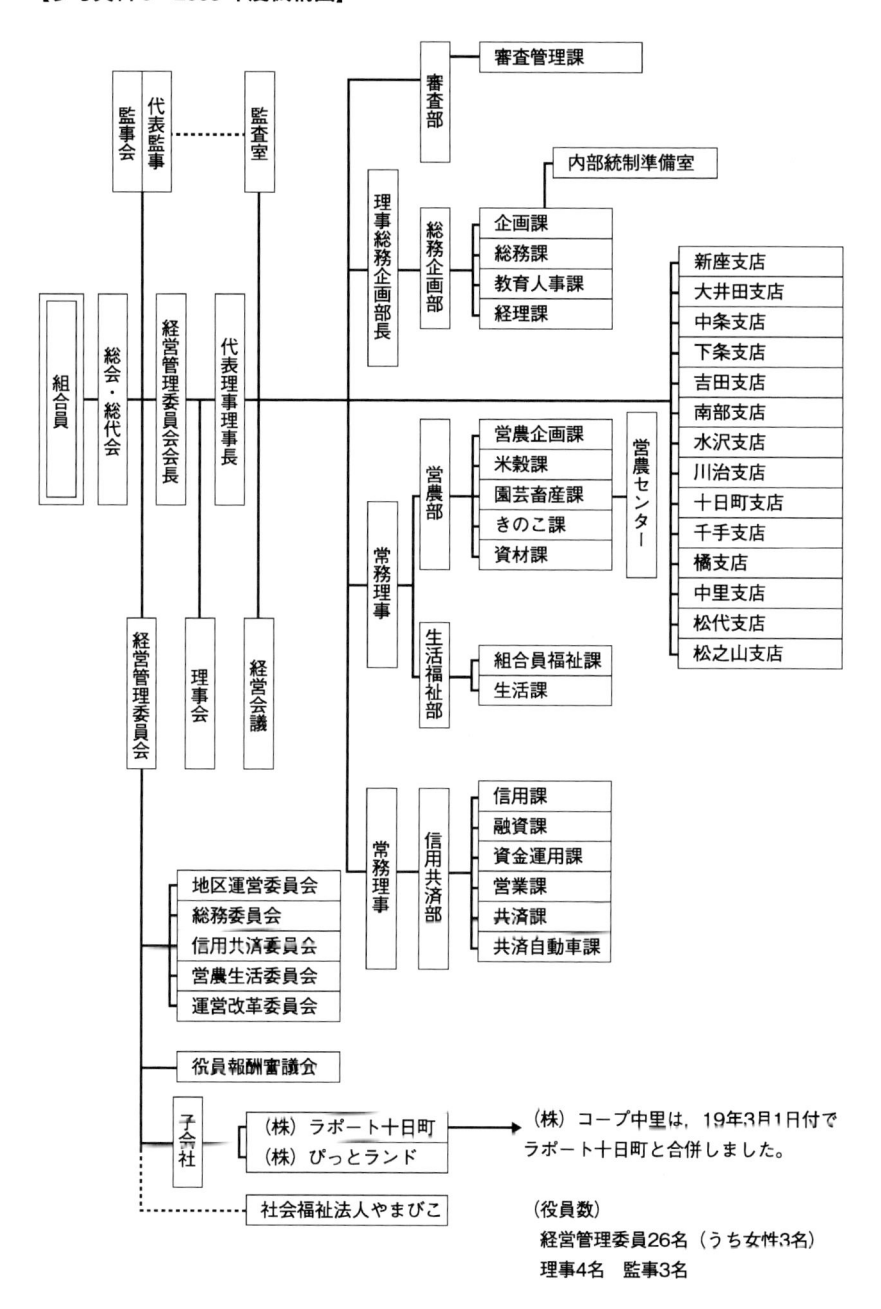

```
                                              ┌─ 審査管理課
                                      ┌─ 審査部 ─┤
                                      │        
                                      │              ┌─ 内部統制準備室
                                      │              │
                                      │         ┌─ 企画課
                                      ├─ 理事総務企画部 ─ 総務企画部 ─┼─ 総務課
                                      │                            ├─ 教育人事課
                                      │                            └─ 経理課
監事会 ─ 代表監事 ┈ 監査室              │
                                      │                                    ┌─ 新座支店
                                      │                                    ├─ 大井田支店
                                      │                                    ├─ 中条支店
                                      │                                    ├─ 下条支店
                                      │                                    ├─ 吉田支店
                                      │                                    ├─ 南部支店
組合員 ─ 総会・総代会 ─ 経営管理委員会会長 ─ 代表理事理事長 ─┤              営農センター ─┼─ 水沢支店
                                      │                                    ├─ 川治支店
                                      │                                    ├─ 十日町支店
                                      │         ┌─ 営農企画課              ├─ 千手支店
                                      │         ├─ 米穀課                  ├─ 橘支店
                                      ├─ 常務理事 ─ 営農部 ─┼─ 園芸畜産課   ├─ 中里支店
                                      │                  ├─ きのこ課       ├─ 松代支店
                                      │                  └─ 資材課         └─ 松之山支店
                                      │
                                      │              ┌─ 組合員福祉課
                                      │         生活福祉部 ─┤
                                      │              └─ 生活課
                                      │
                                      │                   ┌─ 信用課
                                      │                   ├─ 融資課
                                      └─ 常務理事 ─ 信用共済部 ─┼─ 資金運用課
                                                           ├─ 営業課
                                                           ├─ 共済課
                                                           └─ 共済自動車課

              ┌─ 地区運営委員会
              ├─ 総務委員会
経営管理委員会 ─┼─ 信用共済委員会
              ├─ 営農生活委員会
              └─ 運営改革委員会

─ 役員報酬審議会

              ┌─ (株)ラポート十日町
子会社 ──────┤  (株)ぴっとランド
              └─ 社会福祉法人やまびこ
```

(株)コープ中里は，19年3月1日付でラポート十日町と合併しました。

(役員数)
経営管理委員26名（うち女性3名）
理事4名　監事3名

【参考資料4：JA十日町「財務・成績の推移」】

(単位：千円)

区分	項目	16年度	17年度	18年度	19年度（当期）
財務	事業利益	41,147	370,588	571,910	492,794
	経常利益	338,719	632,010	699,220	573,912
	当期剰余金	98,840	479,115	482,478	980,268
	総資産	149,119,636	147,720,009	146,620,882	149,729,605
	純資産	8,958,922	9,357,889	9,808,044	10,487,400
信用事業	貯金	133,221,291	131,632,390	130,871,945	133,524,035
	預金	85,211,310	83,032,337	82,083,549	84,547,292
	貸出金	38,174,179	38,867,944	40,756,095	40,133,762
	有価証券	17,171,877	16,696,759	15,104,991	15,314,397
	国債	6,162,098	6,090,492	4,600,886	5,017,921
	その他	11,009,778	10,606,266	10,504,104	10,296,476
共済事業	長期共済保有高	663,202,470	657,607,260	643,498,800	624,965,580
	短期共済新契約掛金	641,610	652,113	648,548	640,459
購買事業	購買品供給・取扱高	3,986,761	3,783,180	3,476,174	3,628,786
販売事業	販売品販売・取扱高	9,876,381	10,132,925	10,367,016	9,835,987

［注］1「長期共済保有高」欄は，保障金額（年金共済の年金年額を除き，年金共済に付加された定期特約金額を含む。）
　　　2「短期共済新契約掛金」欄は，掛金総額

第8章　JA十日町～地域に同化するJAを目指して～

【参考資料5：協同会社「ラポート十日町」の経営状況】

店舗事業取扱高　　　　　　　　　　　　　　　　　　　　　　　　（単位：千円）

地区別		十日町	川西	中里	しぶみ	合計
売上	平成19年度	1,006,690	201,763	907,836	519,910	2,636,199
	平成18年度	1,173,474	270,670	904,169	531,573	2,879,886

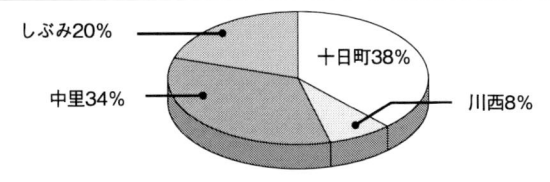

しぶみ20%　十日町38%　中里34%　川西8%

冠婚葬祭・旅行・リース事業取扱高　　　　　　　　　　　　　　　（単位：千円）

部門	結婚式	葬儀	法事	宴会	旅行業	花店	レストラン	リース業	その他	合計
平成19年度	141,281	717,477	115,157	215,014	478,698	90,306	92,848	229,867	64,867	2,145,515
平成18年度	139,372	659,571	130,189	221,401	455,528	83,557	95,721	206,804	64,714	2,056,857

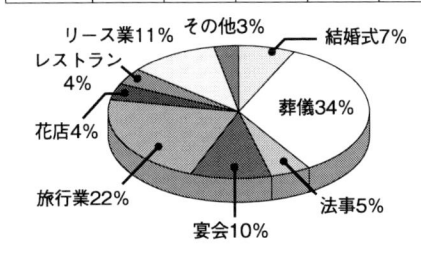

リース業11%　その他3%　結婚式7%　レストラン4%　葬儀34%　花店4%　旅行業22%　法事5%　宴会10%

	部門	平成19年度	平成18年度
主要部門取扱件数	結婚式	55	56
	葬儀	537	504
	葬儀お斎	466	424
	法要	297	330
	宴会	1058	1045
	お祝い	87	88

葬祭事業利用状況

地区	発生件数	葬儀取扱件数	占有率（平成19年度）	占有率（平成18年度）	虹のホール利用件数	ホール利用率（平成19年度）	ホール利用率（平成10年度）
十日町	485	336	69.3%	70.8%	189	53.6%	44.1%
川西	88	74	84.1%	89.6%	30	40.5%	41.1%
中里	77	37	48.1%	08.8%	/	18.9%	9.1%
松代	62	40	64.5%	61.7%	37	92.5%	83.3%
松之山	49	46	93.9%	100%	18	39.1%	34.0%
その他	5	4	80.0%	100%	4	100.0%	100.0%
合計	766	537	70.1%	75.0%	285	53.1%	43.3%

【参考資料6:協同会社「ぴっとランド」の経営状況】

車輌事業取扱高実績

(単位:千円)

部門	営業課	鈑金	十日町	川西	中里	松代	松之山	合計
平成19年度	1,348,677	121,433	254,012	22,869	102,347	96,579	22,941	1,968,858
平成18年度	1,560,637	121,224	245,605	34,297	105,953	98,014	27,201	2,192,931

農機事業取扱高実績

(単位:千円)

部門	十日町	川西	中里	松代	松之山	合計
平成19年度	268,241	223,320	231,051	161,696	148,228	1,032,536
平成18年度	231,670	237,641	228,108	169,396	160,205	1,027,020

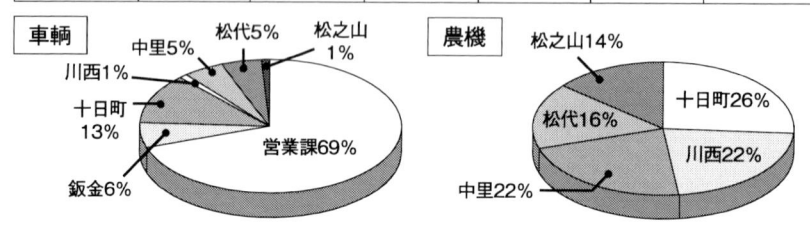

車輌
- 営業課69%
- 十日町13%
- 鈑金6%
- 中里5%
- 松代5%
- 松之山1%
- 川西1%

農機
- 十日町26%
- 川西22%
- 中里22%
- 松代16%
- 松之山14%

給油所事業取扱高実績 ※18年度の灯油取扱高は十日町・しぶみに加算してあります。

(単位:千円)

部門	十日町	川西	田沢	中里	しぶみ	松之山	合計
平成19年度	614,232	275,690	240,194	109,146	189,723	68,798	1,497,783
平成18年度	616,645	257,746	243,808	117,237	137,506	80,001	1,452,943

ガス・家電・設備事業取扱高実績

(単位:千円)

部門	十日町ガス	しぶみガス	家電	設備	合計
平成19年度	158,414	114,965	97,067	86,776	456,956
平成18年度	154,968	121,151	97,642	84,342	458,103

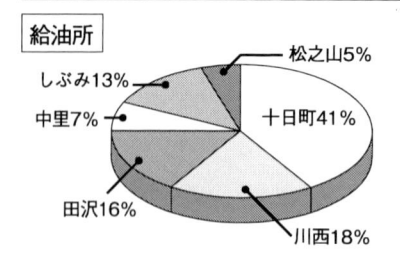

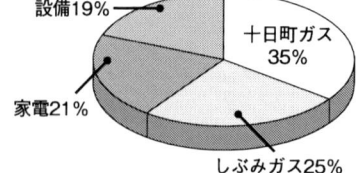

給油所
- 十日町41%
- 川西18%
- 田沢16%
- 中里7%
- しぶみ13%
- 松之山5%

ガス・灯油・家電
- 十日町ガス35%
- しぶみガス25%
- 家電21%
- 設備19%

第9章
JAイノベーションのプロセスとマネジメント

　本章では，第2章の3節と4節で述べた「JAイノベーションの課題」に対して，本研究で取り上げた先進JAがどのように取り組んでいるかについて分析する。とりわけ，図2-3に示したJAイノベーションの仮説モデルに基づき，①経営戦略の革新，②組織の革新，③マネジメント・システムの革新，④人材の革新，⑤組織文化の革新に注目し，JAイノベーションのプロセスに潜んでいる諸課題を先進JAがどのように克服しているかについて検討する。そして，先進JAの取り組みに共通している要因などを抽出し，今後の目指すべき新世代JAの特徴を明らかにするよう努めていく。

1. 新世代JAの台頭 ～変革リーダーの登場～

　先進JAの事例研究のなかで最も注目されるイノベーションの要因は，「変革のリーダーシップ」である。先進JAには，素晴らしい変革のリーダーが存在していて，イノベーションの推進プロセスにおいて強力なリーダーシップを発揮していることが共通して認識される。イノベーションは，常に「企業家精神」あるいは「アニマル・スピリッツ」，「不屈の精神」などを兼ね備えた個人によってもたらされる。今回の事例研究では，JAとぴあ浜松前組合長松下久氏をはじめ，JA福岡市前代表理事専務川口正利氏，JA越後さんとう前組合長関譽隆氏，JA紀の里前組合長石橋芳春氏，JA南さつま前組合

表9-1 先進JAの取り組み

	JAとぴあ浜松	JA福岡市	JA越後さんとう
経営戦略の革新	①全国JAのリーダーを目指す ②地域企業（地域TOP10）を目指す ③「選択と集中」による事業構造革新 ・家電販売やAコープからは撤退 ・JAしかできない事業に集中する ④都市化進行への対応 （素早い信用共済へのシフトと取り組み） ⑤集める貯金から集まる貯金へ （高い貯金高，高い長期共済残高） ⑥組合員満足を高める仕組みの創造 （系統組織にこだわらない） ⑦地域のJAファンを創る （花博への参加等JAイメージの改革） ⑧地域への貢献	①都市化進行への素早い対応 ・信用共済事業へのシフトと取り組み ・資産管理事業の取り組み ・高い貯貸率の取り組み ・戦略商品の開発 ・生命共済から年金共済など ・JAらしいサービスの創出 ③地域社会に密着したマーケティング ④地元企業とのネットワークを重視した事業展開 ⑤明確なビジョンと戦略コンセプト （総合3ヶ年経営計画） ⑥地域への貢献 （赤とんぼの里づくり）	①明確な経営理念の提示 ・「環境に優しい未来農業を目指して」 ・「地域とともに」 ②戦略的マーケティングの展開 ・生産者志向から消費者志向へ ・顧客ニーズに応えた米の生産・販売 ③競争ドメインの確立 ④米のブランド戦略 ・「安全・安心」への取り組み ・食味向上へのこだわり ・超高級米への取り組み ⑤地元メーカーとの戦略的提携 ⑥地域への貢献 （ISO14001取得など）
組織・ガバナンスの革新	①「JAの使命・経営理念・職員行動規範」の策定 ②経営管理委員制度の導入 ③学経理事の登用 （担当役員制） ④女性理事の登用 ⑤員外利用者の准組合員化 ⑥協同会社の活用 （赤字部門の解消と競争力強化） ⑦プロジェクトチームの活用 ⑧命令指揮系統の明確化 ⑨年金友の会（サービスの充実化） ⑩組合員組織の活性化 （各生産部会や婦人会の活動を支援）	①学経理事の登用 （専務理事と3分野担当役員制） ②迅速な意思決定 （常勤理事会による集団指導体制） ③女性理事の登用 ④資産管理部会の設立 ⑤広報相談課の設置 （税理士や建築士，弁護士による充実なサービス） ⑤年金友の会への取り組み ⑥共栄会組織の結成 （地元企業230社とネットワーク構築） ⑦組合員組織の活性化 （青年部や婦人部などの活動を支援）	①協同組合精神の原点への復帰 （産業組合時代からの伝統） ②1集落1農業生産法人の構築 ③地域エゴイズムの排除 （ブロックローテーションによる転作） ④組織全員の合意形成を重視 ・「オラが農協」 ・組合員と一体の組織運営 ⑤プロジェクトチームの活用 ⑥学経理事の登用 （信用事業専任担当役員） ⑦女性参事の設置 （組織と運営の活性化）
マネジメント・システムの革新	①合併当初から新人事制度の導入 （やる気のでる職場づくりの取り組み） ②評価制度の改革（平等から公平へ） ③共済の全職員による一斉推進中止 ④人材（若手）の抜擢 ⑤女性の戦力化 ⑥役員定年制の導入 ⑦専門管理職（定年延長）制度の導入 ⑧組合員の意識改革 （利用度に見合った値引率の導入等） ⑨地域エゴイズムを排除する （施設利用料の統一化等）	①目標管理制度の導入 （丼勘定からの脱皮） ②支店業績評価制の導入 （個人の評価からチームの評価へ） ③平等から公平へ （能力主義に基づいた人事制度導入） ④青年部・女性部からの理事を抜擢 （組合員の経営参加を促す） ⑤女性の戦力化 ・女性職員の活躍の場を提供 ・女性管理職の積極的な登用 ⑥役員定年制の導入	①全職員の意識改革 ・JAは農協，営農が基本 ・全職員の営農指導員化 ・組合員との信頼関係がカギ ・出向く営農相談制度 ・組合員へのきめ細かなサービス ・顔写真付きの携帯番号の公表 ・午前8時から午後8時までの対応 ③「営農経済渉外」の導入 （営農指導＋経営指導） ④組合員の意識改革 ・平等から公平へ ・生産者志向から消費者志向へ ・個人主義や地域エゴの排除
人材の革新	①専門家の育成 ・共済専任のLAを導入 ・年金アドバイザ（相談業務）の強化 ②営農指導員の強化 ③女性営農アドバイザの導入 ④連合会や中央会との人材交流 ⑤経営者（経営プロ）教育の強化 （JAマスターコースⅢへの派遣）	①専門家の育成 ・窓口業務の強化 ・相談業務の強化 ・経営教育の強化 （JAマスターコースⅡへの派遣など） ②連合会や中央会との人材交流 ③県連への出向 ④地元企業との活発な人材交流	①徹底した現場教育 ②営農指導員の経営教育強化 ③全職員の営農指導員化 ④マーケティング力・企画力の向上 ⑤組合員との緊密なコミュニケーション

第9章　JAイノベーションのプロセスとマネジメント

	JA紀の里	JA南さつま	JA十日町
経営戦略の革新	①2009年への羅針（長期5ヶ年計画） ②営農事業への集中投資 （直売所，農産物流通センターなど） ・直売所の取り組み ・地産地消の実現 ・市場外流通の拡大 ・他JAとの戦略的提携 ・農産物流通センターの取り組み ・合併のメリットをいかす ・日本最大の周年選果場 ⑤営農の取り組み ・農家の所得向上への取り組み ・適地適作の取り組み ・安全・安心への取り組み	①長期経営戦略の策定 （「甘え，もたれあい，受け身の経営」からの脱皮） ②ナンバーワン運動の展開 ・県下で一番のJAを目指す ・組合員が誇れるJAづくり ・夢の持てる地域づくり ③「かごしまブランド運動」の取り組み ・戦略商品の開発（お茶，キンカン等） ・戦略的産地づくり（ファームサラリ制） ・ブランド育成（「知覧紅」等） ④明確な事業の定義 （収益事業と貢献事業との区分） ⑤地域農業への取り組み（加由田方式）	①新世紀ビジョンの策定 ②営農中心の戦略計画 ・魚沼産コシヒカリの別立て上場 ・戦略作物の選定と集中展開 （コシヒカリ・エノキ・カサブランカ） ・経営目標の明確化と支店の統廃合 ・事業総利益45億円 ・要員450名体制 ・労働生産性1千万円 ③スクラップ・アンド・ビルド ・営農センターや物流センターの建設 ⑤地域との同化 ・地域の問題解決へJAが協力 ・商工会議所との連携
組織・ガバナンスの革新	①協同組合精神を重視した組織運営 ・農業と地域への熱い思い ・元気な農業，元気な地域，元気なJA ②学経理事の登用 （担当役員制） ・迅速な意思決定への取り組み ・女性理事の登用 ⑤プロジェクトチームの活用 ・現場への権限委譲 ⑦組合員組織の活性化 ・各生産部会や婦人会の活動を支援 ・直売所の自主的な運営	①バランスのとれた組織運営 ・社会性と経済性のバランス ・事業のバランス ・職員と役員のバランス ②学経理事の登用 （代表理事専務と信用担当常務） ③協同会社の活用 （受託農業経営事業の取り組み） ④事業ごとに柔軟な協同仕組みを創出 （行政やボランティア組織等とのネットワーク化） ⑤組合員組織の活性化 ・生産部会中心の自主的な運営 ・直売所の自主的な運営	①トップ主導の早い決定・早い行動 ②経営管理委員制度の導入 ③学経理事（担当役員）の登用 ④JA十日町協同会社の活用 ・JA生活事業の充実化と経営健全化 ・地域及び組合員へのサービス向上 ・職員の意識改革 （自分の給与は自分で稼ぐ） ⑤JA十日町グループの推進 ⑥プロジェクトチームの活用 （なぜなぜ運動など） ⑦組合員組織の活性化 ・農業生産法人化の取り組み ・女性総代100人運動の取り組み
マネジメント・システムの革新	①新人事制度の導入 ②目標管理制度 ・平等から公平へ ④組合員の意識改革 （直売所の自主運営マニュアル） ⑤消費者志向の生産システム ⑥組合員の意識改革 ・平等から公平へ ・売れる商品づくりへの取り組み	①能力主義に基づく人事制度の導入 ②平等から公平へ ③営農指導アドバイザ制度の導入 （高齢組合員の活用） ④情報化への対応 ・営農情報の迅速な提供 ・市場情報の収集と分析 ・農家の経営分析 ⑤事務処理の迅速化 （職員の資質と能力の向上） ⑥組合員の意識改革 ・売れる商品づくりへの取り組み ・直売所の自主的運営 ⑦地域エゴイズムを排除する	①能力主義人事制度の改革 （能力主義から成果主義へ） ②計画と連動した評価制度の導入 （平等から公平へ） ③計画の具体化と重点化 （中間管理の強化） ④フレックスタイム制の導入 ⑤現場への権限委譲 ⑥職員教育基本3ヶ年計画の策定 ⑦「職場内教育の日」の導入 ⑧プロダクトマネジャー制度の導入 （マーケティングの強化） ⑨地域エゴイズムを排除する （生産調整やローテーションなど）
人材の革新	①徹底した現場教育 ②営農指導員の強化 （技術指導から経営指導まで） ③マーケティング力・企画力の向上 ④連合会や中央会との人材交流 ⑤組合員との緊密なコミュニケーション	①JAマスターコースⅠへの派遣 ②農業経営のプロ育成 ③マーケティング力・企画力の向上 ④トータルアドバイザの育成 （生産から販売までの専任指導体制） ⑤連合会や中央会との人材交流 ⑥組合員との緊密なコミュニケーション （作目別生産部会の育成） ⑦戦略作目の振興と中核農家の育成 ⑧専門相談員制度の導入 （年金・税務・資産運用等の相談機能を強化）	①JAマスターコースⅠへの派遣 ②営農経営のプロ育成 （生産から販売まで一貫して担当） ③マーケティング力・企画力の向上 ④社内教育の充実化 ⑤連合会や中央会との人材交流 ⑥組合員との緊密なコミュニケーション

長中島彪氏，JA十日町前組合長尾身昭雄氏という6人の変革リーダーを確認することができた。

　表9-1は，この6人の変革リーダーが中心となって進められた先進JAの取り組みをまとめたものである。表9-1に示されているように，先進JAでは，経営戦略の革新をはじめ，組織の革新とマネジメント・システムの革新，人材の革新について極めて積極的に取り組んでいる。しかも，それぞれのトップマネジメント（変革リーダー）の強力なリーダーシップの下，JAイノベーションの阻害要因を克服するための努力（組織文化の革新に大胆にチャレンジすること）によって，これらの四つの革新がトータルかつ継続的に進められていることが分かる。そして，これらの先進JAの取り組みは，次世代JAのあるべき姿を描く際に，極めて貴重な示唆を具体的に提供してくれる。つまり，表9-1を詳細に考察することによって，次世代JAの姿を描くことができるのである。その意味では，表9-1は「新世代JAの登場」を表すものであると同時に，それを達成するための指針を示しているものと考えられる。

　JAには，第2章4節で分析したように，非営利組織の妄想をはじめ，JA特有の甘えと協同組合運動論の限界，温情主義的なリーダーシップなどによる組織文化が根強く定着されている。そして，これらの組織文化こそがJAイノベーションの阻害要因として作用しているものと考えられる。にも関わらず，これらの先進JAでは，表9-1に示したように，次世代JAの実現に向けて，JAイノベーションへ積極的に挑戦しているのである。

　これらの先進JAでは，多くのJAがなかなかイノベーションを積極的に進めていくことができないのに，いかにしてここまでの取り組みができているのだろうか。いったい先進JAはどのようにして，イノベーションの阻害要因とされる組織文化を革新することができたのだろうか。先進JAと他JAの違いはいったいどこにあるのだろうか。

　その答えは，リーダーシップの革新しかないと考える。イノベーションのファーストステップにおいては，「なぜイノベーションを行うのか」という問いに対して，イノベーションの目的と方向付けおよび期待される成果などを明確に提示することが肝要であるが，それができるのはトップしかないからである。そして，イノベーションを断行するかどうかは，最終的にはトップの決断にかかっているからである。組織は自然に自己革新をとげていく

ものではない。トップの革新への熱い思いと旺盛なエネルギーによって導かれていくものである。このトップの革新への熱い思いと働きかけに応えて、組織メンバーが革新のプロセスに積極的に参加し、組織が一丸となって遂行していくのである。

つまり、先進JAのトップマネジメントは、革新を実行に移していくリーダーシップだけでなく、企業家精神を発揮し、組織に新たな価値や秩序、行動様式などを創りだすとともに、アニマル・スピリッツにみちた「創造的破壊」を断行し、幾多の阻害要因には不屈の精神で立ち向かい、素晴らしい成果を生みだしている。まさしく、彼らは変革のリーダーとして、将来の進むべき方向やビジョンを明確に提示し、組織の健全な緊張感を強力なエネルギーに転換させ、意味のある組織学習を起こしているのである。

以下では、表9-1に従って、「先進JAは、いかにして真のイノベーションをなしとげることができたか」について検討することにする。とりわけ、この6人の変革リーダーがJAイノベーションのプロセスにおける諸課題を克服するために、何をどのように進めたのかについて具体的に検討する。変革のリーダーの資質に焦点を当てるのではなく、彼らが果たした役割に注目する。JAイノベーションに求められている変革のリーダーシップの中身を明らかにすることによって、より多くのJAがイノベーションへの挑戦ができるようにするためである。

2. 経営戦略の革新

まず、変革のリーダー達は、①JA存在意義の明確化、②魅力のある事業構造の再構築、③営農事業の建て直し、④マーケティングの強化など、JAの経営戦略革新における諸課題についていかに対応しているか、具体的に検討することにする。

2-1. JA存在意義の明確化

JAのアイデンティティとは何か。JAの存在意義を高めていくためには、これからの「JAのあるべき姿」をはっきり示すことが何よりも重要である。具体的には、「JAの存在意義をどこに求めるべきであろうか」、「それは組合

員のためなのか，一般消費者のためなのか，あるいは地域社会のためなのか」，そして「どのように実現していくか」などの問いに，答えていかなければならない。

　先進JAでは，将来へのビジョンや経営理念を策定しており，そのなかで今後の目指すべき「JAの姿」を明確に提示しようとしている。そして，どこのJAにおいても「農業」「地域」「組合員」などがキーワードとして共通していることが分かる。

　JA越後さんとう・関氏は，「JAのアイデンティティを問い続け，自己実現させるために何をするべきかという教育は産業組合の時代からあった。神谷信用組合の初代組合長・高橋九郎さんの頃から，『産業組合（農業協同組合）はなんのためにあるのか』ということを強く意識した教育が行われていたといいます。総合事業のJAではあるが，JAは営農が基本です。JAバンクとかいわれているが，だからこそ原点に帰ってもらいたい。JAは銀行ではありません。JAは農業なのです」と，語っている。農業こそがJAのアイデンティティであることを明確にしているのである。

　JA十日町では，表8-1に示したように，「JA十日町新世紀ビジョン」を作成している。今やまさしくJAの存在意義が問われており，JAの諸課題を解決するためには，「地域が失いつつある自信を取り戻し，活性化する取り組みを，地域ぐるみで実行していく」ことと，「役職員一人ひとりの資質の向上により，信頼を確保していくこと」が大切であり，「これからの農業・農村・JAは，自分達だけでなり立つものではなく，地域・都市住民や地域産業と連携して，対外的競争力を強め，初めて成立するものであり，地域との共生をさらに進め，地域と同化する取り組みが切実に求められている」と，明記している。
　なお，尾身氏は「みなさんJAは自己完結すべきであると言います。しかし，JAは地域から打ってでることはできません。自分のエリアで生きていかなければなりません。今の農家組合員だけでは縮小傾向にあるばかりです。地域を巻き込み，JAが地域の核になっていかなければなりません。そのためには，管内の住民全員に准組合員になってほしいのです」と，地域を巻き込むことの重要性を説いている。つまり，尾身氏は「これからのJAは地域との同化」

第9章 JAイノベーションのプロセスとマネジメント

を目指していくべきであると提案しているのである。

　また，JA南さつまでは，地域に根ざした生活事業の展開を目指し，鹿児島県では初めての「コンビニタイプのAマート」を8ヶ所も設けており，レストラン・給油所・葬祭事業など幅広く総合事業を展開している。同時に，地域の協同組合として，「百姓クラブ」や「訪問給食サービス」などのように，農業や助け合いを通じて地域社会への貢献にも努めている。その背景には，「JAは農業者を中心とした地域住民の方々が組合員となって，相互扶助の精神を共通の理念として運営されている協同組合組織であり，地域農業の活性化に資する地域金融機関でもある」という考え方がある。したがって，当JAの資金はその大半が組合員からの「貯金」を源泉としており，貸出においてもその約80％は資金を必要とする組合員への貸出が占めており，残りの20％を地方公共団体や他の農業者および事業者への貸出が占めている。まさしく地域の金融機関として，地域農業の発展と元気で豊かな地域社会の実現に向けて，事業活動を展開しているのである。

　さらに，都市化が急激に進んでいるJA福岡市では，地域をはじめ，組合員および職員に対して，将来へのビジョンを具体的に示している。地域に対しては，「人と自然を大切にした事業活動を目指す」というビジョンを提示しており，組合員に対しては「JAのなかで県下一の事業還元ができる」ことを目指すと明確にしている。職員に対しては「JAのなかで県下一の労働生産性と賃金水準」を目指すべきビジョンとして示している。
　そして，これらのビジョンを達成するための総合3ヶ年計画として，基本方針と基本目標，実行方策を明確に定めている。とりわけ，実行方策として，①活力ある地域農業の創造，②地域との共生・組織の再構築，③事業基盤の強化，④経営基盤の強化など，四つの項目を取り上げている。大都市にありながらも，JAのアイデンティティとしての「農業」をなんとしても守っていこうとするとともに，組合員メリットの最大化を図っていこうとする強い意志が表れているのである。
　川口氏は「販売事業については，市場出荷を基本としていますが，別の販路で拡大できないか考えていました。特命係長を任命して，ホテルへの売り

込みなど，新しいルートの可能性を探りました。そんななか，シーホークホテルの料理長から，地域で生産される畑の野菜を使って料理をしたいと言われ，大胆にチャレンジしました。実現するには，色々障害がありましたけれど，地産地消を含めて新しい発想で取り組みました。また，需要する側の要望で，例えばカット野菜が欲しいということとなれば，そのような加工体制を従来ある生産部会を基盤として作ります。これによりさらなる雇用がうまれ，農家所得が増え，ひいてはJA自身の大きな基盤となっていくのではないでしょうか。都市部にあるJAであるが，農業協同組合と名乗っている以上，農を捨てるのは断固として反対です」と，農業への熱い思いを語る。

このように，変革のリーダー達は，常にJAのアイデンティティを問い続けており，組合員および地域社会におけるJAの存在意義を高めようと努めている。非営利組織の妄想（自己満足）などをまったく感じさせない。「農業」と「地域」「組合員」に対する熱い思いと信念を持っており，農業振興を通して組合員の所得向上および地域経済の活性化に貢献しようとしていることが共通して認識されるのである。

2-2. 魅力のある事業構造の再構築

次に，「いかに事業構造の見直し，魅力ある事業仕組みを創りだすか」について検討しよう。

「新生JA南さつま」の常務に就任した中島氏は，図7-1に示したように，長期経営戦略の基本コンセプトと基本理念・経営理念・基本方針の4段階からなる「基本構想」を打ちだした。そのなかで，JAの基本理念としては「大地を育み，生活を守り，地域を作るJA南さつま」とし，JAの協同活動は「農業」「生活」「地域」とは切り離せず，JA南さつまはこの三つの面で組合員や地域住民と関わっていくことを明示している。

さらに，これまでの経営が「甘え，もたれあい，受け身」の経営で，非科学的な経営手法に頼っていたことを深く反省し，経営理念として「目が届く，手が届く，声が聞こえる，身の丈にあった経営」を掲げている。そして，「JAらしいリストラの推進」を経営方針とし，「民主的経営の推進」「地域密着経営の推進」「効率的経営への転換」「財務体質の強化」を追求する。さらに，

第9章 JAイノベーションのプロセスとマネジメント

営農部門の事業方針としては,「地域に根ざした生活営農の推進」を掲げ,「生活営農の担い手づくり」「地域農業の核づくり」「事業の専門化および効率化」を追求する。同時に,生活部門の事業方針は「生活ネットワークづくりの推進」とし,「生活ネットワークの構築」「高齢社会へ対応した事業の構築」「地域社会づくりへ貢献する事業の再構築」を図ろうとしている。

このように,JA南さつま・中島氏は,明確な長期経営戦略の下,地域農業の活性化に積極的に取り組むと同時に,組合員および地域の生活安定を図っている。とりわけ,営農経済事業については安定した収入が確保できることを優先しているのに対して,生活事業や福祉事業については組合員および地域への貢献を優先しようとしていることがよく分かる。福祉事業においても収支のバランスを無視してはならないが,収支よりも地域におけるJAのイメージが向上するなどの効果を優先する。実際,福祉事業への取り組みに対する組合員および地域住民の評価は非常に高く,利用者の全員がJAに口座を開設するなどのメリットがでているという。つまり,収益事業(プロフィット・センター)と貢献事業(コスト・センター)をバランスよく同時に進めることによって,「JAらしさ」と「魅力ある総合経営」を達成しているのである。

また,JA十日町では,事業方針の三つの柱として,①組合員・地域住民の方々に喜ばれるJA事業のあり方,②広域化した管内で,組合員および地域住民の方々に喜ばれ,かつ効率的な施設整備,③経営指標目標の明確化(事業総利益4,500百万円,要員450名体制,労働生産性1,000万円)を掲げている。この方針に基づき,支店および施設の統廃合を積極的に進めると同時に,新たに物流センターを建設するなど,「スクラップ・アンド・ビルド」をバランスよく進めている。一方で,「JAの生活事業は株式会社で」という方向性も打ちだしている。利用者によりよいサービスを提供するには株式会社化が最適であり,また総合JAのなかでは競争を肌に感じにくく,会社化によって社員が危機意識を持つことが組合員サービスの向上につながると考えているからである。

さらに,JAとぴあ浜松では,組合員にとって魅力が失われたAコープ事

業や家電の販売を思いきって中止し，組合員のニーズに応えるために農機保管事業を改めて始めるなど，組合員の立場に立ってJAの事業構造を見直している。しかも，ガソリンスタンドや自動車整備工場などを協同会社として分社化させ，系統組織など既存の仕組みにこだわることなく，果敢に創造的破壊を断行している。都市化の進行と厳しい競争環境の下，「選択と集中」という戦略コンセプトに基づいて限られた資源を有効に活用し，創造的破壊を敢行し，組合員を引きつける新たな仕組みを創りだしているのである。

このように，先進JAでは協同組合組織の原点に帰り，何よりも組合員メリットの最大化に努めようとしていることが共通して認識される。多くのJAにおいては，組合員が現在のJAの事業仕組みや運営体制にメリットを感じなくなったため，「組合員のJA離れ」がさらに進み，組織運営が形骸化しつつある。しかも，合併後のJAにおいては組合員を単なる取引関係者としてしかとらえない場合すらしばしば見られる。変革のリーダー達は，「逃げる組合員，追っていくJA」といった現状を直視し，組合員を引きつけることができる事業の仕組みを創りだすことに専念し，組合員メリットの最大化を図ることによって「追わなくても集まってくる組合員」を実現しようと努めているのである。

2-3. 営農事業の建て直し

JA南さつま・中島氏が加世田市農業協同組合で経済部長になったとき，当時の加世田市では農業者の高齢化が著しく進み，後継者不足が深刻化しており，耕作放棄地の顕在化という地域農業の危機が現実の問題として表面化していた。そこで，中島氏は受託農業経営事業を打ちだした。当時の法律（受託農業経営事業）では，経営のリスクがすべて地権者に及ぶことになっているが故に，農地を貸してあげたくても貸せる仕組みになっていないことに気付いた。「それなら，そのリスクをJAがとるというのはどうだろうかというのが『加世田方式』の発想の原点だったのです。」（中島氏）しかし，県に提案したところ，そのようなものは法律上できませんと一発ではねられてしまう。「それでも，私はやりますよと，県に言ったわけ。そうしたら，県もたじたじ。『それは今の法律にはないから，加世田方式だ』などと名前をつけられました。」

第9章 JAイノベーションのプロセスとマネジメント

(中島氏)

　また，JA越後さんとうやJA十日町では，農業生産法人化を進めている。とりわけ，JA越後さんとうでは1集落1農業生産法人を基本方針とし，農業生産法人を「集落農地の守り手」として，支援することとしている。認定農業者に生産を委託する制度も検討したが，様々なリスクや後継者確保の問題があると判断された。これに対して，農業生産法人は認定農業者のリスクを回避できると同時に，社員としての採用を通して通年雇用，給与および福利厚生，社会保険など労働条件を維持でき，集落外よりの人材確保が可能になるなどのメリットが期待されたからである。

　関氏は「今まで生産集団を育ててきたのは，生産調整を完全に複合営農の仕組みのなかに取り入れて，経営基盤の強化を図るためです。今，210町歩（ha）の面積のある一番大きい集落の生産法人を作ろうとしていますが，現状としては担い手が高齢化しています。だから，その上に生産法人を作るということなのです。土地利用型農業というのは協同の力がなかったらできないので，合意は協同の力を一番引きだせる大きなものです。だからこそ，みなさんの意識，すなわち集落を愛する意識，それからみんなでやっていこうという協同の意識，これらの意識を集めるのは，集落単位が一番よいと思う。そのよさを全部だしたらすばらしい法人経営ができるのではないかと思います」と，1集落1農業生産法人のメリットを強調している。

2-4．マーケティングの強化

　最後に，先進JAでは，いかに営農経済事業を強化し，農業所得の向上を図っているかについて検討することにする。

　先進JAにおいても，やはり経済事業については大変な苦労をしている。JAとぴあ浜松・松下氏は「経済事業は難しくなってきています。どこを見てもこれ以上，広がる要素がない。増加させるのはできないということです。農地面積と農業従事者数の減少により，肥料・農薬の購買高が減ってきています」と，経済事業への厳しい見通しを述べている。

　しかし，変革のリーダー達は手をこまねいているだけではない。様々な対策を講じていこうとすることが共通して認識される。JAとぴあ浜松では，「平

等から公平へ」を実現させるための取り組みを始めている。「購買事業でも，利用度のランクごとの奨励措置をやっているので，たくさん買ってくれたら，その分安くなります。肥料やダンボール，農薬が高いとは組合員から言われなくなりました。ただしJAでも事業の原資をださなくてはならないので，そのための工夫が必要です。」(松下氏) また，「とぴあサービス」などの協同会社化も同時に進めている。協同会社化することで系統組織にこだわることなく，競争力の強化と組合員サービスの向上を同時に図ろうとしているのである。

他方，販売事業においては，先進JAの多くが系統組織への出荷のみに頼るのではなく，直売所や独自販路の開拓に力を入れており，外部組織との戦略的提携などにも積極的に取り組んでいる。さらに，マーケティングを積極的に導入し，戦略商品の開発と新たなチャネルの開拓への取り組みが極めて活発に行われている。例えば，JA十日町・尾身氏は管内の農業収益をより安定させるための戦略作物を絞り込み，スリーホワイト（コシヒカリ・エノキ・カサブランカ）作戦を集中的に展開しており，魚沼産コシヒカリを別立てで上場することによって，一気にブランド力をあげることに成功している。

また，JA南さつまとJA越後さんとうの取り組みは極めて貴重な示唆を与えてくれる。ここでは，この二つの先進JAの取り組みを中心に検討していくことにしたい。

JA南さつま・中島氏は戦略商品の開発とブランド形成に励んでいる。鹿児島県が展開している「かごしまブランド運動」へ早くから積極的に取り組んだ結果，加世田カボチャが「かごしまブランド」第1号に指定された。ところが，県が保証するブランドである以上は，その基準もかなり高く，「安定した生産と供給，高い品質」を満たすことや県内外からの高い評価を受けていることなどの厳しい条件をクリアしなければならなかった。中島氏は土づくりを基本に，糖度の高い大玉で果肉の厚いカボチャを作ることにした。牛糞と鶏糞の要素バランスのとれた堆肥が何よりの自慢で，これをいかした土づくりが食味を左右すると判断したからである。管内の畜産農家との契約で堆肥を安定的に確保するとともに，1986年からはJAが堆肥センターを設けて一元化を図った。栽培はJAの指導のもと，ハウスやトンネルを利用し

た年2回の作型で、完熟させるために、交配（授粉）管理から着床と茎の仕立てなどを徹底し、品質のばらつきがでないように努めた。加えて出荷時には厳しい品質検査を行い、品質には万全を期した。こうした努力が実を結び、市場から高い評価を受ける「加世田カボチャ」が育ったのである。今は、「知覧茶」をはじめ、「知覧紅（さつま芋）」と「きんかん春姫」、そして「加世田かぼちゃ」などのブランドが育成され、その取り扱いが100億円ぐらいに達している。

　JAの営農指導事業とは、そもそも組合員である農家の栽培技術を向上させ、品質のよい農産物を市場にだすことにより、農家により高い所得が得られるようにすることである。しかしながら、JA越後さんとうではよい米を市場にだしているはずなのに、相変わらず魚沼産に負け続けていた。関前組合長は消費の現場（市場）にでて、米卸をはじめ、生協関係者や高島屋などのデパートの仕入れ担当者から話を聞き回った。そして、今後の米生産の目指す方向として「安全・安心」と「食味向上」に焦点を合わせることにした。「そもそも安全や安心というコンセプトで米を売ろうなどいう考えはなかった。ところが、これを実現することによって1俵（60kg）あたり2,000円の価格差がでると知ったのです。それが市場だと分かったのです。」（関氏）

　ところが、「スーパーコシヒカリ」を作るためには、大前提として化学肥料も農薬も慣行基準の5割以上の削減と栽培履歴の記帳が求められていた。そこで、関氏は2002年度からすべての米についてトレーサビリティ記帳を実施するなど、「魚沼産コシヒカリ」に負けないブランドの確立を目指して本格的に取り組むことにした。そして、人工衛星を活用した科学的な水田管理の導入まで果たしたのである。また、マーケティングの視点から生産者の意識改革を図り、地元メーカーとの協力体制構築などにも積極的に取り組んだ。「食味をあげるには、量より質になってきます。また、ニーズに応えた米が重要です。酒屋さんであれば、酒屋さんに望まれる米。せんべい屋さんであれば、せんべい屋さんに望まれる米。これらを作っていったら、絶対に最後は主食で旨いと、そこにつながるだろうということです。だからこそ、それぞれの米（うるち米、酒米、もち米）の作付け研究会を開催しています。」（関氏）

　現在は、玄米のカントリーエレベーターへの搬入時にタンパク質含有量に

よる選り分け受入を行っており，それぞれの農家の玄米価格に差をつけることができる。これは全国で初めての取り組みである。そうした分別仕分けを行い，そして販売戦略を連動させることにより，様々なニーズに対応することも可能になった。これからの時代を想定したなかでの戦略であり，このことにより，地域全体としてもレベル向上につながり，おいしい米ができるようになったのである。

このように，変革のリーダー達は，営農経済事業の強化を図ることによって，なんとか農業所得の向上を図っていることが共通して認識される。とりわけ，市場や組合員のニーズをよく分析し，戦略的マーケティングを展開しようとしていることがよく分かる。しかも，単なる販売戦略で終わるのではなく，より長期的な顧客との信頼関係を重視した関係性マーケティングを展開し，ブランドの構築を目指そうとしている。彼らはまさしく戦略家としての役割を演じているのである。

JAが組合員に満足してもらえる仕組みを創り上げることができると，組合員は必ずJAに顔を向けてくれる。さらに，JAの顧客は組合員だけではない。地域社会全体が顧客なのである。JAが「食」を通して，消費者に「安心」と「美味しさ」を提供し続け，しっかりした信頼関係を築くことができると，今度は地域社会全体がJAに顔を向けてくれる。同じことは，生活事業や福祉事業などのようなJAの他の事業活動についてもいえる。こうしてJAが組合員や地域社会から喜ばれる存在になると，職員の士気も自然に高まってくる。まさしくJAと組合員と地域社会との間で素晴らしい好循環が生みだされるのである。先進JAの事例はこのことを実証しているように思われる。

3. 組織の革新

JAの組織革新の課題としては，①組合員組織の活性化，②ガバナンスおよび意思決定プロセスの見直し，③戦略的組織の導入など，三つの要因が極めて重要であろうと考えられている。ここでは，先進JAの変革リーダー達はいかにしてこれらの課題を解決しようとしているかについて検討する。

3-1. 組合員組織の活性化

　そもそもJAは農村という地域社会を中心に，地域社会での人々の信頼関係を土壌とし，競争よりは協調を重んじる協同組合組織として組合員によって設立された。したがって，あくまでも組合員が主役であり，「組合員参加」と「民主的運営」が組織運営の基本となる。ところが，JAの大型化をはじめ，少子高齢化の進行や若者層の都市への流出などが続いてきたが故に，多くのJAが組合員の積極的な参加を得られないまま，自転を繰り返す状況に陥っている。

　先進JAでは，いかにして組合員組織を活性化し，組合員の参加意識を高めているかについて検討することにしよう。

　まずは，農村型JAにおいては，JA越後さんとうやJA紀の里に代表されるように，協同組合組織としての原点を忠実に守り，JAが組合員との緊密なコミュニケーションを通してしっかりと信頼関係を確立し，JAと組合員が一丸となって営農経済事業に取り組み，何よりも農家組合員の所得向上に励んでいることが共通して認識される。とりわけ，「生産者重視から消費者志向へ」や「出荷から販売へ」などといった意識改革を果たし，「売れる商品づくり」を達成することによって農業収入の拡大を積極的に追求している。協同組合としての強みとメリットを最大限にいかしていくことによって，組合員の活性化を図ろうとしているのである。

　さらに，JA十日町やJA南さつまでは，「ラポート十日町」や「訪問給食サービス」などで見られるように，生活事業と福祉事業にも積極的に取り組むことによって，組合員へのサービスの充実化だけでなく，地域社会への貢献をも同時に追求しようとしている。組合員組織の活性化だけでなく，JAが地域社会に深くとけ込んで，様々な事業活動を通して地域経済の活性化にも貢献しようとしている。地域社会におけるJAのイメージや存在意義を高めることによって，職員および組合員組織の活性化を図っているのである。

　他方，都市化が進んでいるJAとぴあ浜松とJA福岡市においては，限られた経営資源を「選択と集中」の考え方で有効に展開し，組合員にとって魅力のある事業構造を構築するとともに，組合員を引きつける仕組みを創りだそ

うとしていることが共通して認識される。JAが組合員に甘えるのではなくて，市場の論理に基づき，民間企業との厳しい競争に打ち勝てる仕組みを創り上げることで，組合員に選ばれるJAを目指している。同時に，JAとぴあ浜松の農機保管事業とJA福岡市の資産管理部会に見られるように，JAが組合員の最も困っていることや最も必要とするものを優先的に事業化していくことによって，組合員の満足度を高めている。あくまでも組合員が主役であり，決して組合員の積極的なJA活動への参加とJA事業の利用を忘れない。つまり，組合員のメリットを最優先していくことによって，組合員組織の活性化を図っているのである。

　例えば，JA福岡市は都市化が急速に進行していく環境変化に応じて，事業構造や組織運営を上手に変えてきたといえる。しかし，「農」のつく事業と組合員組織の活性化を決しておろそかにしない。1989年5月の通常総代会からは，青年部代表と婦人部（当時）代表をそれぞれ理事に選任し，青年部と女性部からのJA運営への参加を積極的に進めてきている。同時に，JA福岡市では，組合員の求めるニーズが「農業そのものから資産管理へ」と変わってゆくのを目のあたりにして，なんとか組合員のニーズに応えるべく，資産管理事業に全力を挙げて取り組んできた。貸家収入のある組合員の税に関する知識向上を目的として，いくつかの地区レベルで資産管理部会が結成されると，JAは素早く組織機構を改革し，1972年には顧問弁護士や建築士，税理士などを整えた「広報相談課」を設置し，組合員が相談できる体制を作った。そして，1982年にはこれまでの地区ごとの部会を統一する形で，資産管理部会が結成されるようになったのである。

　川口氏は「今から振り返ってみると，その頃は組合員の考えが割と一つにまとまっていました。そのときはやはり，組合員も変わっていくから農協も変わっていくべきではないかという組合員の声もありましたね。一つの組織ではなくて，自主的な形で運営していくのを前提としながら，新しい取り組みにみんなでチャレンジするようになったということです」と，語っている。川口氏からは，都市化の進行を口実にして，いかにJAの事業仕組みや経営を守るかという姿勢がまったく感じられない。むしろ組合員のニーズを優先し，JAとして何ができるかを考え，素早く組合員ニーズに応えた事業仕組みを創り上げていこうとする，より積極的な姿勢がうかがえるのである。

第9章　JAイノベーションのプロセスとマネジメント

　以上のような先進JAについての考察からすると，組合員組織の活性化を図るためには，①JAの都合よりも常に組合員および地域のニーズを優先した「共通の事業目標」を構築すること，②常に時代の流れや組合員ニーズの変化に注目し，組合員や地域にとって魅力ある事業構造を構築することによって組合員メリットの最大化を図ること，③協同組合としての原点に戻り，組合員との緊密なコミュニケーションを通して組合員の参加意識を高めること，などが極めて重要であると考えられる。

　さらに，ここで注目したいことは，農村型JAか都市型JAかに関わらず，先進JAの変革リーダー達が決してJAの都合を組合員に押し付けることもなければ，組合員に甘えたりすることもないところである。組合員との緊密なコミュニケーションを何よりも重視し，組合員のニーズを先に考えようとしている。まさしく組合員がJAの主役であり，JAは組合員が最も困っていることや最も必要とするものを優先的に事業化していくことによって，組合員満足やメリットの最大化を図っている。同時に，魅力を失った事業やむだな設備などについては思いきって創造的破壊を敢行し，健全な経営を確保しようと努めている。

　もう一つ注目したいことは，先進JAの変革リーダー達が組織活動と経済活動を同時にかつバランスよく進めていこうとしているところである。農村型だからといって組織活動に偏ったり，都市型だから経済活動に偏ったりした展開を決してしようとしない。むしろ，彼らは「協同組合運動のリーダー」としての組織活動と「経営者」としての経済活動を同時にバランスよく追求していこうとするのである。

3-2. ガバナンスおよび意思決定プロセスの見直し

　次に，先進JAではどのように「ガバナンスおよび意思決定プロセスの見直し」に取り組んでいるかについて検討しよう。

　先進JAでは，今やあたり前のように学経理事を登用しており，同時に担当役員制も多くのJAで導入している。そして，月に1回開かれる理事会から多くの権限を委譲された「常勤理事会」などを中心として，迅速な意思決定を行っていこうとする傾向が多く見られる（JAとぴあ浜松，JA福岡市，JA紀の里，JA南さつま，JA｜日町など）。さらに，JAとぴあ浜松とJA十

255

日町では，「組合員の意思反映と専門的執行体制」の両立をより積極的に図っていくために，経営管理委員会制度と担当役員制を導入している。ここでは，JA福岡市とJAとぴあ浜松の取り組みについてより具体的に検討することにする。

　JA福岡市ではトップマネジメントの改革を敢行している。1999年には，学識経験理事（専務理事）を登用するとともに，副組合長制を廃止した。さらに，2002年度には参事制を廃止し，常勤理事を企画管理，金融，営農生活の3分野担当制とした。あわせて，組合長，専務，常務3名の計5名からなる常勤理事会を作り，理事会からの権限委譲を受け，意思決定の迅速化を図った。川口氏が強いリーダーシップをとり，共に事業に取り組む常務理事3人の集団指導体制により，チームワークが存分に発揮される仕組みを創りだしたのである。同時に，当時は学識経験役員（専務理事・常務理事・常勤監事）については，任期を2期までとし，任期満了時に63歳を超えてはならないという役員定年制を導入した。学識経験理事は長くなればなるほど，組織代表の組合長を置き去りにして，結局は学識経験理事主導のJA経営になるというおそれがあり，だからこそ，強制的な交代をやっていかなくてはならないと判断したからであった。
　川口氏は「そもそも学経理事の導入時に，学経理事支配になるのではないかという組織代表の声がありました。結局は，組合長が常勤理事を監視する現体制のほうがよいということで議論が終息しました。当時としては，誰が常勤理事になってもJAの舵取りができ，将来もJAが永続的に成長できる体制づくりを導入することが何よりも重要だった」と言う。その後は，学識経験役員の任期は専務2期以内，常務2期以内，監事2期以内とすることに，また年齢制限については就任の日の属する年の4月1日現在において満年齢が63歳未満とすることに，それぞれ改訂された。すなわち，現在は常務を2期務めたあと，専務を2期務めることも可能になっている。川口氏は，役員体制を革新した成果について，「やはり，毎週火曜日に常勤理事会を行うので，月に1回の理事会から権限委譲をしたものについては意思決定が早くなりました。特に融資案件はこのメリットは大きいところです」と，語っている。

第9章　JAイノベーションのプロセスとマネジメント

　JAとぴあ浜松でも，2005年度から経営管理委員会制度の導入と同時に，経営管理委員会と理事会に，定年制と任期制を導入している。経営管理委員については，満年齢で改選の年の3月31日を基準として70歳以下，任期は3期以内とし，理事（学識経験者）については，同様に62歳以下，任期は原則2期とした。この理事の任期に「原則」という言葉をつけたのは，やむをえないときを想定してのことである。

　松下氏は，「役員の定年制は時代の流れ。役員が高齢化していると，若い人を統括できません。また，経営管理委員は女性からも2人はだすようにしています。女性部の代表などと特別の枠はあえて設けないで，地区の代表としてでてもらいたいと考えていました。もはや，女性は准組合員ではなく，正組合員だからです」と，語っている。松下氏に代表されるように，変革のリーダー達は，常に時代の流れと組織の状況を意識しながら，時代や環境への適応に最も適切な意思決定の仕組みを創りだそうと努めているのである。

3-3. 戦略的組織の導入

　次に，先進JAではいかにして戦略的組織を達成しようとしているかについて検討しよう。先進JAでは，協同会社（JAとぴあ浜松とJA十日町）をはじめ，年金友の会や共栄会（JA福岡市），様々な外部組織との戦略的ネットワーク（JA越後さんとう，JA紀の里，JA南さつま）を構築している。

　JA十日町では，協同会社「ラポート十日町」を株式会社として設立している。結婚式場にはチャペルを導入し都会的なセンスで仕上げるなど，素晴らしい設備が人気を呼び，十日町市内の冠婚葬祭の約85％がこの施設を利用するほど地域に定着している。旅行センターは，1991年まではNツアーが運営していたが，今は日本交通公社と提携している。大変な軋轢があったが，日本交通公社に直談判して提携をお願いしたという。その他に，生花店，レストラン，ファーストフード店を，妻有ショッピングセンター内にオープンしており，レストランは年間約12万人が利用している。「（株）ラポート十日町」は，商工会議所のメンバーであり，商店街との関係も深く地域に密着した会社となっている。「（株）ラポート十日町」の小原前支配人は「農協福祉会館を名称変更したのは，若い人の農協はダサイというイメージを払拭するためであり，現在のお客様は組合員関係5割，地域住民5割程度である。地

域住民のお客さまは農協を意識しないが，組合員さんは株式会社化しても農協として認識してもらっているようだ」と言う。JA十日町では，協同会社を活用することによって系統組織にこだわることなく，かつ社員（元JA職員）には競争意識が芽生え，組合員および利用者により充実したサービスを提供しているのである。

　JAとぴあ浜松では，年金友の会を活用して，年金の振込口座を獲得することによって「集める貯金」から「集まる貯金」を達成している。松下氏は「集める貯金より『集まる貯金』を目指しています。例えば，年金振込みの推進に熱心に取り組んでいます。貯金については，集まる年金は年間で450億円だから，2ヶ月に1回，75億円が入る勘定になる。この歩留まりがよい。集めて歩く時代は終わったということです」と言う。この背景には，年金友の会の存在が大きい。現在の会員数は約37,000人であり，年金アドバイザーを設けて，年金受給者からの相談に細かくかつ親切に応じているのである。

　さらに，先進JAでは，様々な外部組織と戦略的ネットワークを構築している。とりわけ，JA越後さんとうでは，メーカーとの協力体制を創りだしている。市場販売とは別に，契約栽培は米の安定的な販売先を確保するという意味でも非常に重要である。朝日酒造や岩塚製菓などの地元メーカーとの信頼関係を築き上げることによって，契約栽培への取り組みをさらに強化している。とりわけ，「久保田」ブランドで有名な朝日酒造との関係は単なる取引相手ではなく，相談相手でもあり，お互い地域経済の担い手として，様々な取り組みに協力してきている。関氏は「この朝日酒造との契約栽培により，マーケティング・マインドがJA全体にも醸成されていった」と言う。

　なお，岩塚製菓も重要なパートナーである。「食管法の時代に，当時の岩塚製菓の社長から『自分で作った米を自分で売る努力をしないとは，奇妙なことだね』と教育されました。そして，岩塚製菓はセブン-イレブンなどのコンビニで『新潟県産原料米使用』をうたった商品を販売したいという考えがあったので，これに協力することとしました。管内で生産されているもち米の銘柄『わたぼうし』の契約栽培につながるようになった。」（関氏）また，岩塚製菓の関係者の会「岩塚会」を通じて情報交換を行い，今は米の通販な

第9章　JAイノベーションのプロセスとマネジメント

どの事業にも共同して取り組んでいるところである。

　JA紀の里では，志をともにすることができる他JAとの戦略的ネットワークを創っている。めっけもん広場設立当初の問題であった品揃えについて，現在では約80％を地場産のもので販売することができているが，その他にも他の13JA（沖縄，岩手，香川，長野，兵庫，岐阜，滋賀，神奈川ほか）と提携し，それらの地域で採れた生産品を販売している。大原前販売部長は「JA間での直接取引により，市場での取引価格よりも大幅に安い価格が実現されるし，何よりも新鮮であることから，概ね好評である。すべてが地場産であればお客さんが満足かというと，そういうことではない」と，提携先JAからの仕入れの重要性を強調する。JA紀の里では，今後も提携先JAとの直接取引を拡大し，より充実した品揃えを確保するとともに，「販路の多様化と市場外流通の拡大による農産物の有利販売（めっけもん広場の設立の目的）」を実現していこうとしている。

　JA福岡市では，依然として約65％程度の高い貯貸率を維持している。その背景には，「共栄会」の存在が無視できない。川口氏は「系統だけの考え方では視野が狭くなる」という問題意識の下，1985年から福岡市農協と取引のある企業160社を会員とし，「共栄会」を発足させた。異業種との意見交換を通して，視野を広げるとともに一体感も醸成することによって，JA職員の意識改革を試みたのである。一般企業とのお付き合いにおいては，役員のみならず，職員にも幅広く機会を与えることにし，組織全体の意識改革にもつながるように努めたという。「共栄会」には，青果卸や建築業，法律事務所，文房具卸など，現在は様々な業種から約230社が参加しており，今でも活発に活動している。

　以上のように，先進JAでは，協同会社を活用した分社化により「小さな本社，簡素な組織」を目指そうとしており，経営管理委員会や担当役員制度などを導入することにより「戦略的意思決定の機動化」に取り組んでいる。そして，様々な外部組織との戦略的ネットワークを構築することによって「ネットワーク型組織」を実現しようとしていることが分かるのである。

4. マネジメント・システムの革新

次に, 先進JAの変革リーダー達は, ①旧JAマネジメント・システムの統合, ②トータル的な新人事制度の導入, ③新たなインセンティブ・システムの開発, ④若手の登用などのマネジメント・システム革新における課題についていかに対応しているか, 具体的に検討する。

4-1. 旧JAマネジメント・システムの統合

先進JAでは, いかにして旧JAマネジメント・システムの統合を図っているのであろうか。先進JAの取り組みをまとめてみると, ①合併前の「合併研究会」等において, 合併の目的および進め方, 期待される成果などを明確に提示することができるように, 前もってしっかり準備する (JAとぴあ浜松とJA南さつま), ②「新生JA」の将来のビジョンや経営理念などを明確に提示し, 強いリーダーシップの下, 一気にシステムの統廃合を果たす (JA十日町とJAとぴあ浜松), ③できるだけ早く合併のメリットを生みだすことによって, 改革への抵抗を和らげる (JA越後さんとうとJA紀の里) などに集約することができる。ここでは, 代表的な事例として, JAとぴあ浜松における取り組みについて注目してみよう。

新生JAとぴあ浜松の初代組合長に就任することになった松下氏は, まず, 合併にあたって「JAとぴあ浜松の使命, 経営理念, 職員行動規範」を定め, 役職員の意識統一を図った。そして, 合併当初から新人事制度の導入を果たすとともに, 職員に語る機会さえあれば「旧JAのことは言うな」と言い続け, なるべく合併の後遺症がでないように努めた。

松下氏は「合併時に問題になるのは, 第一は財務, 第二は組合長を誰にするかということです。合併に参加した14JAのなかで, 財務格差は確か3～4倍もあった。積立金がほとんどないところもあった。その一方, 十分な積立金があったJAでは, 組合員から『搾取』した成果だから, 合併時に還元しなければならないという意見もありました。もちろん, 『搾取』ではなく, バランスを見て積立てをしただけの話なので, 結局, 還元はしませんでした。利益積立金も不よ債権も大風呂敷に包み込んで持ち込むという, いわゆる『風呂敷合併』を行ったということです」と, 合併当時の大変な時期を振

り返っている。

　そして，松下氏をはじめ，当時のJAとぴあ浜松の経営陣は，合併の際に問題点を積み残さないように，課題を整理して一気に解決していくことを考えた。ところが，地域のエゴイズムを排するためには腐心したという。JAとぴあ浜松では，みかんについては管内に五つの選果場があったが，約3年半で一つにした。「例えば，選果料や販売手数料の一本化の問題があります。選果にかかる経理は受益者負担を明確にし，みかん1kgあたりの選果料を定める際に，施設の償却費や人件費を入れていたために，選果場によって1kgあたり13～30円とばらばらでした。」（松下氏）松下氏は選果料を25円に統一したが，年度末になって1億5,000万円の未精算金がでることになった。そこで，この未精算金を農家に直接還元するのではなく，将来の施設更新のための柑橘積立金を設けることと同時に，選果料を年々下げていく方法をとった。組合員への直接的な還元よりも，選果料を下げることによって組合員のメリットをより長期的に維持することにしたのである。しかも，積立金を設けることで，JAの経営健全化も同時に追求しようとしたのである。

　「合併の準備に3年間の時間を費やしましたが，結果としてはよかったと言えます。今だから言えますが，計画のなかには，まだバブルの時代の感覚で試算をしたものもありました…。」（松下氏）

4-2. トータル的な新人事制度の導入

　先進JAでは，今や「平等から公平へ」という考え方があたり前のように定着しており，すべてのJAにおいてすでに新人事制度が導入されている。ここでは，JAとぴあ浜松とJA十日町における新人事制度の導入プロセスについてより具体的に検討する。

　JAとぴあ浜松は合併初年度から，絶対評価主義の人事考課制度の導入を図った。しかし，新たな人事考課制度の導入初年度には，職場が相当混乱した。また，旧JAの体質を残していたため，地区ごとで考課結果のばらつきが大きく，厳しいところと甘いところが明確にあったのである。そこで，JA静岡中央会の指導を受け，制度を改善すると同時に，管理職に対する考課者教育も徹底して行った。評価は，AからDまでの4段階とし，3回のうち2回はAクラスでないと昇格試験を受ける資格すら与えられない。評価でボーナ

スも異なり，格差が生じるようになっている。なお，評価が悪かった場合は，降格人事を断行している。「支店長，課長になったから，この次には部長だよ，という絶対的で安泰な仕組みにしませんでした。降格もあります。ですから，管理職も今一番若い者は41歳，上は役職定年の57歳までいます。」(松下氏)

また，専門管理職制度を設け，技能を持つ職員には57歳以降も，JAで働いてもらえる仕組みを作っている。「ただ，専門管理職制度というのは，技能があり，いわゆる指導力・リーダーシップを発揮できるという職員を評価する制度であって，誰でも対象になるわけではありません。そうしないと，なあなあになってしまって，経営がおかしくなってしまいます。」(松下氏)

松下氏は「人事考課制度を導入することだけでは全体の士気はあがらない。職員を批判するだけではなく信頼することが重要である。基本的には昇格人事は人任せにしません。私自身，全職員のリストを常に持っています。実際に仕事の悩みで職員から私宛に直接電話がかかってきたりしても対応できるようにするためです」と，職員の動機付けの重要性について力説する。

また，JA十日町の総務部長に抜擢された際の尾身氏は，最初に職員の労働条件の改正に取り組んだ。「役場並び」と聖域化していたJA職員の労働条件にメスをいれたのである。当然，労働組合の抵抗は強かった。尾身氏は，毎夜のように労働組合の座談会に入り込み，徹底的に議論し，2年をかけて就業規則，給与規程，教育基本方針を改正した。

尾身氏は，「営農課から総務部へと異色の分野に異動し，1年生というよりすべてが初体験の世界でした。1年生から始めた経営の『いろは』，勉強すればするほど疑問がでてきました。農協の内部で解決するということではなく，他の農協と比較することから始めてみたら，ようやく我が農協の経営内容が見えてきました。まず，農協がよくなるためには，職場，職員の風土，体質改善が第一であるということであり，タブー視されておった就業規則，給与規程，教育基本方針の改善から取り組みました。労働組合，各部会ごとに説明会を開いて激しい議論を戦わせて2年目にしてようやく改正することができました。改革とは難しいものだとつくづく感じさせられました」と，述べている

なお，JA十日町では1999年度には能力主義人事制度を導入している。職

能資格制度，人事考課制度，事業推進考課，目標管理制度，能力開発制度の五つを柱とする。事業推進考課では，事業推進の成果を公正に評価することにより賞与および年度末手当への反映を図っている。さらに，今は外部のコンサルタント会社の智恵を借りながら，成果主義型の新たな人事制度の導入を検討している。

4-3. 新たなインセンティブ・システムの開発

　先進JAでは，JAとぴあ浜松やJA十日町に代表されるように，マネジメント・システムを革新し，トータル的な新人事制度を導入することにより，職員組織の活性化と専門能力の高度化を図っていることがよく分かる。形式的な平等をやめ，実質的な公平を徹底的に追求することによって，職員と組合員の意識改革を図っていく。そして，有能かつ努力する人が報いられるマネジメント・システムを導入することによって，真の組織活性化を図っていこうとするのである。

　JAとぴあ浜松では，家電の取扱を中止した。かつて，JAとぴあ浜松では家電は職員1人あたり70万円のノルマを課して営業を行っていた。ところが，職員やその親戚が自ら買って達成しているという実態が判明した。職員の所得を減らすことになりかねないし，これが本当の購買事業かという根本的な問題意識があったからである。また，JAの世界で伝統となっている全職員による一斉推進もあえてやめて，ライフ・アドバイザー（LA）による推進を行っている。「毎年，共済推進の決起大会を行いますが，コンプライアンスの問題があるので，今は，一斉推進をしなくなりました。一斉推進で事故があれば，推進停止になる上，場合によっては億単位の損害になるのです。共済の仕組みが複雑になったのでLAという専門家で推進しないといけないのです。」（松下氏）

　さらに，松下氏は組合員へのインセンティブ・システムも工夫している。「年金感謝デーを設けて，予算の範囲内で，来ていただいた組合員に食料品などの粗品をだしています。『JAに行ったら，これをくれた』と評判になり，これが積み立てとかにつながってくる。推進は，1軒1軒回るだけではないと思う。奨励措置は，組合員への還元の一種であると思う。」（松下氏）共済事業に関しても，共済の1億円以上加入者には，「共済感謝のつどい」と銘打って歌

謡ショーに毎年招いている。また，組合員の利便性を図るために，24時間体制の自動車事故センターをJA共済連よりも先駆けて開設するなど，サービスや保障の充実化を図ることにより，組合員に喜ばれる仕組みづくりにもチャレンジしている。

　JA福岡市では，金融の自由化に前後して，渉外担当者の目標管理を見直し，丼勘定から支店ごとへの収益管理（支店業績評価制）へと革新した。現在では，金融部門においては，年度ごとに「推進要領」を決定しており，職員の目標意識の高揚を図りながら，月次目標管理の徹底を行い，目標達成を目指している。そして，支店ごとの事業量目標と収益目標を基準に評価を行い，報奨金を授与する。職員個人に対する報奨金制度から支店ごとの報奨金制度に改め，チームプレーを推奨するようにした。報奨金の分配は支店長にまかされており，支店の業績評価にあたっては支店運営委員会（注：組合員が参画している）にも報告している。これらの革新により，金融部門では客観的な基準での分析と評価ができるようになり，透明性が増した。さらに，川口氏は「職員の目標意識が高揚すると同時に，チームプレーが重視され，職場が活気にあふれるようになった」と言う。

4-4. 若手の登用

　先進JAでは，すでに新人事制度の導入を果たしているから，管理職の平均年齢が以前よりは若くなっているものと考えられる。JAとぴあ浜松では今一番若い管理職が41歳であると言っているように，とりわけ，管理職になる年齢が若くなったように思われる。若手の抜擢人事はJAとぴあ浜松とJA福岡市，JA十日町などで確認することができたが，それよりも今回の研究では，女性の登用が極めて目立っている。ここでは，JAとぴあ浜松とJA福岡市の取り組みを中心に，検討することにする。

　JAとぴあ浜松では，「株式会社とぴあサービス」を立ち上げるにあたって，当時の支店長と本店課長の2人をJAから引き抜き，支店長を常務に，本店の課長を総務部長にするという抜擢人事を敢行した。松下氏は，この2人を呼んで，「このようなポストでとぴあサービスの仕事をしてほしいがどうか」という話を直にしたという。その後は，この2人に体制づくりを任せ，自分

第9章　JAイノベーションのプロセスとマネジメント

たちの目にかなう部下としての適任者を考えさせ，JA本体から若手職員を含めて出向させるようにした。そこで，松下氏はJAの若い職員が協同会社に行って管理職となる場合は，思いきって管理職手当てをだすことにしたのである。そして，松下氏は「利益を上げるのではなく，みんなの給与分を稼いでくれ」「担当職員の4人だけで仕事をしているのではなく，組合員や地域住民と常に接しているという意識を持つように」と，頼んだ。また，組織内部の意識改革も図るように努め，肩書きを部長・課長・係長などというのではなく，「マネージャー」のような横文字の肩書きを導入するようにした。Aコープの店内放送で連絡する際，「店長」と呼ぶよりも，「マネージャー」のほうが聞こえもよく，責任意識がより強くなると考えたからである。

　さらに，JAとぴあ浜松では，営農指導員に女性が17名（全体の約2割）もいる。この女性営農指導員には経済学部出身もいる。畑違いの分野出身でも，本人のやる気を重視している。この女性営農指導員は，男性よりもきめ細かく，まじめに物事に取り組んでおり，最新の英文の営農関係の文献を全訳してあげるなど，今までJAでは対応しきれなかったことにも積極的に取り組み，県試験場のほうからも組合員からも高い評価を得ている。同時に，出身大学からも「JAとぴあ浜松に行けば，女性も営農指導員にしてくれる」という評判になり，さらにその農学部からよい人材が来るという意外な効果までているという。その他にも，JAとぴあ浜松では女性の戦力化を積極的に進めており，2008年度で女性総代数が131人，女性管理職が4人，女性経営管理委員が2人となっている。

　JA福岡市でも，女性の総代や理事の選任については，積極的な姿勢をとっている。とりわけ，2007年度末で女性の比率は，正組合員30.6％，准組合員の36.0％，組合員合計で34.5％と非常に高い。そして，女性総代は2008年度で71名（総代定数の約12％）となっている。女性職員の登用については，窓口業務の改善が契機となっている。窓口業務の改善を行うにあたって，女性の窓口主任制度を導入し，まずは支店の女性リーダーを育てたところ，彼女たちが自主的に接遇の改善を行うための全支店統一のマニュアルを作り上げるなどの業績を残してくれた。そして，周りからの評価が高まり，自然と女性管理職が誕生するようになったのである。現在は，女性支店長が3人に

なっており，3人ともやはり窓口主任からスタートしているという。

また，学経理事を導入する時は，その任期を2期までに限定し，任期満了時に63歳を超えてはならないという役員定年制を導入した。現在は，経営者としての十分な資質と能力を持っている管理者が，早く経営者になることを嫌がる場合が発生しないようにするとともに，経営の継続性が守れるようにするため，常務を2期務めたあと，専務を2期務めることも可能になるよう改訂されている。

5. 人材の革新

JAの人材革新課題としては，①戦略リーダーの育成，②営農指導員の強化，③専門スタッフの育成という，三つの要因が考えられている。ここでは，先進JAの変革リーダー達はいかにしてこれらの課題を解決しようとしているかについて検討することにする。

5-1. 戦略リーダーの育成

先進JAでは，人材育成には極めて熱い思いを持って，積極的に取り組んでいることが共通して認識される。前回の研究調査の際は[1]，多くの先進JAにおいてさえ，経営学の知識を体系的に吸収・蓄積するための研修プログラムに参加するケースが少なく，経営人材の育成についてはあまりにも貧弱な状態にあると言わざるを得なかった。ところが，今回の調査では，どこの先進JAにおいても経営人材の育成に，前向きな姿勢で臨んでいることが分かった。

例えば，JA南さつまとJA十日町は，JA全中が実施する「マスターコースI」に若手職員を通年で派遣している。高尾のJA中央学園で毎年4月からスタートし，前期は監査士の資格を取得するためのカリキュラムが中心となっており，後期は慶応ビジネススクールの全面的な協力を得て，経営戦略をはじめ，マーケティングや組織論，総合経営，ベンチャー経営にいたるまでの経営学の専門的な知識を徹底的に吸収するためのカリキュラムで構成されている。

---

1 柳在相監修，『非営利組織の経営戦略』中央経済社，2004年，pp.226-229

まさしく，これからのJAを担っていく経営人材を育成するための研修プログラムといえる。また，JAとぴあ浜松はトップマネジメントを対象にした「マスターコースⅢ」に，毎年役員を派遣している。これからの厳しい競争環境下では，より高度なレベルの経営戦略を自由自在に駆使することができるトップの育成が何よりも求められるが，「マスターコースⅢ」はこのニーズに応えるための研修プログラムになっているといえる。

　さらに，JA福岡市では職員を信連に1年出向させて，企業関係の審査の勉強をしてもらい，融資担当者のレベルをあげるようにしている。現在まで十数名を信連へ派遣したが，わずか1年で，仕事に対する見る目が変わるという。信連派遣から帰任後は，まず本店に配置し，次に支店に配置するというように，ノウハウの波及をねらっている。そして，大口融資については本店と支店の融資担当者でペアを組んで推進を行い，融資担当者同士で，お互いにレベルアップを競うといった相乗効果がでてきている。このような取り組みを積み重ねることによって，自ら本店支店一体で融資をのばさなくてはならないという考え方が醸成されるようになるという。川口氏は「融資やローンについても，JAが進んでやろうとする観点がありませんでした。しかし，職員の信連への出向を契機にして，審査や経営分析，債権回収などの勉強会を職員同士で行うようになり，JAの体質を改善することができました。融資案件も増え，岡山にある信用金庫の事例を参考として，不動産鑑定士の手法を使った担保評価制度を導入したりしました。やはり職員教育は重要だと思います。現場でどのように鍛えるかということを基本として，『予算がないから研修はダメだ』とは，決して言ってはならないと思います」と，語っている。

　なお，戦略リーダーに求められている能力は高度なレベルの経営知識だけではない。コミュニケーション能力も重要である。組合員および地域社会とのコミュニケーションが円滑にとれ，しっかりした信頼関係を構築しなければならないからである。そのためには，地域社会の中で組合員との真剣な付き合いを通して，組合員および地域が何を考え，JAに何を求めているかを理解し，組合員の立場で物事を考えようとする心構えを養うことも肝要である。つまり，優秀な戦略リーダーは，高度なレベルの経営知識を習得すると

同時に，組合員および地域社会とのコミュニケーション能力を養うことによって，初めて育てられるのである。

　今回の研究でも，先進JAには素晴らしい変革のリーダーが存在していることが確認できた。しかも，彼らは最初からリーダーとしての資質を身につけていたのではなくて，職員としてJAに就職し，あらゆる現場を経験しながら，仕事を遂行するための様々な経営知識を吸収すると同時に，組合員や地域社会とのコミュニケーションを重ねることによって組合員の視点で物事を考える力が培われてきたことが分かる。もし彼らが単なる経営のプロになることだけを目指したならば，組合員の立場で計画を立て，それをここまで精力的に推進してくることはできなかったと思われる。いくら彼らの計画が優れていたとしても，それが組合員に受け入れられなければ，素晴らしい業績にはつながらなかったはずだからである。つまり，彼らの素晴らしいリーダーシップや業績の背後には，誰よりも強い使命感と信念が感じられ，それは彼らがJAの職員として，地域社会のなかで組合員との真剣な付き合いを通して養ってきたものと考えられる。彼らの今日までの成長プロセスは，まさに，「よい組合員がよい職員を育て，よいJAができる」ということを実証しているのである。

　ところが，最近のJAの現場を回ってみると，多くのJAがますます金融機関化しつつあることを肌で感じてしまう。本学の地元JAとは，マスターコースIの卒業生を中心に，毎年1回は定期的に会合を持つようにしている。最近の経済動向をはじめ，JAの環境変化や戦略，農業ベンチャーなど幅広い範囲にわたり情報交換を行っているが，彼らのキャリアを聞くと，農業に関わりのある仕事を経験した人が極めて少ない。多くの場合，新入職員の時から数年間は信用・共済の現場で，専ら推進の仕事を経験した後，スタッフ部門に配置転換されている。なかには，農協のことを知らずに，JAは金融機関だと思って入組した卒業生すらいる。マスターコースIにおいても，状況はほぼ同じである。経営戦略基礎コースには毎年約40人前後の受講生が入ってきているが，やはり農業関連事業に携わった経験を持つ受講生は，毎年1人か2人しかいない状況にある。

　ということは，この実態は何を意味するのか。JAでありながら，優秀な人材が営農関連事業に投入されていないということを意味するのではないだ

ろうか。やはり現場のJAでは，健全な経営の確保が急務で，営農関連事業よりは信用共済事業をつい優先せざるをえないだろうか。しかし，JA越後さんとうの関氏が指摘したように，JAの基本は営農である。JAの戦略課題はJAしか解決することができない。同様に，JAの戦略リーダーはJA自らが育てていくしかない。「将来の戦略リーダー」を育てるためのより積極的な仕組みと研修プログラムが求められていると思う。

5-2. 営農指導員の強化

　営農指導員は「JAの顔」といわれてきた。今後の日本農業が元気を取り戻すためには，なおさらのことである。むしろ，今後は営農指導員の増員を含め，その役割をより強化していくべきではないだろうか。これからは単に新しい作物や先端技術の導入だけでなく，農産物の販売やマーケティング，農業経営の指導などにも積極的に取り組むことが求められていると思う。ここでは，JA越後さんとうの取り組みを中心に検討することにしよう。

　JA越後さんとうでは，組合員の満足いくキメ細やかなサービスが提供できて，迅速な営農指導対応を実現するために，すべての営農指導員の携帯電話番号を顔写真付きで公開することにより，出向く営農相談を実現している。午前8時から午後8時までを受付可能時間とし，組合員からの相談を受け付けるようにした。関氏は「出向く営農指導と言いますが，昔は出向くのがあたり前だったのです。営農は基本です。JAは農業なのです。アイデンティティを問うからこそ，営農担当以外の職員に対しても，『営農の心』が重要になってくる。全職員は営農指導員たれと思いますので，生産履歴（トレーサビリティ）の記帳も，カントリーエレベーターにも全員行ってもらいます。当然，土日対応もあります。さらに，JAの管内には山地があるので，全職員棚田に入り，荒れた田を修復して，農作業を楽しみながら習得させている。米をとるためにやってきた農作業が，自然環境保全にすばらしく役立っていることを理解させるのです」と，全職員の営農指導員化を目指している。

　ところが，営農指導員の育成には大変な苦労を重ねているようである。山崎氏（前参事）は「JAグループの経済事業改革でも，『営農経済渉外』とかといわれているが，この中身については明確ではありません。営農指導をやりながら，マーケティングのような経済行為をやるというのは，完全に営農

指導員として専念するのとは違って難しいところです。」「こうした営農改革は，徹底した組合員との対話がないと実現できない。営農指導教育はデスクワークだけでなくて現地研修です。トレーサビリティ記帳のお願い，回収作業を行えば，組合員から文句を言われることもありますが，これも勉強です」と，営農指導員育成の難しさを強調している。

また，水島氏（前センター長）も「組合員のところに，トレーサビリティの記帳をお願いしに行くとき，職員は単なる郵便屋さんになってはいけないのです。ちゃんと話を聞いてJAにフィードバックできるかが大切なのです」と言う。やはり，組合員の声の聞き取りについては，まったく報告無しという者からものすごく細かいところまで聞いてくる者までと職員によって大きな差があり，これをどう標準化するかも課題になっているのである。

JA十日町では，営農事業をより強化するために，2003年度からは営農生活部に新たに4名のプロダクト・マネージャーを配置している。プロダクト・マネージャーとは，生産から指導，販売にいたるまで一貫して担当する職員で，消費者のニーズを組合員に的確に伝えることにより，消費者が望んでいる農作物を作り，それをマーケティング戦略によって販売していく役割を果たす。農業生産の維持発展のために，専門要員を新たに投入したのである。

営農指導員の専門性向上は極めて緊急かつ重要な課題である。とりわけ，農産物の販売やマーケティング，農業経営の指導ができる営農指導員を育成・確保することが何よりも肝要であろう。JA越後さんとうでは「全職員の営農指導員化」を目指しており，JA十日町では「マーケティング専門要員」を新たに投入していることが分かったが，果たしてこれで十分な対策を講じているといえるだろうか。以上の取り組みに加えて，優秀な人材を総務企画部門などに配属させる前に，必ず営農部門でのキャリアを積むような仕組みを検討してみてはどうだろうか。前節で，今のJAの現場では，優秀な人材が営農関連事業に投入されていない実態があり，これでは真の戦略リーダーは育たないと問題提起した。例えば，営農指導部門を細分化し，「農業経営指導課」などといった組織を新たに設け，経営戦略（マーケティング）の専門家として「農業経営指導員」を育成してはどうだろうか。あるいは，「経営戦略が分かる営農指導員」をより積極的に育成してはどうだろうか。営農

指導員のみを対象とした経営戦略の研修プログラムを企画・実施し，すべての営農指導員に経営戦略の知識を兼ね備えるようにしてはどうだろうか。今後はより積極的な仕組みと研修プログラムを検討していくべきであろうと思う。

5-3．専門スタッフの育成

　同様に，専門スタッフの育成も緊急かつ重要な課題となっている。JAも今や競争環境にさらされている。しかも，組合員にとって，JAの事業は選択代替案の一つにすぎず，組合員だからといって甘えることもできない。とりわけ，信用・共済事業においては，資金量の伸びの低迷と利ざやの縮小，共済新規契約高の減少が続いており，他の金融機関との差別化を図るためには，JAの強みをいかし，相談業務の充実化と専門スタッフの高度知識化が何よりも肝要であろう。

　ここでは，JAとぴあ浜松の取り組みを中心に検討することにする。

　JAとぴあ浜松には，前述したように，「年金友の会」が存在しており，現在の会員数は約37,000人に上っている。女性のベテラン職員を中心に年金アドバイザーを設けて，年金受給者の相談業務に積極的に取り組んでいる。松下氏は「彼女たちが，年金専門に歩いています。支店長は，彼女たちが何件訪問をして，何件予約が取れて，何件契約をして，その率は何％と，常時徹底して管理しています。そのような管理がないと，自由にそこら辺を歩いているだけになってしまい，ダメだということです。年金アドバイザーは，積極的に相手に向き合わないと，相談を受けることも年金口座のお願いもできません」と，徹底した管理の重要性を強調する。

　この徹底した管理が功を奏し，年金アドバイザーの能力向上も著しい。年金口座の獲得だけではなく，資格取得者まで現れるようになった。年金アドバイザーの女性職員が，社会保険労務士の資格への挑戦に名乗りをあげ，ついに合格したのである。松下氏は「社会保険労務士の資格をとっても，職員は職員なのですが，そのように職場全体がだんだん活気づいてきて，やはり実績もその分，上がってくるのです」と，職場活性化へのよい影響を強調する。年金制度の改正に伴い，相談業務もその分専門的になってきたが，職員達までもが自発的に色々な事例集を作ったり，勉強会を行ったりするようになってきたという。

また，JAとぴあ浜松では，ライフ・アドバイザー（LA）による共済推進を展開している。全職員の一斉推進をあえてやめたのである。そして，LAの専門性を維持・向上していくために，LAのインストラクターはLA自身が務めている。「LAの指導は，優秀なLAだった者をインストラクターにして行っています。LAインストラクターは，指導に専念させているので，共済推進の成果としての奨励金は彼らにはでません。それでも，インストラクターのやる気が失われることがないのは，JA全体のLAの資質向上に役立っていることが実感できるからです。」（松下氏）

　共済事業でも女性のLAが多く，彼女たちには細心の配慮を怠らない。松下氏は「うちの場合，LAの一番と二番の成績をあげているのは女性です。共済の研修は当然男女混合で行っていますが，女性のLAだけの会合もあえて実施しています。訪問先でセクハラまがいの発言をされたとか，女性特有の悩みも少なくないからです」と，「女性の戦力化」の重要性と難しさを同時に語っている。このように，JAとぴあ浜松では，金融部門を取りまく厳しい競争環境の下，年金アドバイザーの育成による相談業務の充実化と専門スタッフ（LA）の高度知識化を徹底的に追求することによって，なんとか他の金融機関との差別化を図れるよう必死の思いで努めているのである。

6. 組織文化の革新

　最後に，先進JAの変革リーダー達は，①非営利組織の妄想，②協同組合原則の限界，③甘えの構造，④地域エゴイズムと温情主義のリーダーシップという，四つのJAイノベーションの阻害要因をいかにして克服することができたかについて検討することにする。

6-1. いかにして「非営利組織の妄想」を克服するか

　まず，変革のリーダー達は，社会性と経済性を同時にバランスよく追求していることが分かる。彼らはやはり協同組合運動論に偏ったJA運営には限界を強く感じている。「トップがいくら立派な運動論を語っても，経営が立ち行かなくなればダメだと思う。理想論はよい。しかし，なかなか実現させるのは難しい。基本に返るということは，現場に返るということ，そうする

と困らない。」(松下氏)「上に立つ者(経営者)は,精神論だけ言っているようではダメで,目標となる数字を提示しないと職員は動きません。経営努力の積み重ねで,今日があるのです。こうして,職場風土がよくなってくると思います。」(川口氏)

　松下氏や川口氏の発言から分かるように,変革のリーダー達からは「非営利組織だから利潤を追求しなくてよい」という考え方がまったく感じられない。むしろ,彼らはJAの経営者として,JA事業の競争力を高め,組合員および地域にとって魅力ある事業構造を構築し,組織の存続に必要な収益を安定的に確保しようとしていることがよく分かる。JAが非営利組織とはいえ,今後の存続に必要とされる経費は,自らの努力と工夫によって利益を稼いで賄っていこうとしており,より高度なレベルの経営戦略を駆使しているのである。

　次に,変革のリーダー達は,形式的な平等よりは実質的な公平を追求する。JA十日町の総務部長に抜擢された際の尾身氏は,最初に職員の労働条件の改正に取り組んだ。「役場並び」と聖域化していたJA職員の労働条件にメスをいれた。そして,今は能力主義に基づいた制度から成果主義への移行を検討している。また,JAとぴあ浜松では,合併初年度から絶対評価主義の人事考課制度の導入を図った。AからDまでの4段階の評価をし,3回のうち2回はAクラスでないと昇格試験を受ける資格すら与えられない。評価が悪い場合は降格人事も敢行するし,ボーナスも評価で格差が生じるようになっている。同時に,購買事業においては「利用額に応じた値引き率」を適用するなど,組合員にも「平等から公平へ」の意識改革を徹底している。

　最後に,変革のリーダー達は,常にJAのアイデンティティを問い続けることにより,決して非営利組織の妄想(自己満足)に陥らないように努めている。「農業」と「地域」,「組合員」に対する熱い思いや信念を,将来へのビジョンや経営理念などとして明確に提示することによって,組織への共有化を図り,組織が一丸となって実行に移していくように努める。そして,常に時代の流れや組合員および地域社会のニーズの変化に適応した事業構造を構築し,地域経済の活性化と組合員メリットの最大化を実現しようとする。まさしく組合員および地域社会から「選ばれるJA,喜ばれるJA」を目指そうとしているのである。

6-2. いかにして「協同組合運動論の限界」を克服するか

次に，変革のリーダー達は「協同組合運動論の限界」をどのように克服しようとしているかについて検討することにしよう。本研究では，JAにおいては協同組合原則の現代的意味を正しく理解し直さない限り，JAの組織文化を革新することができないし，JAイノベーションを成功に導くことはできないと，問題提起している。そして，JAが真のイノベーションに思いきって挑戦していくためには，JAの組織理念と現状認識（厳しい競争環境への適応）との統一が何よりも渇望されており，本研究では，あえて，これにチャレジしようとしている。

具体的には，「相互扶助精神」，「平等」，「利潤追求＝悪」などの価値観念について，時代の趨勢に拮抗して「何を変え，何を変えてはならないのか」を峻別することが極めて重要なポイントになると考える。ここでは，先進JAの変革リーダー達がこれらの価値観念についていかなる解釈をし，いかにJA経営にいかしているかについて考察する。そして，協同組合原則についての新しい解釈と理論的裏付けの提示を試みたいと思う。

まず，変革のリーダー達は，協同組合組織の原点に戻り，協同組合組織としての強みをいかすことによって，協同のメリットを最大化していこうとしていることが分かる。ここで，協同組合としての強みとは何であろうか。「友愛の精神」および「郷土愛」そして「相互扶助の精神」からが融合された「協同の心」であろうと思う。日本経済が豊かな社会を実現してからは，個人の価値観がさらに多様化するようになり，個人主義（ひいては利己主義）的な考え方や風潮がますます強くなってきた。このような傾向は世界のどこの国においても共通に見られる。経済的に豊かになっていくと，人々は社会全体の利益よりも個人の利益を優先するようになり，他人を思う気持ちがだんだん薄れていく。また，このような傾向は程度の差はあるにしろ，都会だけでなく農村でも同様に進んでいく。そして，「友愛の精神」や「相互扶助の精神」などよりも個人の利益を優先しようとする傾向が強まっていく。協同組合としての強みがだんだん失われていくのである。

JA越後さんとう・関氏は，協同組合組織の原点に戻り，協同組合の精神を貫こうとしている。全職員の意識改革を行い，全職員の営農指導員化を図り，

第9章　JAイノベーションのプロセスとマネジメント

出向く営農相談を実現した。同時に，組合員の意識改革にも取り組み，こしじ中央支店管内の24集落のうち21集落に農業生産法人や生産組織を設立した。関氏は「集落の農家のみなさんが全員合意をしてもらわないと，法人は応援もしてもらえません。土地利用型農業というのは協同の力がなかったらできないので，合意は協同の力を一番引きだせるものです。だからこそ，みなさんの意識，すなわち集落を愛する意識，それからみんなでやっていこうという協同の意識，これらの意識を集めるのは，集落単位が一番よいと思う」と，協同の本質とその重要性を強調している。関氏に代表されるように，変革のリーダー達は，農業の復活を通した地域再生への熱い思いや信念を組織と共有することにより，「協同の心」を復活させ，役職員と組合員が一丸となって実践していこうとしている。つまり，変革のリーダー達はこの協同組合としての強みを最大限にいかし，協同のメリットを最大化しようと努めているのである。

　ここで，さらに注目したいことは，関氏が経営戦略やマーケティングの知識を積極的に駆使することによって，「米のブランド化」や「メーカーとの戦略的提携」を図り，高い業績を生みだそうと切実な思いで取り組んでいることである。ただ単に協同組合としての精神論だけを強調するのではなく，協同のメリットを最大化し，組合員へのより安定的な還元を図っていくことを忘れない。組合員メリットの最大化こそがJAのミッションであり，協同組合としての強み（協同の心）を維持・発展していくための源泉になるからである。つまり，先進JAと他JAとの違いは，変革のリーダー達がただ単に協同組合運動論を唱えるだけで終わるのではなく，より高いレベルの経営戦略を駆使することによって経済性をしっかりと追求し，組合員メリットの最大化を実現しているところにあるといえるのである。

　次に，「平等」と「公平」という価値観念をいかに解釈すべきかについて検討することにしよう。協同組合の事業は，協同組合原則の「自助，自己責任，民主主義，平等，連帯」という原則に基づき運営されている。著者は，この原則のなかで，「平等」の原則が「努力しなくても結果は同じだから努力しなくてもいい」と，行き過ぎた平等意識を生みだしてしまうところに問題があると思っている。「機会の平等化」で止めるべきであり，先進のJAにならって「実質的な公平」を追求すべきである。また，組合員組織の運営におい

ても，JAとぴあ浜松に代表されるように，「人格は平等，事業は公平」という組織文化をできるだけ早く定着させるべきであると考える。

　最後に，「利潤追求＝悪」にかわって，「社会性と経済性の融合」を目指した新たな価値観念を創りだすことについて検討することにする。著者は今の協同組合原則だけでは，JAの新たな取り組みや事業仕組みおよび経営についてしっかりと裏付けを提示することができないと考えている。先進JAの変革リーダー達の戦略的発想や斬新な取り組みについて明快に説明することができないから，一般化することができず，他JAとの共有化が図れないのだと思う。

　では，「社会性と経済性の同時追求」について検討しよう。今日では，地方自治体をはじめ，医療機関や福祉施設などのいわゆるヘルスケア組織，大学などの教育機関，そしてあらゆる非営利組織（NPO）など，経営学を必要とする組織体がますます増えつつある。あらゆる形態の組織において，あたり前のように，経営の知識および手法が導入されている。ところが，かつては，これらの多くの組織においてはどちらかというと経営学の導入には消極的な態度がとられていた。それは，行き過ぎた資本の論理に偏った企業の利潤追求を強調し過ぎたところに起因している。すなわち，企業は利潤を追求する組織であり，経営学とは企業の利潤追求を支えるための知識であると受け止められていたからである。ところが，日本の経営学は，その形成および体系化のプロセスにおいて，労使による激しいイデオロギー論争から大きな影響を受けた。企業は，ただ単に利潤（経済性）のみを追求するのではなくて，「公器」としての社会的責任（社会性）も同時に追求するべきであるとする，いわゆる「日本的資本主義」という日本特有の経済思想を創りだし，その実践に向けて労使が協力して取り組んできた。それ故，とりわけ日本の経営学では，企業の利潤追求のための活動だけでなく，獲得した利潤の配分にも同時に目を向けており，企業は従業員をはじめ，すべての利害関係者や社会への還元などを通して，社会的存在としての価値（存在意義）をより高めていくことにより，永続的な存続を図っていくべきであると考えているのである。

　前述したように，二宮尊徳は「経済なき倫理は欺瞞であり，倫理なき経済は罪悪である」という有名な格言を残している。非営利組織であっても，「経

済なき倫理」の状態に陥ってはならない。どんなに崇高な組織理念や立派な使命を掲げている組織体といえども、健全な経営が伴わない場合は、それらの実現可能性は明らかに低下してしまう。非営利組織だからといって利潤を追求する必要がなく、利潤を追求する必要がないから経営など要らないという考え方は、今日のような厳しい競争環境下では、もはや通用しない。つまり、これからの時代には、営利とか非営利とかいう組織の形態に関係なく、「組織の存続」を達成していこうとするすべての組織体は、「経済性」と「社会性」を同時に追求していかなければならないのである。

　JAも非営利組織とはいえ、その存続を図っていくためには、自らの工夫と努力によって、その存続に必要な経費を上回る利益を長期的かつ安定的に確保していかなければならない。先進JAの変革リーダー達に倣ってより高いレベルの経営戦略を駆使しながら経済性も同時にしっかりと追求し、組合員メリットの最大化を実現することが何よりも肝要である。健全な経営を確保した結果、もし必要以上の収益があげられるようになった場合には、JAとして、より高いレベルの使命を追求するための投資や、組合員および地域社会への還元で対応していけばよいのではないだろうか。

6-3．いかにして「甘えの構造」を克服するか

　JA広島中央会の村上光雄会長は、JAおよびJAグループの「甘えの構造」を指摘しているが、次は、変革のリーダー達がいかに対応しているかについて検討することにしよう。

　変革のリーダー達は、やはり経済事業（とりわけ、購買事業）における系統組織の競争力に限界を強く感じており、様々な対策を講じていこうとしていることが共通して認識される。JAとぴあ浜松の経済事業については、2007年度の実績で、販売事業は約225億円、購買事業が約107億円（この他に協同会社「とぴあサービス」での取扱高が約60億円）を記録しているが、地域の構造変化に伴い、販売事業も購買事業もゆるやかな減少傾向にある。松下氏はJAと経済連との関係について「経済事業は難しくなってきています。私は経済連といえども一業者と見ているわけです。安くてよいものを提供してくれるのならば、経済連から仕入れますけれども、悪くて高いものならば買わない。そうなれば、商系の業者から買うということです。私は購買事業

を全部そのような形でやりたいのですが,なかなか難しいようです。やはり組合員にサービスをするには,いろんなところで知恵をだしたり努力したりしないといけないと思っています」と語っている。合併直後のJAとぴあ浜松の系統(経済連)利用率は50％程度であったが,その後2～3年で65％に上がった。経済連もJAとぴあ浜松の要望に応えたのである。

　また,JA十日町の尾身氏も,「生産資材のコスト低減のためには思い切った決断も必要かもしれない。昔,十日町の灯油の消費者物価指数は他の地域に比べて明らかに高かった。そこで,経済連ではなく,他の業者から仕入れた。多くの圧力があったが,見事に消費者物価指数は下がった。これがJAの仕事ではないか。民間の大手ホームセンターが進出してきて,どこのJAでも困っている。全農を義理人情で利用しなければならないため競争に勝てないからだ。今後は,赤字までだしてやる必要がないからやめてしまえという話にもなるかもしれません。兼業農家の方には,大手のホームセンターと提携して,JAがホームセンターの優待券を組合員に配るほうが喜ばれるのかもしれません」と,組合員メリットを重視する考えを明らかにしている。

　他方,販売事業においても,JA越後さんとう・関氏は系統組織への出荷のみに頼るのではなく,独自販路の開拓やメーカーと協力する仕組みの構築による契約栽培などに積極的に取り組んでいる。また,JA紀の里・石橋氏は直売所・めっけもん広場を成功させており,JA南さつま・中島氏は戦略商品の開発とブランド形成に励んでいる。このように,変革のリーダー達は協同組合組織の原点に帰り,何よりも農家組合員の所得向上および組合員メリットの最大化に努めようとしていることが分かる。JAグループだからといって甘えようとしないし,必ずしも系統組織にこだわっている訳ではない。むしろ経済連などに緊張感を与え,系統組織の競争力を高めてもらうよう働きかけているのである。

6-4. いかにして合併の後遺症(地域エゴ)を克服するか

　次に,変革のリーダー達は合併後のJA経営にあたり,明確なビジョンや経営理念などを策定し,組織メンバーとの共有化を図っていることが共通して認識される。新しいJAとしてのビジョンと経営理念を共有することによって,一つのJAとして一体感を創りだすのである。JA越後さんとう・関氏

は合併のとき，「『オラが農協』の原点に立ち返ろう。合併というのは体格を大きくするのではない。中身を大きく変えていくのが合併なんだよ」と，常に訴えていたという。旧JAの連合体のように，体だけが一つになるのではない。真の合併を目指して心までも一つになろうとしているのである。ここでは，JA南さつまとJAとぴあ浜松の取り組みについて詳しく考察することによって多くの示唆を得ることにしよう。

JA南さつま・中島氏は，第一次合併当時の参事として「川辺地区農協合併検討委員会」を発足させ，「川辺地区における農業・農協の現状と課題」および「広域合併農協における組織・事業のあり方」を整理するなど，合併に向けての調査・研究を新たにスタートさせた。検討委員会では中島氏が中心となり，合併のメリットを分かりやすく整理し，『合併すれば次のようなことが期待できます』という資料を作成するなど未合併のJAを説得するために緻密な計画と手順などを取りまとめた。そして，「新生JA南さつま」の常務に就任した中島氏は，図7-1に示したように，長期経営戦略の基本コンセプトと基本理念・経営理念・基本方針の4段階からなる「基本構想」を打ちだした。

とりわけ，長期経営戦略の基本コンセプトとしては，「協同活動の現場への回帰」を取り上げた。合併により，組合員の協同活動主体としての意識および活動が低下していることや組合員と職員との関係が希薄化していく現状を踏まえ，これからのJAづくりの基本的なコンセプトを「組合員主体による協同活動への回帰」と「施設密着から人の密着への回帰」の視点から形成していくことを目指したのである。

ここまで緻密な計画と準備を重ねてきたにも関わらず，さらに，中島氏は合併2年目を迎え，組合員と地域住民に親しまれ，信頼され，誇りにできるJAを1日でも早く作り上げるために，「ナンバーワン運動」を展開した。県下でナンバーワンのJAになることを組織の共通目標として，役職員および組合員が心を一つにして，「組合員が誇れるJAづくり，夢を持てる地域づくり」を目指すようにしたのである。

また，JAとぴあ浜松前組合長松下久氏は，大学を卒業した後，静岡県庁に就職し，農業協同組合検査官として20余年勤めあげたキャリアを持つ。

静岡県下の当時100以上の農協を自分の足で検査して回り，『鬼の検査官』と言われるほど厳しく取り締まっていた。JA経営を客観的に分析できるプロであり，とりわけ現場をよく熟知している。その彼が県庁を定年退官すると同時に，中央会の管理役を経て，地元農協の専務理事を1期3年務めた後に，組合長に就任することになった。中央会の職員時代（2年間）は，県下の各連合会から人材を集めてできた合併対策室で，合併指針を作り，どのように大型合併をするかという業務に携わった。ここで，松下氏は合併JAのあるべき姿や合併を成功させるためには，何をどのように進めればよいかについての構想を固めることができたという。

　とはいうものの，14ものJAが集まったが故に，職場風土を一つにすることはなかなか容易ではなかった。合併後の「新生JAとぴあ浜松」の初代組合長に就任した松下氏は，名実ともに風土を一新したいという願いを込めて，新しいJAの名称を組合員に幅広く公募し，みんなが「とぴあ浜松」として生まれ変わることを強く認識するように働きかけた。また，新しいJAのシンボルとして，本店を新築することにし，JAの合併をできるだけ前向きにとらえようとした。

　さらに，合併にあたっては，「JAとぴあ浜松の使命，経営理念，職員行動規範」を定めており，合併当初から新人事制度の導入を果たすなど，合併の後遺症がでないように強力なリーダーシップを発揮した。それぞれの旧JAの利益を守るための取り決め事項ばかりを突きつけあうのではなく，合併委員会のなかでの議論を通して地域エゴをなるべく排除し，まったく新しいJAとしてのスタートを切ることができるように努めたのである。

　合併の際に，問題点を積み残すのであれば，単に先延ばしにしただけであろう。積み残さないように問題を整理して一気に解決しなくてはならない。松下氏をはじめ，当時のJAとぴあ浜松の経営陣は，このような考えのもと，地域のエゴイズムを排するために腐心したのである。松下氏は「JA合併では，旧来の体質を改め，貰うものとだすものを組合員に明確にして，非常に細かな話まで詰めていかないとなりません」と言う。組合員のことを第一に考え，ここまで細心の配慮を怠らないよう努めたからこそ，なんとか合併の後遺症を克服することができたのではないかと考える。

6-5. いかにして的確かつ迅速な意思決定システムを確保するか

　最後に，先進JAではいかにして温情主義のリーダーシップを克服し，的確かつ迅速な意思決定が行えるようにしているかについて検討することにしよう。

　多くのJAでは，民主的な運営を重んじているが故に，トップはなるべく思いきった決断を避け，長い時間をかけて忍耐強くひたすら説得を繰り返しているため，あまりにも意思決定のプロセスに多くの時間とエネルギーを消耗している。これに対して，先進JAでは，①トップダウンによる意思決定，②実践のリーダーシップ，③成果のマネジメントなどの要因が，共通して認識される。

　まず，変革のリーダー達からは，基本的にはトップダウン型のリーダーシップが強く感じられる。もちろん，組合員や職員から幅広い意見と情報を収集しようと努めているが，最終的には自分で意思決定を下していることがよく分かる。とりわけ，難しい意思決定においては，自らが決断し，自らがそのリスクと責任をとろうとしている。決して問題の先送りをしようとしないのである。JA十日町・尾身氏は「思いついたら即始めましょうというのが私の信条です。私は，やろうと一言言うだけです。あとはすべて役職員がやってくれる。最近は，若い人も色々提案してくれます。それを決断するのが，私の仕事です」と言う。

　また，先進JAでは，今やあたり前のように学経理事を登用しており，同時に担当役員制も多く導入している。とりわけ，JA福岡市ではトップマネジメントの構造改革を断行し，組合長，専務，常務3名の計5名からなる常勤理事会を作り，理事会からの権限委譲を受け，意思決定の迅速化を図っている。川口氏が強いリーダーシップをとり，共に事業に取り組む常務理事3人の集団指導体制により，チームワークが存分に発揮される仕組みを創りだした。つまり，経営のプロ（学経理事）による頭脳集団としての「常勤理事会」が，月に1回開かれる理事会にかわって迅速な意思決定を行えるようにしたのである。同時に，先進JAでは，命令指揮系統を明確にすることにより，仕事が迅速に進められるような仕組みも整えている。

次に，変革のリーダー達は自らが率先して実践のリーダーシップを発揮していることが共通して認識される。JA紀の里・石橋氏は，実は当時のほとんどの非常勤理事と同様に，理事の時にはファーマーズマーケットの構想には反対の立場をとっていた。当時は隣接の岩出町でダイエーやジャスコ，マイカルといったスーパーが相次いで撤退を決定していて，地域の経済状況が最悪の状態だったからである。そんな石橋氏がファーマーズマーケットの開設準備にあたっては，先行する成功事例として関東や中部地区のファーマーズマーケットを数多く見て回るなど，自ら必死の思いで学習したという。そして，めっけもん広場の開店3ヶ月前からは，自ら麦わら帽子に運動靴の姿で和歌山駅前などでビラ配りを行ったのである。石橋氏は「国の補助金がついてきたのです。やむを得ず，賛成の立場になってやることにしました。これは反対論者でも成功させるように努力しなければしょうがないわけです。やると決まったら徹底的にやる。必死になってやりました」と，実践のリーダーシップを説く。議論のプロセスには様々な意見がありうる。ただし，いったん組織決定がなされたことについては，組織が一丸となって実行に移していかなければならない。そこで，組織をとりまとめ，所定の成果を達成することが経営者の責任なのである。めっけもん広場の売上は2005年で約23.5億円と，売場面積あたりの売上では百貨店，量販店，スーパーを含めた全国の小売店舗のなかでも上位の実績で，東京銀座の百貨店と肩を並べるほどの販売実績をあげた。着実に「元気な農業，元気な地域，元気なJAづくり」を実践に移している。経営理念や運動目標などは実践されなければ何の意味ももたない。単なる飾りにすぎないのである。

　さらに，変革のリーダー達は，イノベーションの成果が確実にあげられるよう，革新のプロセスをしっかりマネジメントしていることが共通して認識される。例えば，JA十日町・尾身氏は，長期ビジョンに掲げた目標を実践していくために，① 事業方針の徹底，② 計画の具体化・重点化，③ 計画と連動した人事評価などのような仕組みを作った。革新のプロセスをマネジメントすることによって，革新の成果を確実にあげていくためである。まず，毎年正月の第1土曜日に必ず全職員450人を集めて，事業方針の徹底のために，役職員大会を開催している。そこで，尾身組合長が30〜40分間の方針演説

第9章　JAイノベーションのプロセスとマネジメント

を行い，その内容を企画課が文書化して全職員に配布する。そのペーパーに基づき，議論をしながら，職員は来年度の事業計画を立てていく。次に，計画の具体化・重点化においては，日頃疑問に思うことをそのままにしないで改善計画に結びつけることを目的とした「なぜなぜ運動」に取り組むようにしており，事業計画の重点化のためには各部門からの提案を三つ以内に絞らせ，確実に1年間で達成するようにしている。そして，最後は計画策定の責任を持たせるため，管理職には決算後実績に対しコメントを書かせている。もし計画が達成できなかった場合は，必ず改善計画を提出させており，人事考課にも反映するようにしている。

このように，変革のリーダー達は，マネジメント・システムおよび制度の革新を通して，上から強力なリーダーシップを発揮すると同時に，組織メンバーの動機付けにも細心の配慮を忘れない。組織メンバーがトップの働きかけに答えて，革新を具体的に推進し，所定以上の成果を生みだせるように，きめ細かくマネジメントしているのである。彼らは戦略家であると同時に，組織マネジメントの巧みなプロともいえるのである。

7. 新世代JAの経営特性 〜旧世代JAと新世代JA〜

では，今までの考察および検討を土台にして，今後の目指すべき新世代JAの特徴を明らかにしてみたいと思う。とりわけ，既存のJAとの比較を通して，新世代JAの特徴を浮き彫りにする。そして，表9-2に示すように，新世代JAの経営特性を明らかにすることができる。表9-2には，経営戦略と組織・ガバナンス，マネジメント・システム，人的資源という四つの視点から，それぞれの要因における強調点を中心に記し，かつ簡素化に努めた。

7-1. 経営戦略

かつてのJAは，規模が小さく，組合員の参加意識および利用意識が高かったが故に，協同組合原則に基づいた経営理念（社会性）を重視し，協同組合の運動論に基づいた組織活動中心の運営だけでも，事務局としての機能を果たすことができた。したがって，競争環境の変化を意識しなくてもよく，

表 9-2 新世代 JA の経営特性

	既存のJA	新世代JA
経営戦略	○経営理念（協同組合原則）の形骸化 ○社会性か経済性かのどちらかを重視 ○管理志向 ○短期計画中心 ○予算（短期計画）中心の組織運営 ○内部資源の活用 ○効率化・合理化重視 ○生産者志向 ○販売重視	○明確なビジョン ○社会性と経済性を同時追求 ○戦略志向 ○中長期的戦略計画中心 ○資源展開の機動性 ○外部資源の活用 ○イノベーション重視 ○消費者志向 ○関係性重視
組織・ガバナンス	○閉鎖的ガバナンス 　（組合員による支配，地域エゴの容認） ○階層的組織 　（事業部制＋ピラミッド型） ○JA中心 　（JA経営を優先） ○合意形成と手続きを重視 　（形式的な手順や手続きを重視） ○内部志向 　（内輪だけの論理） ○集権 　（本社・スタッフ中心）	○開放的なガバナンス 　（経営プロや女性の登用，地域貢献の重視） ○戦略的組織 　（プロジェクトチームや協同会社を導入） ○組合員中心 　（組合員のメリットを優先） ○早い決定，早い行動を重視 　（民主的な手続きの簡素化と権限委譲） ○外部志向 　（ネットワークや外部との交流を重視） ○分権 　（組合員組織・現場中心）
マネジメント・システム	○年功序列 ○平等 ○ノルマ志向 ○旧JAの制度を引きずる ○肩書きの重視 ○女性の活性化 ○推進重視 ○社内（系統内）教育中心	○能力主義 ○公平 ○インセンティブ志向 ○新人事制度の導入 ○若手の起用 ○女性の戦力化 ○関係性（信頼）重視 ○外部教育への派遣
人的資源	○集団主義 ○協調性を重視 ○管理者的リーダー ○ゼネラルマネージャーの育成 ○営農指導	○強い個人を許容 ○「協調性＋個性」を重視 ○戦略家としてのリーダー ○専門家（プロ）の育成 ○営農指導＋経営指導

第9章　JAイノベーションのプロセスとマネジメント

総合経営の名の下，それぞれの事業別の収益性を追求するよりは，全体としてのつじつまを合わせることに重点を置いてきた。ところが，JAを取りまく経営環境は著しく変化した。外国農産物の輸入拡大により，営農経済事業の収益性がさらに悪化するようになったし，大型スーパーやかつてない形態のディスカウントストアなど新たな競争の出現により，購買事業と生活事業における経営が苦しい状況に追い込まれるようになった。さらに，少子高齢化や都市化の進行，JAの大型化により，協同組合としての組織力が一気に低下してしまった。

このような経営環境の変化に対して，多くのJAが適切な対応ができずに悩んでいる。それは従来の仕組みや考え方から脱却することができないでいるところに起因するものが多い。厳しい競争環境への対応に迫られ，なんとか生存利益を確保するための戦略的行動が目立つようにはなったものの，根本的な問題解決のための思いきったイノベーションに挑戦するJAがあまりにも少ない。多くのJAが経営健全化の名の下，できるだけ早く安定的な経営基盤を確保したいがために，営農経済事業の改革を後回しにしたまま，信用共済事業に偏った事業展開を進めてきている。そして，経済性を追求しようとする傾向が強い（短期計画中心で管理志向の強い）JAと，数は少ないけれど依然としてかつてのJAに固執しているJAへと，二極化が進むようになった。販売事業においては，多くのJAがマーケティングを導入してはいるものの，依然として生産者志向の販売が中心となっている。

これに対して，新世代JAにおいては，「農業・地域・組合員」をキーワードとした明確な将来へのビジョンや経営理念が組織に共有されており，社会性と経済性を同時にバランスよく追求しようとしている。そして，このビジョンを達成するためには何をすべきか（中長期戦略計画）を具体的に掲げ，ダイナミックな資源展開を図ることにより，思いきったイノベーションへ挑戦しようとしている。さらには，組合員の所得向上を何よりも優先し，戦略商品の開発やブランド構築に積極的に取り組んでおり，単なる販売志向で終わるのではなく，顧客とのより長期的な信頼関係を重視する関係性マーケティングを実践しようとしている。

7-2. 組織・ガバナンス

　JAを取りまく経営環境が著しい変化をとげ，JAは厳しい競争環境にさらされることになった。そして，多くのJAができるだけ早く経営の健全化を確保したいが故に，短期計画を中心に管理志向を強めるようになった。そうこうしているうちに，JA中心の経営が定着してしまった。組合員のニーズよりもJAの都合を優先するようになり，経営健全化のための計画を達成することが至上命題とされ，本店のスタッフ部門に権限が集中するようになった。このことが，組合員のJA離れにさらに拍車をかけるようにもなったし，理事会では，非常勤役員が地域の利益を守ろうとする傾向を強め，なかなか合意形成にまでたどり着けず，大変なエネルギーと時間が無駄に費やされている。

　これに対して，新世代JAにおいては，協同組合組織の原点に戻り，協同組合組織の強みを最大限にいかすことによって，組合員メリットの最大化を追求しようとしている。したがって，組合員の立場に立って，事業構造の見直しを思いきって敢行している。系統組織にこだわることなく，外部との新たな戦略的ネットワークを形成するなど，戦略的組織を構築している。同時に，学経理事や女性理事を登用するなど，ガバナンス制度や意思決定システムも革新し，「早い意思決定，早い行動」を実現することによって，よりダイナミックな資源展開を可能にしようとしている。さらに，組合員組織や現場の活性化にも積極的に取り組み，組合員の参加意識を高めようと努めている。

7-3. マネジメント・システム

　多くのJAでは，未だに平等意識が根強く定着しており，合併前の旧JAの制度をそのまま引きずっているケースが少なくない。また，年功序列の賃金制度やノルマ制度も依然として残っており，組合員への推進を強めようとしている。女性部などの活動を積極的に支援するものの，理事へ登用するなどの戦力化までにはいたっていない。教育制度は，社内（系統内）教育が中心になっており，技能や単純スキルを習得するための「短期即戦型プログラム」が多い。

　これに対して，新世代JAでは，実質的な公平を追求しており，能力主義

に基づいた新人事制度を導入することにより，若手の起用や女性の戦力化を達成している。今や女性の管理職や理事はあたり前のように登用されている。また，JAの都合を組合員に押し付けたりしようとしない。むしろ，組合員を引付ける仕組みをいかに創りだすかに専念しようとしており，ノルマ制や一斉推進なども思いきって中止するまでにいたっている。教育においても，社内（系統内）教育だけにとどまるのではなく，戦略リーダーを育成するための長期研修プログラムや，外部との交流などにも積極的に取り組んでいる。

7-4．人的資源

　JAは協同組合原則に基づいた経営理念を有しているが故に，そもそも協調性を重視した集団主義による理念型組織としての性格が強いといえる。また，多くのJAでは，長い間，協同組合運動論に基づいた組織活動を中心に，その事務局としての機能を果たしてきたが故に，組織マネジメントを中心とした管理者的リーダーが重視され，専門家よりはゼネラルマネージャーを育成してきている。そして，営農指導員はJAの顔として，農家の栽培技術を向上させ，品質のよい農産物を市場にだすことだけに専念している。

　これに対して，新世代JAでは，明らかに戦略リーダーの育成に力を入れようとしており，組合員の高いニーズにも応えられる専門家の育成を目指している。営農指導員についても，単なる営農指導で終わるのではなく，マーケティングの専門家としての役割まで果たすことができるような仕組みや人材育成を検討している。そして，能力のある人や意欲のある人を認め，集団主義の長所と個人主義の長所をミックスして「チームプレー」を推奨する仕組みを導入するなど，彼らを支える仕組みも整えようとしている。

　既存のJAでは，「逃げる組合員，追っかけ回るJA」という悪循環の状態に陥っており，その悪循環から抜けだすためのきっかけや突破口を見つけられず，今や苛立ちを隠せない状況にある。これに対して，新世代JAでは協同組合組織の原点に戻り，JAイノベーションへ果敢に挑戦することによって「時代にマッチしたオラが農協」を達成し，組合員がJAの事業や活動に自ら積極的に参加している。役職員と組合員が「JAおよび地域の将来ビジョン」を共有することによって，協同のメリットを最大限に引きだし，より高度な

レベルの経営戦略を駆使しようと努め，組合員メリットの最大化を実現しようとしているのである。

　本章では，先進JAの変革リーダー達がJAイノベーションのプロセスに潜んでいる諸課題を克服するために，何をどのように進めたのかについて詳細な考察と分析を行ってきた。是非とも，より多くのJAが先進JAの取り組みにならって，新世代JAを目指して，明日からでもJAイノベーションへの挑戦に取り組むようになることを切実に願っている。それが，本書の真の狙いなのである。

第10章
新世代JAへの挑戦
～JAイノベーションの論理と実践～

　この章では，前章までの考察と分析に基づいて，JAイノベーションの論理を構築するよう努めるとともに，その実践についていくつかの提案を試みることにしたいと思う。

1．協同組合組織の現代的解釈とJAのミッション

　著者は，協同組合組織についての今日のような解釈と理解だけでは，JAの現場で実践されている新たな取り組みや事業仕組みおよび経営システムについて，しっかりとした裏付けを提供することができないと考えている。先進JAの変革リーダー達の戦略的発想や斬新な取り組みについて明快に説明することができないから，一般化することができず，他JAへの共有化が図れていないと思っている。ここでは，このような問題意識に基づき，協同組合組織の現代的解釈とJAの役割について拙い所見と論理を提示する。

　表10-1に示す通り，JAは協同組合組織であると同時に，市場経済の担い手（経済組織）でもある。したがって，JAの事業活動を，協同組合原則を実践する運動体としての組織活動と，経済事業を営む経済組織としての活動に分けて取り扱うべきものと考える。

　まず，JAの協同組合としてのミッションは，農業と地域を守り，組合員の生活を守ることであろう。「友愛精神」と「相互扶助の精神」を礎にして，

表10-1 JAにおける「社会性と経済性の融合」

	協同組合組織としてのJA	経済組織としてのJA
ミッション	（社会性を追求） 協同組合原則の実現	（経済性を追求） 事業収入の最大化
リーダーシップ	（協同組合運動のリーダー） ・農業や地域への熱い思いや夢 ・統合・統率のリーダーシップ ・実践のリーダーシップ	（経営者） ・企業家 ・戦略家 ・産出者
事業活動	（貢献事業） ・営農指導事業 ・生活指導事業 ・組合員組織の諸活動 　（青年部，婦人部など） ・高齢者福祉事業	（収益事業） ・営農経済事業 ・直売所 ・加工事業 ・信用・共済事業 ・資産管理事業

協同組合組織のメリットを最大化し，組合員の安定生活を確保すると同時に地域の活性化を実現することである．さらには，組合員や地域の困っている課題などについて，JAが先頭に立って地域社会と協力して解決していくことにより，JAの存在意義を高めていくことである．

これに対して，経済組織としてのミッションは，JA事業の競争力を高め，事業収入の最大化を図ることによって，組合員の所得向上を達成することである．とりわけ，営農経済事業を思いきって改革し，しっかりと収益を上げられる仕組みを創り上げ，農家組合員の所得向上を実現することである．営農経済事業でしっかりと収益を確保し，農家組合員の所得が向上すると，無理に推進しなくても自然と信用・共済にお金が回るようになり，それを農業振興や地域経済の活性化へ再投資するという好循環を生みだすのである．

また，JAのトップマネジメントには，協同組合運動のリーダーとしての役割と，経済組織の経営者としての役割が同時に求められている．協同組合

第10章　新世代JAへの挑戦～JAイノベーションの論理と実践～

運動のリーダーとしては，農業および地域に対する熱い思いと信念をもち，その熱い思いと信念をJAの経営理念として組織に共有させ，役職員と組合員が一丸となって経営理念を実践していくことが求められる。まさしく「統合者（シンボル）」として組織の先頭に立って，率先垂範のリーダーシップを発揮し，組織を統率していくことである。

これに対して，経済組織の経営者としては，無から有を創造する「企業家」としての役割，あるいは将来への明確なビジョンを提示し，高いレベルの戦略を自由自在に駆使することができる「戦略家」としての役割，幾多の困難を克服しなんとか成果を生みだす「産出者」としての役割を果たすことが求められる。変革のリーダー達を見ると，これらの役割を明確に分けて，協同組合組織の運動リーダーとしての組織活動とJA（経済組織）の経営者としての経済活動を，それぞれの局面において冷静かつ適切に判断しながら，同時にバランスよく追求していることがよく分かる。

なお，JAとぴあ浜松とJA十日町に見られるように，今後は経営管理委員会制度の導入も，JAの実情に応じた新たな仕組みとして検討していく必要があると思われる。近年の広域合併の進展による組織・事業規模の拡大や規制緩和に伴う競争の激化，とりわけ信用事業における専門性・リスクの増大等のなかで，事業・経営を健全かつ安定的に営むためには，専門的能力を有する実務家が業務執行にあたることが強く求められているからである。経営管理委員会制度は，その選択肢の一つとして，1996年の農協法改正で導入された。これは，組合員の意思を代表して重要な業務執行の意思を決定し業務執行全般をコントロールする者（役員たる経営管理委員）と，経営管理委員会の決定に従い日常的業務執行にあたる者（役員たる理事）とを法律上も区分するものである。[1] このように，経営管理委員会制度は，JAの業務の複雑化・高度化が進むなかで，「JAは組合員のものである」という協同組合組織の性格を堅持しつつ，日常のマネジメントの的確な遂行を確保することを目的に導入されたものである。統治と執行を分離して，組合員・会員の代表を中心とする経営管理委員会が，組合の業務執行に関する主要事項を決定し，その管理・監視の下，日常の業務執行は職務専念ができる専門家を理事に充て

---

1 濱田達海『JAの経営管理』JA全中，2007年6月，pp.42-45を参照

担当させるものである。

　さらに，JA事業の位置付けにおいても，協同組合組織としてJAの理念を実現するためにJAがやっていくべき事業（貢献事業）と，経済組織として永続的存続を図るためにJAが追求すべき事業（収益事業）に明確に分けて，取り扱うことが望ましいと思われる。

　ここで貢献事業とは，JAの理念を実現するための事業やJAにしかできない事業でありながら，しかし事業の性質上なかなか利益を生みだせない事業と定義したいと思う。例えば，JA南さつまに見られる「訪問給食サービス事業」や「福祉事業」などが考えられる。JAは，これまでこれらの事業においては，基本的に組合員組織の自主的活動として位置付け，組合員のボランティア精神に支えられてきたといえる。ところが，高齢化の進展や組合員の意識変化などにより，組合員組織の自主的活動だけでは限界にいたっている。これからはJAが貢献事業として位置付けることによって，（健全経営を前提として）収益性を追求しなくても積極的に取り組むことができるようにしてはどうだろうか。そして，地域においてもJAがより積極的にリーダーシップを発揮して，あるいは行政との協力の仕組みを創り上げ，組合員および地域社会全体の生活安定を図っていくことができるようにしてはどうだろうか。さらに，青年部による「農業体験」や婦人部による「文化活動」などをも貢献事業として位置付けることができないだろうか。

　ただ，ここで大切なのは，JAはあくまでもリーダーシップのある脇役に徹し，組合員が主役になるような工夫と仕組みづくりを忘れてはならないということである。めっけもん広場に見られるように，JAは組合員が主役になるように，基本的にはその仕組みと舞台づくりに専念すればよいと思う。このように，これからはJAの事業を「貢献事業」と「収益事業」に分け，貢献事業というコンセプトを積極的にいかすことによって，組合員組織の活性化を図ると同時に，地域におけるJAの存在意義やイメージアップを図ることができると考えるのである。

　他方，収益事業とは市場での競争力を高めると同時に，経済性を徹底的に追求することによって，収入の最大化を図っていくことが求められる事業のことを指す。JAと各生産部会が経済組織としての目標（利潤追求）を共有し，

第10章　新世代JAへの挑戦～JAイノベーションの論理と実践～

JAと組合員が一丸となり，経済性を追求していく。例えば，営農経済事業は収益事業として定義すべきであろう。販売事業では，マーケティングを積極的にいかし，売れる商品づくりとブランド構築を達成することによって安定収入を確保し，農家組合員の所得向上を図る。購買事業では，競争環境と組合員ニーズを詳細に分析し，組合員メリットの最大化を図っていく。系統組織としての連帯感よりも組合員のメリットを優先すべきであろう。他には，直売所や加工事業，資産管理事業，信用共済事業などが考えられる。

　JA南さつまでは，営農経済事業においては戦略商品の開発とブランド構築に励み，高い収益を確保しようと努めると同時に，生活事業や福祉事業においては，組合員および地域への貢献を優先している。福祉事業においても収支のバランスを無視してはならないが，収支よりも地域におけるJAのイメージを向上させるなどの効果を優先する。このようにして，JAの事業を収益事業と貢献事業に明確に分け，黒字部門から赤字部門への戦略的な資源配分を行うことで，「総合経営」のメリットを最大限にいかし，「魅力あるJA」を達成することはできないだろうか。部門損益の明確化は，管理会計上は必須である。ところが，経営戦略の上では別のロジックを展開してもよいのではないだろうか。赤字部門のまま放置しておくことは決してよいことではない。しかし，健全な経営が確保できていて，かつ組合員および地域社会においてJAの存在意義を高めることにつながるのであれば，思い切って投資をしてもよいのではないだろうか。著者は，戦略的かつ機動的な資源配分ができて，初めて総合経営のメリットをいかすことになると思う。

　なお，JAの置かれた経営環境によって，例えば「都市型JA」と「農村型JA」に二分化され，それぞれの事業構造において重点の置き所に違いが見られる。農村型JAにおいては，営農経済事業および生活事業，福祉事業などに優先的に重点を置く傾向が強く見られる。他方，都市型JAにおいては，信用・共済事業および資産管理事業に偏った事業構造が多く見られている。このような傾向は競争環境および組合員ニーズの変化への適応を考えれば，あたり前のことであり，むしろ戦略的対応に当てはまると考えられる。

　ただ，ここで著者が問題提起したいことは，「都市化が進んでいるから」とか「営農事業で儲かる仕組みを創るのは難しいから」ということを口実に

して，営農経済事業の改革を後に回してしまい，信用共済事業を優先しようとする安易な考え方である。「都市型JA」であろうが「農村型JA」であろうが，営農経済事業の改革は極めて難しいし，大変な時間とエネルギーが要される。しかし，JAのアイデンティティは，農業にある。都市型だとか，農村型というのは，戦略上資源配分の重点の置き所の差異による事業構造の特徴を表す言葉にすぎないのであって，どちらのJAにおいても営農経済事業の改革は最大の急務なのである。

いくら都市化が進んでいっても，決して「農の心」を忘れてはならない。JA福岡市に見られるように，「都市型JA」として，いかにJA（農業協同組合）の存在意義を高めるかに取り組んでいかなければならない。他方，多くの「農村型JA」においても，決して営農経済事業の改革が順調に進んでいるとはいえない。その上，高齢化がさらに進んでおり，農地および農家の減少傾向に歯止めがかからない状況にある。JA南さつまやJA越後さんとうに見られるように，営農改革に果敢にチャレンジし，農業および地域を守り，農家組合員の所得向上を達成していかなければならない。そして，農家の平均農業収入が日本企業に勤めている従業員の平均賃金と肩を並べるように努めなければ，担い手不足の問題を根本的に解決することはできないと考える。今回の経済危機がむしろ日本農業にはチャンスとなるかもしれない。JAグループの全力を挙げて営農経済事業の改革に取り組み，次世代に魅力ある農業を残してあげるべきだと思う。次世代JAへのチャレンジこそが，その近道になるのではないだろうか。

2. 新世代JAの戦略ドメインと存在意義

経営戦略の策定プロセスは，一般的に「①ビジョンの策定，②戦略計画の策定，③実行計画の策定」の3段階から成り立っている[2]。先進JAにおいては，将来へのビジョンや戦略計画，実行計画などが確認されるものの，それぞれの計画の対象や範囲，用法が複雑かつ多様になっている。とりわけ，戦略計画の策定においては多くの用法の混在と混乱が見られており，その原因は戦

---

2 拙著『経営戦略中核理論』社会経済生産性本部，2003年，pp.41-44

第10章　新世代JAへの挑戦〜JAイノベーションの論理と実践〜

図10-1　JAの戦略ドメイン

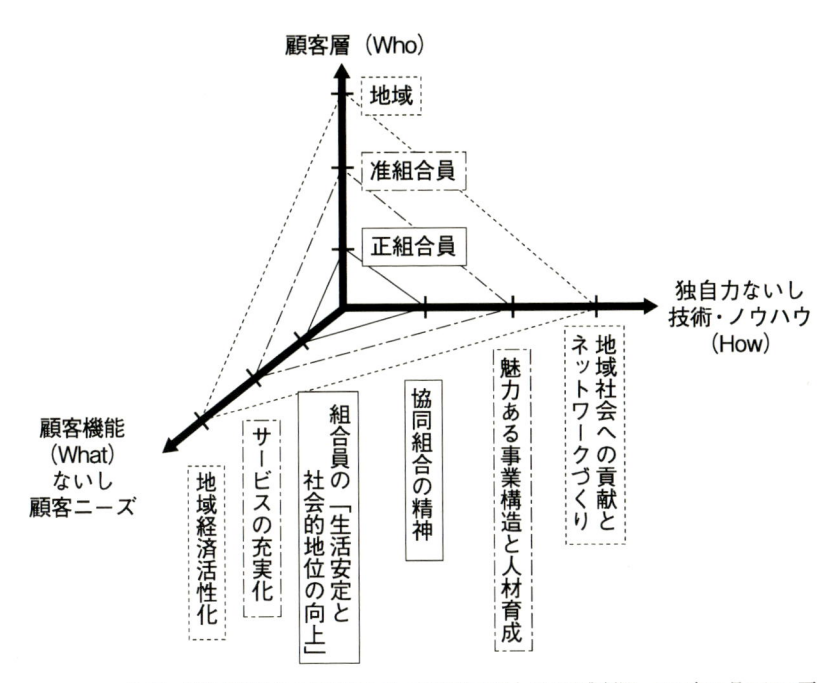

[図：顧客層（Who）、顧客機能（What）ないし顧客ニーズ、独自力ないし技術・ノウハウ（How）の三軸。顧客層軸には「地域」「准組合員」「正組合員」。顧客機能軸には「地域経済活性化」「サービスの充実化」「組合員の『生活安定と社会的地位の向上』」「協同組合の精神」「魅力ある事業構造と人材育成」「地域社会への貢献とネットワークづくり」]

出所：拙稿「新時代を切り開くJAの経営戦略③」日本農業新聞，2008年6月22日5面

略計画についての体系的な理解の不足に起因するものと考えられる。変革リーダー達が抱いているような農業および地域についての熱い思いや夢を「ビジョン」として提示した後，このビジョンを達成するためには「何をすべきか（What to do）」を戦略計画としてまとめることになるが，ここでいかに組織メンバーに分かりやすくまとめるかが組織への共有化におけるカギとなる。ビジョンや戦略計画は実行されなければ，ただの飾り物にすぎない。いかに組織メンバーが理解しやすくて，実行に移しやすいコンセプトや言葉で表すかが極めて重要なのである。ここでは，このような問題提起に基づき，著者が2008年6月に日本農業新聞に掲載した「JAの戦略ドメインと存在意義」を紹介することにする。図10-1は，JAの戦略ドメインを表すものである。エイベル（1984）が提示した「顧客層（Who），顧客機能（What），技術・ノウハウ（How）」の三次元による事業定義を活用し，今後の「JAのあるべ

き姿」を提示しようと努めたものである。

　図10-1に示したように，過去のJAの戦略ドメインは，かつてはJAの規模が小さく，組合員の参加意識および利用意識が高かったが故に，JAは協同組合の運動論に基づいた組織活動中心の運営だけでも，事務局としての機能を果たすことができたことを示している。したがって，「正組合員」のみを対象に，「組合員の生活安定と社会的地位の向上」を「協同組合精神に基づいた運動論」を展開することで目指してきたことを最も小さい三角形の空間で表している。

　現在の戦略ドメインは，真ん中の三角形の空間で表している。すなわち，現在は「正組合員」に加えて「准組合員」も対象とするようになったが故に，「正組合員および准組合員への満足いくサービス」を提供しなければならず，そのためには「協同組合精神に基づいた運動論」だけでは通用せず，「魅力ある事業構造」と「人材育成」を通した高いレベルのサービスが提供できるよう努めなければならないということを示している。

　そして，新世代JAが追求すべき将来の戦略ドメインにおいては，「地域社会」を対象に含めるべきであり，「地域経済の活性化」と「魅力ある地域社会づくり」を目指して，「営農振興」および「地域社会とのネットワーク形成」を進めていくことによって実現すべきであるということを示している。つまり，JAの戦略ドメインが地域社会においてなくてはならない存在になるべく，外枠の最も大きい三角形の空間で表しているのである。

　そもそもドメインとは，生物学の用語で，生存領域を意味する言葉である。JAの生存領域はどこに求めるべきであろうか。著者はJAの生存領域としては，「農」しか考えられないと思っており，「農」を中心軸とし，そのコンセプトの深化を図ることにより，事業領域を拡大していくことが望ましい。「IBM means Service」という戦略コンセプトがある。かつてIBMはコンピューター産業において名実ともに王座として君臨していたが，パソコンがあたり前のように普及するようになり，競争が激しくなると，思いきってハードウェア事業を中国のメーカーに売却した。そして，「IBM means Service（アイビ

---

3 D. F. エイベル，石井淳蔵訳『事業の定義』千倉書房，1984年

第10章　新世代JAへの挑戦～JAイノベーションの論理と実践～

エムはサービス会社を目指す)」という戦略ドメインを打ちだし，ソリューション・ビジネスへの転換を図った。パソコンを使っているすべてのユーザーを対象にして，困っている問題を解決してあげる会社への変身をとげたのである。

　このIBMからの示唆をいかして，JAはこれから「JA means Service」を目指してはどうだろうか。農業に関連するすべての分野と興味を持っているすべての人々をターゲットとし，彼らの抱えている悩みと問題を解決してあげるビジネスを目指すことを意味する。すなわち，これからのJAは単なる営農指導のレベルから脱皮し，農産物の儲かる仕組み（マーケティング）の提案をはじめ，農家組合員への経営指導，金融商品や資産管理などのコンサルティング領域も，今後は事業範囲に入れていくことにするのである。協同組合組織としての発想から思いきって脱却して，これからは市場経済の担い手として，市場経済のなかでJAの存在意義をいかにして高めていくかについても同時に検討していくべきではなかろうか。

3. 誰のためのJAイノベーションなのか

　イノベーションのファースト・ステップにおいては，「なぜイノベーションを行うのか」「誰のためのイノベーションなのか」「その成果としては何が期待されるのか」などといった問いに対して，イノベーションの目的と方向付けおよび期待される成果などを明確にすることが肝要である。ところで，今の多くのJAにおいては，これらの質問に対して，明確に答えることができているのだろうか。著者は先進のJAにおいても，あまり明快な答えを得ることはできないと考える。ただ，多くのJAが経営健全化の名の下，数字の近視眼に陥ってしまい，その場しのぎの改良・改善に追われているのに対して，先進JAでは，協同組合組織の原点に戻り，組合員の立場に立って，組合員メリットの最大化を目指して様々な革新を進めていることについては一定の評価をしてもよいと思う。ところが，これで十分な説明ができているといえるのだろうか。イノベーションの成果は組合員および地域社会のみに配分されるだけでよいのだろうか。ここでは，著者が2008年10月に日本農業新聞に掲載した「魅力あるJAづくり（四者満足）」というコンセプトを紹介することにする。

表10-2　魅力あるJAづくり

- 組合員にとっての魅力　　　　　　『満足度 No.1』
- 職員にとっての魅力　　　　　　　『喜ばれる仕事』
- 理事会（経営者）にとっての魅力　『誇れるJA』
- 地域社会にとっての魅力　　　　　『頼れるJA』

出所：拙稿「新時代を切り開くJAの経営戦略⑦」日本農業新聞，2008年10月19日5面

　表10-2に示したように，著者は「なぜイノベーションを行うのか」という問いに対しては「魅力あるJAづくり」のためであると答えており，「誰のためのイノベーションなのか」という問いに対しては，組合員や地域社会はもちろんのことではあるが，その他にも職員と理事会（経営者）にとっても魅力のあるJAを創るべきだと答えている。つまり，四者満足を同時にバランスよく追求すべきであると主張しているのである。

　では，四者満足とは何か。組合員にとっての魅力といえば，「満足度No.1」であり，地域社会にとっては「頼れるJA」であろうし，理事会（経営者）にとっては「誇れるJA」，職員にとっては「喜ばれる仕事」であろうと考えている。ここでより肝心なことは，このような四者間の利害関係をよく理解した上で，誰もが否定できないようなイノベーションの目標と成果をより具体的に創り上げ，四者間でしっかりと共有化を図ることである。イノベーションのプロセスには多くの難題が潜んでおり，これらの課題を解決しながら所定の目標を達成することは決して容易なことではないからである。なおかつ，四者間でイノベーションの目標と成果についてしっかりと共通認識を形成し，四者が一丸となって所定以上の成果を生みだせるよう進めていくことが，民主的な運営を重視するJAのイノベーションにおいては，何よりも切実に求められているからである。

4. JAイノベーションの方向と内容

　続けて，JAが目指すべきイノベーションの方向とその内容についても，著者の考えを述べておきたいと思う。

表10-3 JAイノベーションの内容

- **営農経済事業の革新**
  - 儲かる仕組みの構築
  - マーケティングの導入
- **事業・組織の革新**
  - 選択と集中による魅力ある事業構造の構築
  - スリムな組織構造（支店の統廃合）の構築
- **役職員の意識改革**
  - 迅速な意思決定と透明な経営
  - 新人事制度の導入
- **組合員の意識改革**
  - 平等から公平へ（利用度重視）
  - 「出荷」から「販売」へ
- **JAイメージの革新**
  - 「農」に対する明るいイメージの創造

　まず，JAイノベーションの方向としては，「農業の復活」しかないと考える。JA越後さんとうの関氏が言われるように，「JAは農業」であり，JA福岡市の川口氏が言われるように，「いくら都市化が進んでも『農の心』を忘れてはならない」のである。営農改革に果敢にチャレンジし，農家の平均農業収入が日本企業の従業員の平均賃金と肩を並べるように努め，「魅力ある農業と地域づくり」を実現していく，という方向である。

　そして，JAイノベーションの内容としては，表10-3に示すように，①営農経済事業の革新（経営戦略の革新），②事業および組織の革新（組織の革新），③役職員の意識改革（マネジメント・システムおよび人材の革新），④組合員の意識改革（組織文化の革新），⑤JAイメージの革新に取り組むべきであると考えている。

　営農経済事業の革新内容としては，JA南さつまとJA越後さんとうに見られるように，まずは農業生産法人化などをより積極的に推進していくなど，農地を守ると同時に農業の生産性向上を図っていくことが求められる。そし

て，マーケティングを積極的に導入し，戦略商品の開発とブランドの育成に役職員と組合員が一丸となって取り組んでいく。同時に，メーカーなどとの戦略的提携や安定的な取引先の確保にも力を入れ，より安定的かつ長期的な収入源を確保していくことである。

事業・組織の革新内容としては，JAとぴあ浜松とJA十日町に見られるように，まずはJA合併による余剰施設や支店などの統廃合を早急に進めることが求められる。また，組合員にとって魅力を失った事業や職員の士気を低下させてしまう事業などは，早急に整理していく。ここで肝心なことは，統廃合のメリットや新しい事業およびサービスの創造を忘れないことである。「スクラップ・アンド・ビルド」をバランスよく同時に進めることによって，組合員および地域社会に喜ばれる「魅力ある事業構造」を構築することである。

役職員の意識改革においては，JA福岡市とJAとぴあ浜松に見られるように，まずは経営者の意識改革に取り組み，「トップが責任を先送りしない，迅速な意思決定」と「トップが非常勤役員に弱くならぬよう，透明な経営」を確保することである。同時に，年功序列に基づいた諸制度や慣行を改め，新人事制度を導入することによって，職員の意識改革を進めていくことである。ここで極めて重要なことは，「能力のある人，意欲のある人」を認め，戦略リーダーの育成と営農指導員の強化，専門スタッフの育成を実現していくことである。そして，彼らを支えるための教育制度およびインセンティブ・システムを早急に整えることである。

組合員の意識改革においては，JA紀の里に代表されるように，直売所への参画を通して，「平等から公平へ」および「出荷から販売へ」という意識改革を促し，組合員自らが「オラが農協」を実践するように後押しすることである。ここで肝心なことは，JAはあくまでも脇役に徹することである。組合員が主役となり，自主的にかつ自己責任の下で進めていくような仕組みとルールを創ってあげるだけで，後の運営なども組合員自らの創意工夫ですべてをやっていくようにすることである。JAは組合員が夢中になるような仕掛けや，組合員を引きつけるような仕組みを創ることに専念すればよいのである。

JAイメージ革新の内容としては，JAとぴあ浜松に代表されるように，国際園芸博覧会などに出展するなど，地域社会をはじめ，JA以外の産業界に対して，JAおよび農業のイメージを明るくかつ強力にアピールしていくこ

とである。また，JA南さつまに見られるように，地域社会の大きなイベントや行事にもJAが積極的に協力・参加することによって，JAのよいイメージをたくさん創ることである。そして，青年部による小・中学生向けの「農業体験」や婦人部による「郷土料理教室」など，地域社会にとことん溶け込んでいくことである。高齢化の進展による農地・農家の減少が続いていくなか，いつの間にか農業への暗いイメージが定着してしまった。同時にテレビのコマーシャルなどで「JAはバンク」というイメージが強くなった。著者はこれらのイメージを払拭することが，JAイメージの革新における最大の課題と考える。もっと農業の素晴らしさと重要性を明るくて斬新なイメージでアピールしていくと同時に，「食の安全を守るJA」とか「地域の医療と福祉に貢献するJAグループ」などのように，JAの存在意義をより分かりやすくアピールしていくことが切実に求められているのである。[4]

5. JAイノベーションのマネジメント

　イノベーションは組織の内部から自然に引き起こされるものではない。イノベーションの多くは大きな環境変化に促され，変革リーダーの決断によってスタートが切られ，彼らの強力なリーダーシップによって導かれていくものである。変革のリーダー達はある時はとても鋭くて大胆な意思決定を行い，組織に相当な緊張感をもたせるかと思うと，ある時はとてもソフトで組織メンバーへの細心の配慮を惜しまない。また，彼らはある時は上から強力なリーダーシップを発揮するかと思うと，ある時は下からの意見に真剣に耳を傾ける。つまり，変革のリーダー達は，環境の変化や組織の状況を常に意識しながら，イノベーションのスピードや手法を上手にマネジメントしようとしているのである。

　表10-4に示すように，変革のリーダー達を見ると，①徐々にやっていくのか，あるいは迅速に進めるか，②外堀から埋めていくか，あるいは中央突破

---

4 最近のJA全国大会決議（3年に1回開催）で，経済事業改革や不振JA対策など重要な課題提起がされていることを考えると，JAが組織する連合会や中央会の役割，JAグループ全体を通ずる戦略策定や実行のあり方，ガバナンス等の検討は今後の課題であろう

表10-4　JAイノベーションのマネジメント

- 「徐々に」　　　　　vs　「迅速に」
- 「外堀から埋める」　vs　「中央突破」
- 「ボトムアップ」　　vs　「トップダウン」
- 「意識改革重視」　　vs　「実績重視」

で真正面から攻めていくか，③ボトムアップで下からの意見を汲み取っていくか，あるいはトップダウンで上から強く押していくか，④意識改革を重視するか，あるいは実績を重視するかなどの手法を，時と状況をよく見極めながら，適切に使い分けていることがよく分かる。表10-4には，民主的運営の名の下，意思決定プロセスに相当なエネルギーと時間を消耗しているJAの特徴が浮き彫りにされているように思われてならない。

　変革のリーダー達は，このような戦略家としての役割で終わるのではなく，組織マネジメントのプロとして，組織の舵取りを見事にこなしている。つまり，イノベーションはトップ（変革のリーダー）によってマネジメントされているのである。言い換えると，彼らがここまで細心の配慮をしながら，イノベーションのプロセスをマネジメントしているからこそ，最初の計画から大きく外れることもなく，着実に一定の成果を生みだしていくことができる。もし，イノベーションのプロセスに求められる細心のマネジメントを怠る場合は，決してその成果を期待することができないであろう。トップ（変革のリーダー）がここまで変革への情熱を持っていることが組織（役職員と組合員）に伝わるからこそ，組織もトップの情熱に応えて革新のプロセスに参画してくるようになる。そして，トップと組織との間で素晴らしいコラボレーションが生みだされ，幾多の難関を突破していくのである。

　イノベーションはトップ（変革リーダー）の1人だけの力ではやりとげることができない。組織（役職員および組合員）を上手に巻き込み，トップと組織が一丸となって，むしろ組織に革新の火をつけて，組織の爆発的なエネルギーによって一気に革新のスピードを加速していかなければならない。この時の組織のエネルギーこそがイノベーションのプロセスに潜んでいる難題を克服していくための原動力となるのである。

第10章　新世代JAへの挑戦〜JAイノベーションの論理と実践〜

　そして，イノベーションの結果，JAが自らの工夫と努力によって健全な経営を確保でき，組合員や地域社会にとって「魅力あるJA」を実現するようになると，組合員の参加意識が自然に高まっていくと同時に，職員の士気も高まっていくようになる。そして，優秀な戦略リーダーが育ってくると，組合員や地域社会のニーズに対してより高いレベルの満足を提供するために，さらなる挑戦を試みるようになっていくという好循環（組織の活性化）が生みだされる。

　このように，イノベーションの最終ゴールは組織文化の革新にあると考えられる。言い換えると，組織文化の革新をなしとげるまでは，一定の成果がでたからといって気を緩めてはならない。最後の組織文化の革新までやり抜くことが肝要なのである。そして，次のイノベーションへ繋げていくことである。永続的な存続を図ろうとする組織においては，イノベーションは絶え間なく続いていくことを忘れてはならないのである。

6. JAイノベーションと変革のリーダーシップ

　最後に，今回の研究で確認された6人の変革リーダー達の取り組みについて，理論的裏付けを提供した上で，JAイノベーションにおける「変革のリーダーシップ」（仮説モデル）の構築を試みることにする。変革リーダー達の取り組みを一般化することによって，他のJAにおいても彼らのリーダーシップにならって，是非とも真のJAイノベーションへの挑戦に取り組んでくれることを切実に願うからである。

　表10-5は，JAイノベーションにおける「変革のリーダーシップ」を記したものである。ここでは，アディゼス（1985）が提示したPAEIモデルからヒントを得ることにする。アディゼスは長年にわたる研究の結果，経営チームによるマネジメントの重要性に着目し，トップマネジメントは①産出者（P, Producer），②アドミニストレイター（A, Administrator），③企業家（E, Entrepreneur），そして④統合者（I, Integrator）の四つの役割を同時に果たせねばならないと主張している。[5]ここでは，アドミニストレイターの概念

---

[5] I. アディゼス，風間治雄訳『アディゼス・マネジメント』東洋経済新報社，1985, pp.3-9

表10-5 JAイノベーションにおける「変革のリーダーシップ」

企業家	① 将来へのビジョンおよび経営理念の提示 ② 戦略的発想 ③ 新しい価値や仕組みの創造 ④ 社会性と経済性の同時追求
戦略家	⑤ 緻密な経営計画と明確な目標の提示 ⑥ 資源のダイナミックな配分 ⑦ 外部とのネットワーク形成 ⑧ 戦略的提携・戦略的組織の導入
統合者	⑨ 農業や地域への熱い思いと夢を語る，組織への価値注入 ⑩ 組織を統合・統率する，旧地域エゴイズムを排除する ⑪ 問題を表出化（隠さない）し，決して先送りしない ⑫ 組合員との緊密なコミュニケーション
産出者	⑬ 現場をよく知る，問題解決に一緒に取り組む（解決する） ⑭ 職員への細心の配慮 ⑮ 系統組織にこだわらない，組合員への還元を優先する ⑯ 先頭に立って自ら率先垂範する

をより現代的に解釈して，戦略家という言葉を採用することにする。

　表10-5に示したように，JAイノベーションへ挑戦している変革のリーダー達は，企業家としての役割と戦略家としての役割，統合者としての役割，そして産出者としての役割を同時に果たしている。そして，彼らは時と状況に応じて，この四つの役割の重点の置き所を上手に変えながら，巧みに組織をマネジメントしているのである。

　まず，変革のリーダー達は企業家として，①将来へのビジョンおよび経営理念の提示（例えば，JA紀の里・石橋氏の「2009年への羅針」など），②戦略的発想（例えば，JA十日町・尾身氏の「地域との同化」という戦略コンセプトなど），③新しい価値や仕組みの創造（例えば，JAとぴあ浜松・松下氏の「集まる貯金の仕組み」など），④社会性と経済性の同時追求（例えば，JA南さつま・中島氏の取り組み）などの役割を果たしている。

　次に，戦略家としては，⑤緻密な経営計画と明確な目標の提示（例えば，JA南さつま・中島氏など），⑥資源のダイナミックな配分（例えば，JAと

第10章　新世代JAへの挑戦～JAイノベーションの論理と実践～

ぴあ浜松・松下氏など），⑦外部とのネットワーク形成（例えば，JA福岡市・川口氏など），⑧戦略的提携・戦略的組織の導入（例えば，JA越後さんとう・関氏など）の役割を果たしている。

　さらに，統合者としては，⑨農業や地域への熱い思いと夢を語る，組織への価値注入（例えば，JA紀の里・石橋氏など），⑩組織を統合・統率する，旧地域エゴイズムを排除する（例えば，JA越後さんとう・関氏など），⑪問題を表出化（隠さない）し，決して先送りしない（例えば，JA十日町・尾身氏など），⑫組合員との緊密なコミュニケーション（例えば，JA越後さんとう・関氏など）の役割を果たしている。

　最後に，産出者としては，⑬現場をよく知る，問題を解決する（例えば，JAとぴあ浜松・松下氏など），⑭職員への細心の配慮（例えば，JA福岡市・川口氏など），⑮系統組織にこだわらない，組合員への還元を優先する（例えば，JA十日町・尾身氏など），⑯先頭に立って自ら率先垂範する（JA紀の里・石橋氏など）の役割を果たしている。

　経営学はもともと，近代化された生産組織（企業）の経営管理のための知識体系であった。そして，その焦点は偉大な業績を残した経営者に合わせられていた。P.F.ドラッカー博士も，自分の事実上の師は倒産の危機に陥っていたGMを見事に再建したA.P.スローンであると述べている。GMは，多くの中小企業の合同によって誕生したが，組織が肥大化していくにつれ，経営の拙さが露呈し，倒産の危機に陥ってしまった。そこで，経営計画や事業部制組織，マーケティング，会計システム，人事管理など，今日の経営学の基礎となるようなあらゆる考え方と手法を導入することによって，巨大な生産組織GMを救ったのがスローンであった。スローンは『GMとともに』（My Years with GM, 1963）という著作のなかで，このGMでの経験を詳細に記述している。ドラッカー博士が経営学の分野に初めて触れるようになったのが，このスローンの著作の手伝いだったのである。このスローンの功績によって，経営者の特殊な能力と看做されていた経営が，誰にでも分かりやすい言葉で，かつ一般化しやすい知識として記述されるようになった。そして，スローンのような企業経営の実務家の経験と知識をどんな組織にも適用可能な言葉で概念化しようと試みたのが，他でもないドラッカー博士であった。

著者には，今のJAの置かれている状況が，A. P. スローンに出逢う前のGMの状況に似ているような気がしてならない。そして，今のJAには，倒産の危機に陥っていたGMを見事に再建したA. P. スローンのような役割を果たしてくれる経営者が切実に求められていると考えている。表10-5に示されているように，先進JAの変革リーダー達は，スローンに近い役割を果たしているといえるのではないだろうか。

　新世代JAへの移行には，熱い思いと強い信念をもった変革リーダーが求められる。「企業家精神」にあふれた強いリーダーにより，より高度なレベルの経営戦略に基づいた舵取りが何よりも必要なのである。さらに，このような変革リーダー達の取り組みは，シュンペーターのいう「アントルプレナー（古典的企業家）」では説明しきれない。彼らは単に企業家および戦略家の役割を果たすだけでなく，成熟した大きな組織を革新していかなければならないからである。イノベーションのプロセスに細心の配慮を注ぎ，組織に革新の火をつけ，組織の爆発的なエネルギーによって一気に革新のスピードを加速させようとしている。しかも，イノベーションのプロセスを様々な手法を用いながら，上手にマネジメントすることによって，革新の成果を確実に生みだせるように努めている。まさしく彼らは組織マネジメントのプロでもあるのである。つまり，変革のリーダーは，企業家であり，戦略家でもある。同時に，統合者であり，産出者でもある。これらの四つの役割を同時に，かつダイナミックに果たしているのである。

　ただし，今後はJAの大型化が進展するにつれ，JA福岡市に見られるように，「トップマネジメントの集団指導体制」もJAの実情に応じた新たな仕組みとして検討していく必要があると思われる。川口氏は「集団指導体制を作っているJAの方が伸びる。誰か1人いなくなっても，JAがダメになる可能性が低くなる」と，集団指導体制の重要性を指摘している[6]。そして，JA福岡市では代表理事専務が強いリーダーシップを発揮すると同時に，それぞれの担当事業に取り組む常務理事3人との集団指導体制を構築することにより，

---

6 アディゼスも巨大組織においてこれらの四つの役割すべてを経営者1人で果たすことには限界があり，優れたマネジメントを実現するためには，企業家，戦略家，統合者，産出者の役割は，相互に補完するような資質を有する人々のチーム（経営チーム）によって遂行されることが望ましいと主張している。

チームワークが存分に発揮される仕組みを定着させ，より経営の安定化を図ろうとしているのである。

終章
非営利組織のイノベーション

1. 非営利組織におけるイノベーションの構図

　最後に，第1章の4節で示したイノベーションの基本構図とプロセス・モデル及び6節で提示した本研究のフレームワークと、先進JAについての事例研究に基づき，非営利組織におけるイノベーションの構図とプロセスを明

図終章-1　非営利組織のイノベーション構図とプロセス

```
                    イノベーション
          ┌─────────────────────────────┐
          │      リーダーシップの革新      │
          │  ↓   ↓    ↓    ↓    ↓       │         成果
┌──────┐  │ 経  組  マ   人   組        │  ┌──────────────┐
│ 環境 │→│ 営  織  ネ   材   織        │→│・健全な経営  │
└──────┘  │ 戦  ・  ジ   の   文        │  │・組織の活性化│
   ↓      │ 略  ガ  メ   革   化        │  │・社会的存在  │
┌──────┐  │ の  バ  ン   新   の        │  │  意義の向上  │
│ 組織 │→│ 革  ナ  ト   　   革        │  └──────────────┘
│ 能力 │  │ 新  ン  ・       新        │
└──────┘  │     ス  シ                  │
   ↑      │     の  ス                  │
   │      │     革  テ                  │
   │      │     新  ム                  │
   │      │         の                  │
   │      │         革                  │
   │      │         新                  │
   │      └─────────────────────────────┘
   │                    ↑
   └──────────── 組織学習 ──────────────┘
```

309

らかにしたいと思う。

　図終章-1は，非営利組織におけるイノベーションの構図とプロセスを示すものである。まず，非営利組織におけるイノベーションの構図は，図終章-1に示す通り，(1) 環境，(2) 組織能力，(3) イノベーション（①リーダーシップの革新 ②経営戦略の革新 ③組織・ガバナンスの革新 ④人材の革新 ⑤組織文化の革新），(4) 成果（①健全な経営 ②組織の活性化 ③社会的存在意義の向上）などの要因で構成される。

1-1. 環境

　環境は常に変化しており，その変化はいかなる形態の組織にも，大きな影響を与える。非営利組織においても，組織の長期的存続と発展を図っていくためには，環境の変化に適応し，限られた経営資源を有効に展開していかなければならない。ましてやJAのように競争にさらされている組織においては，環境への適応は，組織の存続すら左右してしまう課題となる。これからはJAの競争環境がますます厳しくなることが予想されるからである。同様に，北海道の旭川にある「旭山動物園」は，最近は東京ディズニーランドとの競争を展開していると言っても過言ではない。非営利組織とはいえども，常に競争環境への適応を怠ってはならないのである。

　これからの環境は，国際化と情報化もさらに進んでいくにつれ，知識化社会がますます進展していくと思われる。世界経済はますますボーダレス化し，多極化していく。同時に規制緩和も進んでいき，世界市場は一つになっていく。そして，市場経済主義に基づいた競争が世界レベルで展開されていく。さらに，消費者のニーズもますます多様化・複雑化していく。まさにこれからの環境は根源的な変化をもたらそうとしている。この環境の変化こそが，組織体に対して根本的な革新を引き起こす。新しい環境には，新しい戦略が求められ，新しい戦略を実行するためには新しい有効な仕組み（組織）が求められるからである。

1-2. 組織能力

　組織能力とは，その組織の人，物，金，情報に関わる資源のことはもちろんのこと，これらの資源をマネジメントする能力や組織の自己革新能力のこと

をも指す。JAについての事例研究では，①総合経営，②JA規模の大型化，③地域密着のネットワーク，④豊富な資金力など，四つの要因に着目した。非営利組織においては，やはりその組織の持つ理念やビジョン，社会的存在意義（社会からの評価），資金力，社会的ネットワーク，企業家精神度などが重要な経営資源になると考える。とりわけ，企業家精神度は環境の認知に差をもたらす。企業家精神の横溢した組織では，環境変化に対して敏感に反応し，イノベーションを容易にスタートさせる。逆に，保守的な価値体系を持つ組織ではなかなか環境の変化を認めず，イノベーションに対して抵抗しがちである。さらに，これからは情報に関わる資源および社会的ネットワークの重要性がますます高まっていく。これからの知識化社会においては知識とネットワークの格差が戦略の格差をもたらし，戦略の格差が業績の格差をもたらす競争環境が展開されると予想されるからである。

1-3. イノベーション

非営利組織のイノベーションにおいて，最も注目すべき要因はリーダーシップの革新であろう。P. F. ドラッカー博士が指摘した通り，非営利組織のリーダーは自らの組織が果たすべき使命を定め，さらにその使命を具体化していかなくてはならない。また，環境の変化に適応していくために，絶えず戦略と仕組みを革新し，組織の長期的存続を図っていかなければならない。つまり，非営利組織のリーダーには，変革のリーダーシップが何よりも求められているのである。

今回の研究では，図終章-1に示したように，変革のリーダー達は経営戦略の革新をはじめ，組織・ガバナンスの革新，マネジメント・システムの革新，人材の革新，組織文化の革新において，強力なリーダーシップを発揮していることが分かった。非営利組織におけるイノベーションのプロセスと内容については次節で明らかにすることにしよう。

1-4. 成果

第1章の6節で構築した本研究の分析フレームワークのなかでも示したように，非営利組織の成果は次の三つの要因で構成されるべきであると考える。

① 健全な経営
② 組織の活力
③ 組織の社会的存在意義

　この三つの要因の有効性については，先進JAについての事例研究を通して検証することができたと思う。
　まずは，前述したように，先進JAでは組織活動（社会性の追求）と事業活動（経済性の追求）を同時にかつバランスよく展開しようとしていることが確認できる。JAの将来へのビジョンと組織の存在意義を明確に提示し，組合員や地域社会との緊密なコミュニケーションを繰り返すこと（組織活動）によって組織全体に共通の理解と目標を形成していく。また，組織の共通目標を達成するために，組織が一丸となって大胆で思い切った経営改革の断行を繰り返すこと（経済性の追求）によって，魅力ある事業構造や競争力のある事業仕組みを創り上げ，健全な経営を確保していく。そして健全な経営を確保した上で，組合員と地域社会の活性化のための再投資を積極的に展開していくことによって，見事に組織の共通目標を達成し，地域社会におけるJAの存在意義をより高めていこうとしていることが確認できるのである。このことは，言い換えると，健全な経営を確保することができなければ，営農事業への再投資も，組合員や地域社会に喜ばれる事業活動を展開することもできないことを意味する。つまり，JAが組合員や地域社会における魅力ある組織になるためには，何よりも先に経営の健全化を達成しなければならないのである。
　次に，JAが自らの工夫と努力により，健全な経営を確保することができ，組合員や地域社会にとって「魅力ある事業構造」を構築することができると，組合員の参加意識が自然に高まっていくと同時に，職員の士気も高まっていくようになる。職員の士気が高まると，優秀な戦略リーダーが育ち，彼らが中心となって，組合員や地域社会のより高いレベルのニーズに応えるために，さらなるチャレンジを試みていくという好循環（組織の活性化）が生みだされる。そして，役職員と組合員が一緒になってより高いビジョンや組織目標を掲げ，その実現に向けて一丸となって邁進していくことができるようになる。JAが活力に満ちた組織になっていくのである。つまり，先進JAについ

終章 非営利組織のイノベーション

ての事例研究では、将来への夢や高いビジョンを掲げたチャレンジ精神に溢れるJAが実現されていくプロセスが確認できるのである。

そして、健全な経営と組織の活力を礎に、JAの社会的存在意義をますます高めていき、まさしくJAが日本の農業復興と地域再生においてもっとも重要な役割を担っていく組織として、確固たる社会的地位を築いていくに違いない。日本農業の復興と地域経済の活性化こそ、JAが先頭に立って、積極的にリーダーシップを発揮していかなければならないミッションである。このミッションを果たしてこそ、JAの真の社会的存在意義が達成できるといえるのである。

以上の考察と検討に基づき、本研究の結論としては、非営利組織の成果は、① 健全な経営、② 組織の活力、③ 組織の社会的存在意義の三つの要因で構成されるべきものと考える。つまり、非営利組織においては、その社会的存在意義（使命）の達成が何よりも重要な成果であり、そして組織の存在意義をより高いレベルで達成していくためには、組織メンバーの積極的な参加意識と将来への夢やビジョンに向かってゆくチャレンジ精神の溢れる組織（組織の活力）づくりを達成することと、組織の長期的存続を可能にする健全な経営を達成することが、同時に求められているのである。

2. 非営利組織におけるイノベーションのプロセス

次に、非常利組織におけるイノベーションのプロセスを明らかにしてみよう。前述したように、非営利組織のイノベーションにおいてはリーダーシップの革新が何よりも肝要であり、イノベーションのすべてのプロセスにおいて強い影響をおよぼしている。したがって、非営利組織の場合はリーダーシップの革新からスタートしなければならないと考える。JAとぴあ浜松の松下氏やJA福岡市の川口氏のように、トップ・マネジメントが自ら変革のリーダーシップを発揮するか、あるいはJA南さつまの中島氏やJA十日町の尾身氏のように、変革のリーダーを主要なポストに抜擢することからはじめなければならないのである。

そして、変革リーダーの熱い情熱と思い入れなどにより、経営戦略の革新に着手し、新しい経営理念や将来のビジョンなどが提示されるようになる。

経営戦略の革新により，新しい戦略計画などが策定されると，それを実行に移すための組織・ガバナンスの革新とマネジメント・システムの革新，人材の革新が同時に進められるようになる。

なお，これらの革新は相互依存し合っており，その推進プロセスにおいて様々な深層学習をくりかえし，その結果，組織文化の革新（変革学習）を達成することになるのである。つまり，図終章-1に示した通り，非営利組織におけるイノベーションのプロセスは，①リーダーシップの革新，②経営戦略の革新，③組織・ガバナンスの革新，④マネジメント・システムの革新 ⑤人材の革新，そして組織文化の革新の順で進められるのである。

3. 非営利組織におけるイノベーションの内容

最後に，図終章-1，および前節で明らかにした非営利組織におけるイノベーションのプロセスに従い，それぞれの革新の内容を明らかにしていきたいと思う。

3-1．リーダーシップの革新

前述したように，変革のリーダー達はイノベーションのすべてのプロセスにおいて強靱なリーダーシップを発揮している。以下では，イノベーションのそれぞれのプロセスにおいて求められている変革のリーダーシップの内容を明らかにするよう努める。経営戦略の革新においては，経営環境の変化を鋭く読み取り，組織のビジョンおよび戦略計画を革新し，組織内部に明示していくことによって，組織が常にイノベーションに励むことができるように努めている。また，ドラッカー博士の指摘したように，非営利組織のリーダーは組織の模範であり，組織を体現する。非営利組織の職員やボランティアは使命に共感することによって働くが故に，リーダー自ら使命を具現化していかなければならない。JAの変革リーダー達も，組織や意思決定システムの革新を通して，組織全体に信頼感を生みだし，組織と一丸となって仕事を完遂し，使命から成果を導きだすように努めている。つまり，非営利組織のリーダーは戦略の形成プロセスだけでなく，組織文化の革新にも積極的に取り組むことによって，実行プロセスにおいても強いリーダーシップを発揮し，

自ら成果を導きだすよう努めなければならないのである。

　さらに，非営利組織のリーダーは，ガバナンス体制を見直すことにより，出資者と経営者と職員の責任権限と役割分担を明らかにしなければならない。とりわけ，優秀な経営の専門家を理事会メンバーの一員として登用することにより，高度なレベルの戦略を駆使することができるようにすることが求められている。つまり，いかなる非営利組織においても，これからは環境への適応が重視され，高度なレベルの経営戦略の必要性が大きくなるにつれ，ガバナンス体制の見直しが求められているのである。

　同時に，非営利組織のリーダーは，マネジメント・システムの革新を通して，組織の活性化を図っていかなければならないし，戦略リーダーの育成にも真剣に取り組んでいかなければならない。今回の研究では，すでに先進JAでは「平等から公平へ」と「年功序列から能力主義へ」といった考え方に基づいた新人制度が導入されており，「若手の登用」や「専門家の育成」，「戦略リーダーの育成」に励んでいることが確認された。先進JAのリーダー達は，将来の戦略リーダーを見つけだし，大切に育てているのである。

　このように，非営利組織のリーダーは自らのリーダーシップを革新し，経営戦略をはじめ，組織・ガバナンス，マネジメント・システム，人材，組織文化の革新において，強力なリーダーシップを発揮しなければならないと考える。

3-2. 経営戦略の革新

　経営戦略の革新内容としては，①ビジョン（存在意義）の明確化，②ドメイン（事業領域）の決定，③事業仕組みの革新，④マーケティングの強化という，四つの要因が考えられる。

　前述したように，これからの時代には，営利とか非営利とかという組織の形態に関係なく，組織の存続を達成していこうとするすべての組織体は，「経済性」と「社会性」を同時に追求していかなければならない。非営利組織といえども，その存続を図っていくためには，生存していくために必要とされるコストを上回る利益を自らの工夫と努力によって確保しなければならない。どんなに素晴らしい組織理念や立派な使命を掲げていても，健全な経営基盤の確立やより高度なレベルの経営戦略を伴わない限り，それらの実現可能性

は低下してしまうのである。

　これからの非営利組織のビジョンには，このことを盛り込まなければならないと思う。より具体的には，長期的に達成していくべき組織目標や理念（社会性の追求）と，それを実現していくための戦略計画（経済性の追求）とを明確に区分して，それぞれの場面に応じて使いわけをしていくことが極めて肝要である。そこで，この戦略計画の内容としては，ドメインの決定と仕組みの革新，マーケティングが考えられる。

　ドメイン（事業領域）の決定は，組織の事業活動の領域を決定すると同時に，より本質的には組織のアイデンティティ（同一性，あるいは基本的性格）を定めることでもある。どのようなアイデンティティを持つ事業領域を活動分野として選定するか，あるいはどのような事業領域で競争相手と戦っていくのか，その土俵を特定することである。その領域を限定しなければ，組織は広野を彷徨う危険にさらされるおそれがある。事業活動の領域を限定することによって，限られた経営資源を有効に展開することができる。いわゆる「選択と集中」が期待できるのである。また，組織のアイデンティティを明確にすることによって，組織に共通の認識が形成され，組織が一丸となって組織目標の達成に向けて邁進していくことも期待できるのである。

　事業仕組みの革新とは，創造的破壊を意味する。非営利組織には長い期間にわたって経営が欠如していたが故に，現在の事業構造や仕組み，運営方式などに魅力を感じることが期待できない。新しい環境や時代には，新しい事業と仕組みが望まれるものである。JAとぴあ浜松とJA十日町は協同会社というまったく新しい仕組みを活用し，系統組織にこだわることなく，組合員メリットの最大化を実現するという画期的な仕組みを創りだしている。非営利組織においては，古くて競争力を失った事業や仕組みを思いきって破壊し，出資者にとっても，職員にとっても，地域社会にとっても，魅力のある事業構造と画期的な仕組みを新たに創りだすことが切実に求められているのである。

　そのためには，マーケティングを積極的に導入する必要がある。今回の先進JAについての事例研究でも確認されたように，これからは出資者（組合員）のみが利用者（顧客）であるという考え方はもはや通用しない。地域社会全体が顧客になってくる。JA越後さんとうとJA南さつまでは，マーケティングを積極的に導入し，顧客の多様化・複雑化していくニーズをなるべく正確

に読み取り，より顧客の満足度の高い商品を開発するとともに，より多くの独自チャネルを開拓することによって，農業収入の拡大を実現し，組合員メリットの最大化を達成しようとしている。そして，「食」を通して，地域社会に「安心」「美味しさ」「健康」を届けるというブランド（信頼関係）を構築することができたのである。

このように，今や非営利組織においても，あたり前のように高度なレベルの経営戦略とマーケティングを展開していこうとしている。これからはさらに厳しい競争が予想される。非営利組織においても，そろそろ戦略的マーケティングや競争戦略など，より実践的な知識や手法の導入をより積極的に検討すべきであろう。

3-3．組織・ガバナンスの革新

組織・ガバナンスの革新内容としては，①組織の活性化，②ガバナンスおよび意思決定プロセスの見直し，③戦略的組織の導入などが，極めて重要であると考えられる。

非営利組織における組織の活性化は，出資者組織の活性化をはじめ，利用者組織の活性化，事務局組織の活性化などが考えられる。まず，出資者組織の活性化を図るためには，組織の理念をしっかり実現することによって，出資者が出資に対する効果や成果が確認でき，あるいは社会的に評価されていることが認識され，出資を継続していきたいという意思を強めるよう努めることが求められる。次に，利用者組織の活性化を図るためには，何よりも利用者のメリットを高めるよう努めることが肝要である。そして，事務局組織の活性化を図るためには，職員が出資者や利用者から自分達の仕事が評価され，組織の存在意義が社会からますます認められるよう努めることが求められる。多くのJAにおいては，組合員がJA事業に魅力を感じられなくなっており，職員の士気も決して高くない状況に陥っている。そこで，JA福岡市では，地域をはじめ，組合員および職員に対して，将来へのビジョンを具体的に示し，組織の活性化を積極的に図った。地域に対しては，「人と自然を大切にした事業活動を目指す」というビジョンを提示し，組合員に対しては「JAのなかで県下一の事業還元」を目指すことを明らかにした。そして，職員に対しては「JAのなかで県下一の労働生産性と賃金水準」を目指すべき

ビジョンとして示し，組織の活性化に取り組んでいるのである。

次に，「ガバナンスと意思決定プロセスの見直し」が求められている。非営利組織の多くは，閉鎖的なガバナンス制度を維持しているといえる。ただし，前述したように，これからの厳しい競争環境に適応していくためには，職員をより積極的に，理事会の一員として登用することが望ましい。職員への動機付けはもちろんのこと，経営の透明性を高めると同時に社会からの信頼も厚くなることが期待できるからである。なお，非営利組織の場合は命令指揮系統が明確ではない場合が多く，なおかつ民主的な運営を基本とするが故に，意思決定プロセスに多くの時間とエネルギーを消耗している。そこで，JA福岡市では，職員のなかから経営の専門家として役員を登用しており，理事会から権限委譲された「常勤理事会」を中心に，意思決定の迅速化を図った。たとえ非営利組織といえども，厳しい競争環境下においては，早い意思決定と早い行動が求められているのである。

第3の組織革新の内容としては，「戦略的組織の導入」が考えられる。今回の研究においても，先進のJAでは，JAを取りまく厳しい環境変化に適応していくために，組織メンバーの全員で戦略を考え，全員で実行していくための新しい戦略的仕組み（組織構造や制度など）が確認された。例えば，JA越後さんとうに見られる「メーカーとの戦略的提携」をはじめ，JA福岡市に見られる「共栄会」という社会的ネットワーク，JAとぴあ浜松に見られる「協同会社」，そしてJA紀の里に見られる「JA間直接取引」の仕組みなどである。これからは，非営利組織においても，ますます戦略的組織や仕組みの導入が求められるのである。

3-4. マネジメント・システムの革新

マネジメント・システムの革新としては，何よりも「行き過ぎた平等意識」の革新が切実に求められている。「能力のある人，意欲のある人，努力する人」を認め，彼らを支えるための人事制度および教育制度，インセンティブ・システムなどを早急に整えることが切実に求められている。

多くのJAにおいては，未だに形式的な平等が実質的な不平等を招いているし，旧JAのマネジメント・システムを引きずっている。先進JAでは，これを是正するために，形式的な平等をやめ，「公平」という概念を積極的に

導入している。「平等から公平へ」と、組合員と職員の意識改革を徹底し、新たなマネジメント・システムを積極的に導入している。その代表的なものが年功制から能力主義への移行である。職能資格制度と能力主義に基づいた新人事制度を導入することによって、能力があってかつ努力する人が報いられる仕組みを整えている。しかも、合併当初から一気に導入することによって、なるべく合併の後遺症がでないよう努めている。そうしなければ、真の組織活性化は達成できないからである。

3-5. 人材の革新

　人材革新の内容としては、戦略リーダーおよび専門スタッフの育成が切実に求められている。

　組織の存在意義を明確にして、将来への進むべき方向を示すのは、変革リーダー（経営者）の役割であるが、この変革リーダーが示したビジョンを具現化していくのは、現場の戦略リーダー（将来の経営者候補）の役割だといえる。経営者と職員とのコミュニケーションにおいても中核的な役割を果たすと同時に、組合員とのコミュニケーションにおいても橋渡しの肝心な役割を果たすのは、この戦略リーダーなのである。また、非営利組織においても、これからは厳しい競争環境に適応していかなければならず、民間の競争相手と対等に競争していくためには、民間企業と同様に、高度なレベルの戦略を自由自在に駆使することができる現場の戦略リーダーを育成していかなければならない。つまり、これからの非営利組織の経営においては、高度なレベルの経営知識とコミュニケーション能力を兼ね備えた優秀な戦略リーダーが切実に求められるのである。

　同様に、専門スタッフの育成も切実に求められている。JAの事例研究でも見られるように、組合員にとってJAの事業は選択代替案の一つにすぎない。とりわけ、信用・共済事業においては、資金量の伸びの低迷と利ざやの縮小、共済新規契約高の減少が続いており、他の金融機関との差別化が極めて重要な課題となっている。JAの強みをいかしていくためには、相談業務の充実化と専門スタッフの高度知識化に早急に取り組むことが何よりも肝要である。このように、非営利組織においても競争が激化するにつれ、専門スタッフの育成と職員能力の高度化をより積極的に図っていかなければならないのである。

そのためには，今の人材育成システムを思いきって改める必要がある。多くの非営利組織の場合，現場を中心とした社内研修に頼っているのが現状であろう。外部のより高等な教育機関への長期的派遣をはじめ，外部専門機関の研修プログラムにもより多くの職員が参加できるよう，より積極的な仕組みと制度を整えることが求められている。

3-6. 組織文化の革新

　組織文化の革新内容としては，非営利組織の妄想からの脱却が何よりも求められている。イノベーションにおいて最も困難な課題は，組織文化の革新であろう。組織文化はその組織の深奥部に存在する人々に共有された価値観であり，その形成には長い時間がかけられていて，さらにその文化が成功していればいるほど，強固なものとなっているからである。かつて非営利組織においては利潤の追求を否定していたが故に，「非営利組織だから利潤を追求しなくてもよい，利潤を追求しなくてもよいのだから経営も要らない」といった組織文化が定着してしまった。

　ところが，今日のような厳しい競争環境下では，このような考え方はもはや通用しない。非営利組織とはいえ，その存続を図っていこうとするならば，生存のために必要とされるコストは，自らの経営努力によって確保しなければならない。非営利組織のイノベーションにおいて，最も困難な課題が，この経営に対する意識改革であろう。先進JAでは，組合員と職員の意識改革を徹底的に進めている。そして，「経済性の追求」の重要性を組織全体で正しく認識し，組織の存在意義（社会性）を追求するための組織活動と存続のための利益を確保するための経済活動を同時にバランスよく展開している。

　また，多くの非営利組織は崇高な理念を掲げた社会貢献型組織であるが故に，自己満足に陥るおそれが大きい。変革のリーダー達は，常にJAのアイデンティティを問い続けることにより，決して非営利組織の妄想（自己満足）に陥らないように努めている。そして，常に時代の流れや組合員および地域社会のニーズの変化に適応した事業構造を構築し，地域経済の活性化と組合員メリットの最大化を実現しようとする。まさしく組合員および地域社会から「選ばれるJA，喜ばれるJA」を目指そうとしている。このように，非営利組織においてはドラッカー博士も指摘したように，「非営利組織の成果は常に組

終章　非営利組織のイノベーション

織の外部にあるのであって，内部にあるのではない」ということを，決して忘れてはならないのである。

〈参考文献〉

青木昌彦・奥野正寛編著『経済システムの比較制度分析』東京大学出版会,1996
I. アディゼス,風間治雄訳『アディゼス・マネジメント』東洋経済新報社,1985
雨森孝悦『NPO』東洋経済新報社,2007
有賀文昭『農協経営の論理』日本経済評論社,1981
H. I. アンソフ,中村元一訳『戦略経営論』産業能率大学出版部,1979
K. アンドリュース,山田一郎訳『経営戦略論』産業能率大学出版部,1976
石井淳蔵他『経営戦略論(新版)』有斐閣,1996
伊丹敬之『新経営戦略の論理』日本経済新聞社,1984
伊丹敬之他『企業家精神と戦略』有斐閣,1998
D. F. エイベル,石井淳蔵訳『事業の定義』千倉書房,1984年
奥村昭博『企業イノベーションへの挑戦』日本経済新聞社,1986
奥村昭博『経営戦略』日本経済新聞社,1989
加護野忠男『組織認識論』千倉書房,1988
金沢夏樹編『農業経営者の時代』農林統計協会,2001
J. R. ガルブレイス,岸田民樹訳『経営組織と組織デザイン』白桃書房,1989
R. カンター,長谷川慶太郎監訳『チェンジ・マスターズ』二見書房,1983
国領二郎『オープン・ネットワーク経営』日本経済新聞社,1995
P. コトラー,村田昭治監訳『マーケティング・マネジメント』プレジデント社,1983
紺野登他『知力経営』日本経済新聞社,1996
嶋口充輝『統合マーケティングの論理』日本経済新聞社,1986
嶋口充輝他『現代マーケティング』有斐閣,1995
嶋口充輝監修『仕組み革新の時代』有斐閣,2004
J. A. シュンペーター,吉田昇三監修『景気循環論(第1巻)』有斐閣,1958
J. A. シュンペーター,東畑精一訳『経済分析の歴史(第3巻)』岩波書店,1966
A. P. スローン,有賀裕子訳『GMとともに』ダイヤモンド社,1963
関口操『戦略経営の条件と展望』税務経理協会,1985
十川広国『企業家精神と経営戦略』森山書店,1991
高木晴夫監修『アントレプレナー創造』生産性出版,2001
A. D. チャンドラー,三菱総合研究所訳『経営戦略と組織』実業之日本社,1962
留岡幸助報徳論集『二宮尊徳研究叢書』中央報徳会,1936
P. F. ドラッカー,上田惇生・田代正美訳『非営利組織の経営』ダイヤモンド社,1991
長澤源夫編著『二宮尊徳のすべて』新人物往来社,1993
沼上幹『行為の経営学』白桃書房,2000
二木立『医療改革と財源選択』勁草書房,2009
野中郁次郎『企業進化論』日本経済新聞社,1985
野中郁次郎『戦略的組織の方法論』ビジネス・アスキー,1986
野中郁次郎他『俊敏な知識創造経営』ダイヤモンド社,1997
濱田達海『JAの経営管理』JA全中,2007
G. ハーメル & C. K. プラハラド,一條和生訳『コア・コンピタンス経営』日本経済新聞社,1994

R. バーゲルマン & A. セイルズ, 小林肇監訳『企業内イノベーション』ソーテック社, 1986
M.ピータース & R. ウォーターマン, 大前研一訳『エクセレント・カンパニー』講談社, 1982
C.W.ホーファー&D.シェンデル, 野中郁次郎他訳『戦略策定−その理論と手法』千倉書房, 1978
R.H.マイルズ&C.スノー, 土屋守章他訳『戦略型経営−戦略選択の実践シナリオ』ダイヤモンド社, 1978
増田佳昭『規制改革時代のJA戦略』家の光協会, 2006
八木宏典『現代日本の農業ビジネス』農林統計協会, 2004
吉原英樹『戦略的経営革新』東洋経済新報社, 1987
柳在相『経営戦略中核理論』(財)社会経済生産性本部, 1999
柳在相『経営戦略・イノベーション』(財)社会経済生産性本部, 1999
柳在相『ベンチャー企業の経営戦略』中央経済社, 2003
柳在相監修『非営利組織の経営戦略』中央経済社, 2004
T. レビット, 土岐坤訳『発展のマーケティング』ダイヤモンド社, 1975

(統計資料他)
JA共済連『JA共済3ヶ年計画』2007年
JA共済連『JA共済事業統計』2007年度版
JA全中「世界と日本の食料・農業・農村に関するファクトブック2007」
JA全中「世界と日本の食料・農業・農村に関するファクトブック2008」
JA全中『JA合併推進情報』2003年4月号
JA全中「JAファクトブック2007」
JA全中「JAファクトブック2008」
全国農業協同組合中央会『21世紀の協同組合原則』1996年10月
『総合農協統計表』平成18年度版(2008年5月30日公表)
農林漁業団体職員共済組合『農林年金現在数統計表』2001〜2005年度版
農林水産省『協同会社構造分析統計』1998年度版
農林水産省『総合農協統計表』2005〜2008年度版
農林水産省『農業協同組合等現在数統計』2005〜2008年度版
山下一仁「こんなJAは要らない」『WEDGE』2008年9月号, pp.20-23

【著者紹介】

柳　在相（リュウ　ゼサン）

1983年韓国外国語大学卒業。1987年慶應義塾大学大学院経営管理研究科修士課程修了(MBA)。1992年同大学院商学研究科博士課程修了(商学博士)。米国ペンシルベニア大学ワートンスクール客員研究員などを歴任した後，1999年より日本福祉大学経済学部教授。2003年4月より2007年3月まで福祉経営学部長。現在，日本福祉大学福祉経営学部教授。その他，㈶社会経済生産性本部国際事業部参与，JA経営マスターコース・コーディネーターなどを勤めている。専門分野は経営戦略論，組織論，ベンチャー経営論など。

〈主な著書〉

『非営利組織の経営戦略』(中央経済社，2004年7月)，『ベンチャー企業の経営戦略』(中央経済社，2003年3月)，『経営戦略の中核理論(新版)』(㈶社会経済生産性本部，2002年)他多数。

■ JAイノベーションへの挑戦
　〜非営利組織のイノベーション〜

■ 発行日——2009年8月6日　初版発行　〈検印省略〉
　　　　　2016年9月6日　初版4刷発行

■ 著　者——柳　在相
　　　　　　りゅう　ぜ さん

■ 発行者——大矢栄一郎

■ 発行所——株式会社　白桃書房
　　　　　　　　　　　はくとうしょぼう
　〒101-0021　東京都千代田区外神田5-1-15
　☎ 03-3836-4781　📠 03-3836-9370　振替00100-4-20192
　http://www.hakutou.co.jp/

■ 印刷・製本——藤原印刷

Ⓒ Jaesang Yoo 2009 Printed in Japan　ISBN978-4-561-23514-9 C3034

・JCOPY〈(社)出版者著作権管理機構　委託出版物〉
本書の無断複写は著作権法上での例外を除き禁じられています。複写される場合は、そのつど事前に、(社)出版者著作権管理機構（電話 03-3513-6969，FAX 03-3513-6979，e-mail : info@jcopy.or.jp）の許諾を得てください。

落丁本・乱丁本はおとりかえいたします。

好 評 書

三宅隆之【著】
非営利組織のマーケティング
――NPO の使命・戦略・貢献・成果

本体 2600 円

梅沢昌太郎【著】
アグロ・フード・マーケティング
――食と農のマーケティング統合

本体 4100 円

端 信行・髙島 博【編著】
ボランタリー経済とコミュニティ
――文化経済型システムと NPO

本体 2400 円

三重野卓【著】
「生活の質」と共生【増補改訂版】

本体 2381 円

松村寛一郎・玄場公規【著】
環境地球マネジメント入門
――地球環境問題におけるモデリングとマネジメント

本体 2300 円

馬越恵美子・桑名義晴【編著】
異文化経営の世界
――その理論と実践

本体 2800 円

C.H.ラブロック・C.B.ウェインバーグ【著】渡辺・梅沢【監訳】
公共・非営利のマーケティング

本体 11650 円

原山優子・氏家 豊・出川 通【著】
産業革新の源泉
――ベンチャー企業が駆動するイノベーション・エコシステム

本体 3000 円

矢作敏行・関根 孝・鍾 淑玲・畢 滔滔【著】
発展する中国の流通

本体 3800 円

―――― 東京 白桃書房 神田 ――――

本広告の価格は本体価格です。別途消費税が加算されます。